"十三五"普通高等教育本科部委级规划教材

· 应用型系列教材 ·

总主编　吴国华

装饰用纺织品

王文志　刘刚中　主　编

张淑梅　蔡媛媛　高临红　副主编

中国纺织出版社

内 容 提 要

《装饰用纺织品》是高等纺织院校纺织工程专业的主要专业教材之一。内容主要包括装饰用纺织品的含义、功能、特性及分类,装饰用纺织品与室内环境设计的关系,装饰用纺织品设计基础知识及纤维材料的应用,装饰用纺织品色彩与图案设计,机织物、针织物及非织造布设计及其加工技术,床上用品类、窗帘帷幔类、地面铺设类纺织品的设计及工艺,墙面贴饰类纺织品、家具覆饰类纺织品、卫生盥洗与餐厨类纺织品及室内陈设类纺织品等装饰用纺织品的性能指标与检测。

本书可供高等纺织院校相关专业的师生阅读,也可供纺织科技人员、工程技术人员以及从事装饰用纺织品的开发及供应人员参考。

图书在版编目(CIP)数据

装饰用纺织品 / 王文志,刘刚中主编. -- 北京:中国纺织出版社,2017.4

"十三五"普通高等教育本科部委级规划教材. 应用型系列教材

ISBN 978-7-5180-3359-1

Ⅰ.①装… Ⅱ.①王… ②刘… Ⅲ.①装饰制品—纺织品—高等学校—教材 Ⅳ.① TS107

中国版本图书馆 CIP 数据核字(2017)第 046857 号

策划编辑:孔会云　责任编辑:范雨昕　责任校对:楼旭红
责任设计:何　建　责任印制:何　建

中国纺织出版社出版发行
地址:北京市朝阳区百子湾东里 A407 号楼　邮政编码:100124
销售电话:010 — 67004422　传真:010 — 87155801
http://www.c-textilep.com
E-mail:faxing@c-textilep.com
中国纺织出版社天猫旗舰店
官方微博 http://weibo.com/2119887771
北京虎彩文化传播有限公司印刷　各地新华书店经销
2017 年 4 月第 1 版第 1 次印刷
开本:787×1092　1/16　印张:15
字数:308 千字　定价:48.00 元

加快应用型本科教材建设的思考

一、应用型高校转型呼唤应用型教材建设

教学与生产脱节,很多教材内容严重滞后于现实,所学难以致用。这是我们在进行毕业生跟踪调查时经常听到的对高校教学现状提出的批评意见。由于这种脱节和滞后,造成很多毕业生及其就业单位不得不花费大量时间进行"补课",既给刚踏上社会的学生无端增加了很大压力,又给就业单位白白增添了额外培训成本。难怪学生抱怨"专业不对口,学非所用",企业讥讽"学生质量低,人才难寻"。

2010 年颁布的《国家中长期教育改革和发展规划纲要(2010-2020 年)》指出,要加大教学投入,重点扩大应用型、复合型、技能型人才培养规模。2014 年,《国务院关于加快发展现代职业教育的决定》进一步指出,要引导一批普通本科高等学校向应用技术类型高等学校转型,重点举办本科职业教育,培养应用型、技术技能型人才。这表明国家已发现并着手解决高等教育供应侧结构不对称问题。

2014 年 3 月,在中国发展高层论坛上有关领导披露,教育部拟将 600 多所地方本科高校向应用技术、职业教育类型转变。这意味着未来几年,我国将有 50% 以上的本科高校(2014 年全国本科高校 1202 所)面临应用型转型,更多地承担应用型人才,特别是生产、管理、服务一线急需的应用技术型人才的培养任务。应用型人才培养作为高等教育人才培养体系的重要组成部分,已经被提上国家重要的议事日程。

"兵马未动、粮草先行"。应用型高校转型要求加快应用型教材建设。教材是引导学生从未知进入已知的一条便捷途径。一部好的教材既是取得良好教学效果的关键因素,又是优质教育资源的重要组成部分。它在很大程度上决定着学生在某一领域发展起点的远近。在高等教育逐步从"精英"走向"大众"直至"普及"的过程中,加快教材建设,使之与人才培养目标、模式相适应,与市场需求和时代发展相适应,已成为广大应用型高校面临并亟待解决的新问题。

烟台南山学院作为大型民营企业——南山集团投资兴办的民办高校,与生俱来就是一所应用型高校。2005 年升本以来,学校依托大企业集团,坚定不移地实施学校地方性、应用型的办学定位,坚持立足胶东,着眼山东,面向全国;坚持以工为主,工管经文艺协调发展;坚持产教融合、校企合作,培养高素质应用型人才,初步形成了自己校企一体、实践育人的应用型办学特色。为加快应用型

教材建设，提高应用型人才培养质量，今年学校推出的包括"应用型教材"在内的"百部学术著作建设工程"，可以视为烟台南山学院升本10年来教学改革经验的初步总结和科研成果的集中展示。

二、应用型本科教材研编原则

应用型本科作为一种本科层次的人才培养类型，目前使用的教材大致有两种情况：一是借用传统本科教材。实践证明，这种借用很不适宜。因为传统本科教材内容相对较多，教材既深且厚。更突出的是其与实践结合较少，很多内容理论与实践脱节。二是延用高职教材。高职与应用型本科的人才培养方式接近，但毕竟人才培养层次不同，它们在专业培养目标、课程设置、学时安排、教学方式等方面均存在很大差别。高职教材虽然也注重理论的实践应用，但"小才难以大用"，用高职教材支撑本科人才培养，实属"力不从心"，尽管它可能十分优秀。换句话说，应用型本科教材贵在"应用"二字。它既不能是传统本科教材加贴一个应用标签，也不能是高职教材的理论强化，应有相对独立的知识体系和技术技能体系。

基于这种认识，我认为研编应用型本科教材应遵循三个原则：一是实用性原则。教材内容应与社会实际需求相一致，理论适度、内容实用。通过教材，学生能够了解相关产业企业当前的主流生产技术、设备、工艺流程及科学管理状况，掌握企业生产经营活动中与本学科专业相关的基本知识和专业知识、基本技能和专业技能，以最大限度地缩短毕业生知识、能力与产业企业现实需要之间的差距。烟台南山学院的《应用型本科专业技能标准》就是根据企业对本科毕业生专业岗位的技能要求研究编制的一个基本教学文件，它为应用型本科有关专业进行课程体系设计和应用型教材建设提供了一个参考依据。二是动态性原则。当今社会，科技发展迅猛，新产品、新设备、新技术、新工艺层出不穷。所谓动态性，就是要求应用型教材应与时俱进，反映时代要求，具有时代特征。在内容上应尽可能将那些经过实践检验成熟或比较成熟的技术、装备等人类发明创新成果编入教材，实现教材与生产的有效对接。这是克服传统教材严重滞后于生产、理论与实践脱节、学不致用等教育教学弊端的重要举措，尽管某些基础知识、理念或技术工艺短期内并不发生突变。三是个性化原则。教材应尽可能适应不同学生的个体需求，至少能够满足不同群体学生的学习需要。不同的学生或学生群体之间存在的学习差异，显著地表现在对不同知识理解和技能掌握并熟练运用的快慢及深浅程度上。根据个性化原则，可以考虑在教材内容及其结构编排上既有所有学生都要求掌握的基本理论、方法、技能等"普适性"内容，又有满足不同的学生或学生群体不同学习要求的"区别性"内容。本人以为，以上原则是研编应用型本科教材的特征使然，如果能够长期坚持，则有望逐渐形成区别于研究型人才培养的应用型教材体系和特色。

三、应用型本科教材研编路径

1. 明确教材使用对象

任何教材都有自己特定的服务对象。应用型本科教材不可能满足各类不同高校的教学需求，它主要是为我国新建的包括民办高校在内的本科院校及应用技术型专业服务的。这是因为：近10多年来，我国新建了600多所本科院校（其中民办本科院校420所，2014年数据）。这些本科院校大多以地方经济社会发展为其服务定位，以应用技术型人才为其培养模式定位，其学生毕业后大部分选择企业单位就业。基于社会分工及企业性质，这些单位对毕业生的实践应用、技能操作等能力的要求普遍较高，而不苛求毕业生的理论研究能力。因此，作为人才培养的必备条件，高质量应用型本科教材已经成为新建本科院校及应用技术类专业培养合格人才的迫切需要。

2. 加强教材作者选择

突出理论联系实际，特别注重实践应用是应用型本科教材的基本特征。为确保教材质量，严格选择研编人员十分重要。其基本要求：一是作者应具有比较丰富的社会阅历和企业实际工作经历或实践经验，这是研编人员的阅历要求。二是主编和副主编应选择长期活跃于教学一线、对应用型人才培养模式有深入研究并能将其运用于教学实践的教授、副教授或工程技术人员，这是研编团队的领袖要求。主编是教材研编团队的灵魂，选择主编应特别注重考察其理论与实践结合能力的大小，以及他们是"应用型"学者还是"研究型"学者的区别。三是作者应有强烈的应用型人才培养模式改革的认可度，以及应用型教材编写的责任感和积极性，这是写作态度要求。四是在满足以上条件的基础上，作者应有较高的学术水平和教材编写经验，这是学术水平要求。显然，学术水平高、编写经验丰富的研编团队，不仅能够保证教材质量，而且对教材出版后的市场推广也会产生有利的影响。

3. 强化教材内容设计

应用型教材服务于应用型人才培养模式的改革。应以改革精神和务实态度，认真研究课程要求，科学设计教材内容，合理编排教材结构。其要点包括：

（1）缩减理论篇幅，明晰知识结构。应用型教材编写应摒弃传统研究型或理论型人才培养思维模式下重理论、轻实践的做法，确实克服理论篇幅越来越大、教材越编越厚、应用越来越少的弊端。一是基本理论应坚持以必要、够用、适用为度，在满足本课程知识连贯性和专业应用需要的前提下，精简推导过程，删除过时内容，缩减理论篇幅；二是知识体系及其应用结构应清晰明了、符合逻辑，立足于为学生提供"是什么"和"怎么做"；三是文字简洁，不拖泥带水，内容编排留有余地，为学生自我学习和实践教学留出必要的空间。

（2）坚持能力本位，突出技能应用。应用型教材是强调实践的教材，没有"实践"、不能让学生"动起来"的教材很难取得良好的教学效果。因此，教材既要关注并反映职业技术现状，以行业、企业岗位或岗位群需要的技术和能力为逻辑体系，又要适应未来一段时期技术推广和职业发展要求。在方式上应坚持能力本位、突出技能应用、突出就业导向；在内容上应关注不同产业的前沿技术、重要技术标准及其相关的学科专业知识，把技术技能标准、方法程序等实践应用作为重要内容纳入教材体系，贯穿于课程教学过程，从而推动教材改革，在结构上形成区别于理论与实践分离的传统教材模式，培养学生从事与所学专业紧密相关的技术开发、管理、服务等工作所必需的意识和能力。

（3）精心选编案例，推进案例教学。什么是案例？案例是真实典型且含有问题的事件。这个表述的涵义：第一，案例是事件。案例是对教学过程中一个实际情境的故事描述，讲述的是这个教学故事产生、发展的历程。第二，案例是含有问题的事件。事件只是案例的基本素材，但并非所有的事件都可以成为案例。能够成为教学案例的事件，必须包含问题或疑难情境，并且可能包含解决问题的方法。第三，案例是典型且真实的事件。案例必须具有典型意义，能给读者带来一定的启示和体会。案例是故事但又不完全是故事，其主要区别在于故事可以杜撰，而案例不能杜撰或抄袭，案例是教学事件的真实再现。

案例之所以成为应用型教材的重要组成部分，是因为基于案例的教学是向学生进行有针对性的说服、引发思考、教育的有效方法。研编应用型教材，作者应根据课程性质、内容和要求，精心选择并按一定书写格式或标准样式编写案例，特别要重视选择那些贴近学生生活、便于学生调研的案例，然后根据教学进程和学生理解能力，研究在哪些章节，以多大篇幅安排和使用案例，为案例教学更好地适应案例情景提供更多的方便。

最后需要说明的是，应用型本科作为一种新的人才培养类型，其出现时间不长，对它进行系统研究尚需时日。相应的教材建设是一项复杂的工程。事实上从教材申报到编写、试用、评价、修订，再到出版发行，至少需要3～5年甚至更长的时间。因此，时至今日完全意义上的应用型本科教材并不多。烟台南山学院在开展学术年活动期间，组织研编出版的这套应用型本科系列教材，既是本校近10年来推进实践育人教学成果的总结和展示，更是对应用型教材建设的一个积极尝试，其中肯定存在很多问题，我们期待在取得试用意见的基础上进一步改进和完善。

烟台南山学院常务副校长

2016年国庆节于龙口

装饰用纺织品通常是指用以美化生活环境和室内装饰的实用性纺织品。装饰用纺织品的发展、产品开发、产品质量的提高直接与美学、电子学、化工、机械、包装等学科或行业有着极其紧密的关系。在我国，装饰用纺织品行业是一个新兴行业，发展极不平衡，同国外一些发达国家相比存在明显的差距。面对日益开放的国内市场和日益激烈的国际竞争，如何发展我国的装饰用纺织品已成为业内人士思考的焦点。

装饰用纺织品设计是对未来百姓生活、居住空间的设计，是对人类未来美好生活空间的塑造。装饰用纺织品改善人们的居室环境，提高装饰用纺织品的档次，传承民族文化，使我国的装饰用纺织品在国际上获得更大的影响，是我们不断追求的目标。近几年来，装饰用纺织品行业已经作为整个纺织行业的主体蓬勃发展起来，其生产份额和销量比重急剧增加，对装饰用纺织品设计人员的要求也越来越高。本书是在已出版的装饰用纺织品相关书籍的基础上，通过大量图片结合企业实际生产案例，较直观地阐述了装饰用纺织品的设计及工艺、性能指标与检测等。本书以纺织学科为中心，以装饰用纺织品为主要内容，结合各种必要的其他学科内容编著而成，涉及的知识面广。

本书由烟台南山学院王文志、山东南山纺织服饰有限公司刘刚中担任主编，烟台南山学院张淑梅、蔡媛媛，山东宏城集团有限公司高临红担任副主编，参编人员有烟台南山学院刘美娜、周天胜、王晓、金晓。全书由王文志负责统稿。

本书包含有从其他学科著作和文献中引用的资料，详见参考文献，在此对所有的作者表示感谢！

由于编写时间仓促、编者水平有限，而且新原料、新产品层出不穷，生产工艺变化繁多，书中难免有疏漏或不足之处，恳请广大读者批评指正。

编者

2016 年 9 月

目录

第一章　装饰用纺织品概述

本章知识点

1. 装饰用纺织品的含义、功能、特性及分类。
2. 生活方式的概念。
3. 现代生活方式与装饰用纺织品的关键问题。
4. 纺织品设计的职业概况、所需的知识框架及应该具备的能力。
5. 纺织品设计师的发展趋势。

随着物质生活水平的提高，人们越来越注重生活品质。"轻装修重装饰"，用"软装饰"打造个性生活正成为一种健康家装新时尚。所谓"软装饰"，是指装修完毕之后，利用那些易更换、易变动位置的饰物与家具，如窗帘、沙发套、靠垫、工艺台布及装饰工艺品等，对室内的二次陈设与布置。装饰用纺织品作为一种表达个性和追求生活情趣的载体，已经成为生活中的一道独特风景线。装饰用纺织品通过色彩、图形、质感、材料等综合运用，使人们获得丰富而舒适的生活体验及美的视觉感受。可以根据居室空间的大小、人们的生活习惯、兴趣爱好和经济情况，从整体上综合策划，将纺织品、工艺品、收藏品等进行重新组合，形成新的"软装饰"理念。装饰用纺织品作为一种可移动的装潢形式，在人们的物质生活中越来越受到重视。人们对装饰用纺织品不仅停留在功能的需求上，同样还产生了审美上的需求，在这样一种趋势下，装饰用纺织品行业发展迅速。

第一节　装饰用纺织品的含义、功能、特性及分类

一、装饰用纺织品的含义

装饰用纺织品是用于美化环境的实用纺织品的总称。通常指除服装用纺织品、产业用纺织品以外的纺织品。装饰用纺织品，在其基本的实用价值以外，同时加强了对装饰性的要求。装饰用纺织品的图案、设色要求从整体效果出发与环境相得益彰，具有较强的装饰性，是艺术性和实用性相结合的产品。

二、装饰用纺织品的功能

装饰用纺织品是一种特定的表达个性追求和生活情趣的信息载体。装饰织物与所在环境的完美切合，不但能生动体现一个环境的美的氛围，还可以通过它们的主动设计来掩饰、弥补建筑空间中的缺陷与不足，可以使得部分环境和家具远离了"硬"属性而更趋向"人性的物质"，从而更加贴合现代人心理和生理的感官需求，使人们获得更为丰富而舒适的生活体验及美的视觉感受。

实用美术是指用于衣、食、住、行、用等生活领域，经过设计和艺术加工并结合生产的美术。融实用与审美为一体，具有实用与审美双重价值和功能是实用美术的最大特点。装饰用纺织品属于实用美术的范畴。它的实用功能是通过产品的内在质量和技术性能来实现的；它的审美功能则是通过产品的图案、色彩、款式、材料（织物肌理）等外观效果来传达的。两者有机的结合，体现出综合性的整体效应。

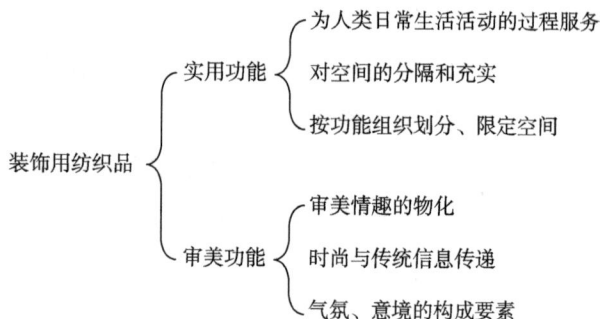

装饰用纺织品
- 实用功能
  - 为人类日常生活活动的过程服务
  - 对空间的分隔和充实
  - 按功能组织划分、限定空间
- 审美功能
  - 审美情趣的物化
  - 时尚与传统信息传递
  - 气氛、意境的构成要素

三、装饰用纺织品的特性

装饰用纺织品具有实用和审美的双重功能，其本质特征是具有物质与精神的双重属性。装饰用纺织品首先是实用物品，是在满足人们物质生活需求的前提下求得美化，进而满足人们精神方面的审美需要。装饰用纺织品的这种物质和精神的双重属性，决定了它具备以下几个方面的特性。

（一）实用性

装饰用纺织品是通过工艺材料，运用工艺技巧，制成的具有实用功能的各种用品。实用性是装饰用纺织品的主要特性，也是与其他艺术的基本区别。装饰用纺织品的设计与生产，首先要弄清楚物品的使用功能。例如，做什么用，什么人用，在什么地点用，什么时间用等。只有根据对象的这些使用功能上的要求，再结合审美的需求，设计者才能进行设计，企业才能进行生产及投放市场。

装饰用纺织品的实用性决定了纺织用品的款式造型和装饰总是要以使用功能为前提的，并受使用功能的制约。例如，床上用品，不但起着美化室内环境的作用，还具有保暖、包覆、舒适等作用；一套沙发，其基本造型要适合人体的坐用；窗帘，不仅具有美化功能，而且具有遮蔽功能、调节功能、隔音功能等实用功能。

（二）审美性

装饰用纺织品，具有美化生活、陶冶情操的作用。由于受到实用性的规定和工艺性的制约，一般不直接反映生活内容和再现自然形态。装饰用纺织品的审美性主要体现在材质美、色彩美、图案美、造型美等方面。

1. 材质

材质本身丰富的肌理效果和风格特征是形成装饰用纺织品独特外观的重要因素。纺织品本身的材质决定了它是制造良好室内环境的主要材料之一。相对于"硬装饰"（家具、瓷砖、玻璃、金属、木材等硬质材料）而言，纺织纤维柔软、舒适的特点天生就具有自然的亲和力，可以大大缓解家具、家用电器、陈设品带来的直线条的僵硬感；同时，纺织品自然的质地也冲淡了光洁平面而造成的冷漠感，触觉的柔软感使人感到亲切、舒适，丰富的质地变化更让纺织品富有特殊的吸引力。采用有光丝、缎纹组织、经纬异色、荧光染色、丝光、有光涂层、金银丝、亮光、彩色有光丝等方式获得的纺织品表面光泽（闪光）在与室内光线、灯光的配合中显示出无穷魅力。

2. 色彩与图案

纺织品丰富的色彩，变化多端的纹样以及广泛的可使用性是室内其他装饰材料所不及的。丰富的色彩使装饰用纺织品形成强烈的视觉效果，具有极强的表现力，不同的色彩能表达不同的色彩情感，不同的色彩与搭配能使人产生不同的视觉和心理感受。图案是纺织品非常重要的构成要素之一，也是纺织材料与其他装饰材料相比独具特色的一方面。图案是表现设计思想的重要因素，无论是面料本身的图案还是利用装饰工艺如刺绣、贴花、编织等形成的装饰图案，都能形成风格迥异的表现效果。如图 1-1 所示，纺织品的色彩与图案可以极大地丰富室内的视觉效果。

3. 款式与造型

款式设计承担着外轮廓与内轮廓的结构选择，造型手法上比例的安排，细节的塑造，布局的分配和形式的处理都决定了纺织品的实用性和美观性。纺织品柔软的特性赋予它极强的可塑性，既可以塑造出厚实的实物形态（图 1-2），又可以塑造出具有飘逸感的窗帘（图 1-3）。

图 1-1　色彩与图案

图 1-2　实物形态

图 1-3　窗帘

（三）流行性

装饰用纺织品具有流行性的特性。人们对物质的追求与审美的需求是无休止的，并且是不断变化的，因此，客观上要求装饰用纺织品要不断更新变化，来迎合人们对审美时尚的需求。随着科学技术的发展和经济条件的改善，人们的生活方式在不断变化。手工时代，装饰用纺织品的重点是要求实用性和耐用性；工业时代，人们对纺织品的要求是精致、高雅、简洁；现代社会，人们对纺织品的功能性、艺术性、审美性等多元化需求是发展的趋势。

（四）整体性

装饰用纺织品的整体性是指装饰纺织品的整体效果所体现的和谐美感。装饰用纺织品设计属于室内设计的一部分。室内设计包括室内装修设计、室内家具设计、室内陈设设计等方面，因而它必须符合室内设计风格的整体要求，与室内装修、家具等成为统一的整体，与它们达成平衡，形成最佳结合点，这样才会表现出和谐的美感。

四、装饰用纺织品的分类

（一）按用途分类

实用性是装饰用纺织品的基本特性，根据装饰用纺织品在室内环境中用途的不同可分为以下八类。

1. 地面铺设类纺织品

是指以装饰建筑物、构筑物地面为主要对象的装饰用纺织品。如用棉、毛、丝、麻、椰棕及化学纤维等原料加工的软质铺地材料，主要有地毯、人造草坪两类。地毯具有吸音、保温、行走舒适和装饰作用。地毯种类很多，目前使用较广泛的有手织地毯（图1-4）、机织地毯（图1-5）、簇绒地毯、针刺地毯、编结地毯等。

图1-4　手织地毯

图1-5　机织地毯

2. 墙面贴饰类纺织品

是指以装饰建筑物墙面为主要对象的装饰用纺织品。常见的有用作墙面包覆材料的丝绸制品、像景，用经编针织机织造的墙面装饰针织布，用类似编织地毯的方法加工织制的墙面装饰织物、壁毯，各种墙布、墙毡等。墙布较常见的有黄麻墙布、印花墙布、非织造墙布、植物纺织墙布。此外，还有较高档次的丝绸墙布（图1-6）、静电植绒墙布（图1-7）、仿麂皮绒墙布等。墙布具有吸音、隔热、调节室内湿度与改善环境的作用。

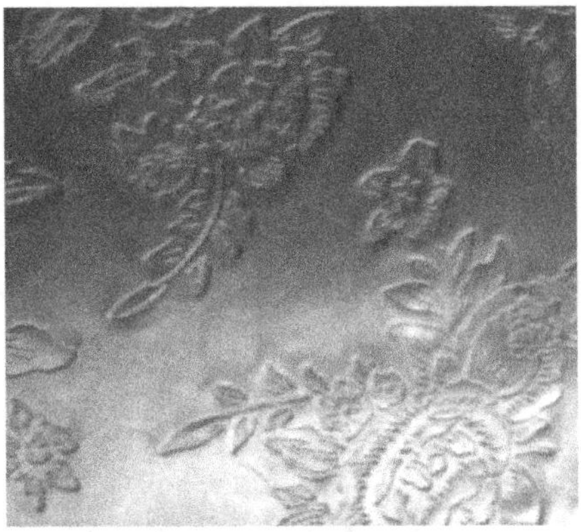

图1-6　丝绸墙布

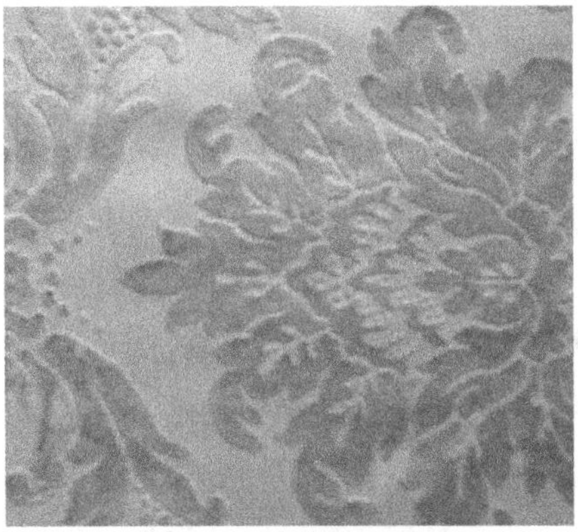

图1-7　静电植绒墙布

3. 窗帘帷幔类纺织品

是指以装饰室内门、窗和空间为主要对象的装饰用纺织品。如各种织法不同、材料不同的窗纱、窗帘、门帘、隔离幕帘、帐幔、遮阳织物等。可用作分割室内空间的屏障，具有隔音、遮蔽、美化环境等作用。主要形式有悬挂式、百叶式、垂直帘、横帘、卷帘、帷幔等。常用的织物有薄型窗纱，中、厚型窗帘等。

4. 家具覆饰类纺织品

是指以装饰各种家具为主要对象的装饰用纺织品。它具有保护和装饰的双重作用。主要品种有沙发布、沙发套、椅垫、椅套、台布、台毯、电器套、灯罩等。

5. 床上用品类纺织品

是指以装饰卧床为主要对象的装饰用纺织品，俗称床上用品，是家用装饰织物最主要的类别，具有舒适、保暖、协调并美化室内环境的作用。主要品种有床垫套、床单、床罩、被子、被套、枕套、毯子、蚊帐等。它是家庭睡眠的必备品，目前也是家用纺织品的主导产品。

6. 卫生盥洗类纺织品

是指以装饰盥洗环境、满足盥洗卫生需要的装饰用纺织品。卫生盥洗类纺织品以巾类织物为主，具有柔软、舒适、吸湿、保暖的性能。这类织物主要有毛巾、浴巾、浴衣、浴帘、簇绒地巾、马桶套等。

7. 餐厨用品类纺织品

是指以装饰餐饮环境、满足餐厨需要的装饰用纺织品。餐厨用纺织品在家用纺织装饰品中所占比重较小，较注重实用性能与卫生性能。一般包括餐巾、方巾、围裙、防烫手套、保温罩、餐具存放袋及购物袋等。

8. 纤维工艺美术品

是指以各式纤维为原料编结、织制的艺术品，为纯欣赏性的织物。这类织物有平面挂毯、立体型现代艺术壁挂、灯罩、摆设、艺术欣赏品等。

（二）按产业分类

根据装饰用纺织品的产业分类，即装饰用纺织品在纺织行业中的行业类型进行分类，可以用十个字概括：巾、床、厨、帘、艺、毯、帕、线、袋、绒。

巾：主要是指毛巾、浴巾、毛巾被、沙滩巾、地巾及其他盥洗织物等。

床：主要是指床上用品，包括床单、被套、床罩、枕头、褥子、垫子、蚊帐等。

厨：主要是指厨房餐桌用的各种纺织品，包括桌布、餐巾、围兜、清洁巾等。

帘：主要是指各种窗帘、装饰帘、浴帘等，还包括用于窗帘装饰的绳等。

艺：主要是指各种布艺、抽纱制品、布艺家具、摆饰以及各种垫类、花边等。

毯：主要是指各种毯类，包括毛毯、绒毯、壁毯、棉毯、化纤毯、地毯、装饰毯等。

帕：主要是指各种手帕、头巾、装饰巾等。

线：主要是指各种原产的缝纫线、绣花线以及各种带类等。

袋：主要是指各种纺织品类包、口袋、信插、衣物袋、储藏袋等（除产业用袋）。

绒：主要是指各种静电植绒面料。

（三）按材料分类

按照装饰用纺织品所用材料构成，可分为天然纤维类、化学纤维类、混纺或混并纤维类、皮草与皮革类及草藤类。天然纤维有棉、麻、丝、毛等制品；化学纤维有黏胶纤维、天丝纤维、醋酯纤维、竹纤维、大豆纤维、涤纶、锦纶及维纶等制品；混纺或混并纤维类有涤/棉制品、涤/黏制品、丝/棉制品、棉/麻制品、涤/棉/黏制品、丝/棉/黏制品等；皮草与皮革类主要是用皮革或皮草制作的装饰用纺织品；草藤类主要是用草藤编结的各种装饰用纺织品。

（四）按风格分类

按照装饰用纺织品的风格，可分为民族风格、简约主义风格、乡村自然主义风格、西欧古典风格、新古典主义风格、现代风格、后现代风格、中国古典风格等类型。纺织品风格分类的主要依据是面料、图案、色彩和工艺。如纯棉、涤纶、真丝、麻等不同材质的特征可以反映不同的风格；自然风格的织物在图案上一般以自然界的动植物为主，给人以亲切、简朴、自然大方的轻松休闲气氛；根据色彩的色相、明度、纯度可以看出这一色彩是否适用于某种风格；新古典主义风格在工艺制作上采用印花、刺绣、提花等，在细节创意上，则注重蕾丝花边的加工，极力营造立体美；传统的手工刺绣的龙凤呈祥图案，则是中国特有的民族风格跨时代的演绎。

（五）按工艺分类

按照装饰用纺织品的工艺，可分为印花类、织花类、编织类、刺绣、抽纱、绗缝类、织印或烂印结合类等。印花类是指布织好后，再将图案印上去，印花产品的颜色鲜艳明快，花型种类繁多；织花类是指装饰用纺织品中的图案、色彩、织物肌理采用不同的组织来实现，造价成本更高，工艺更复杂，有机织和针织之分；编织类有绳编、棒针、钩针之分；刺绣、抽纱、绗缝类是指用绣花、抽纱、绗缝、拼贴等不同工艺来形成图案；织印或烂印结合类是以织花加印花相结合或者烂花和印花相结合的工艺，在织物表面形成独特的花纹效果。

第二节　生活方式与装饰用纺织品

一、生活方式的概念

生活方式（Lifestyle）是一个回答"如何生活"的概念，是一个内容相当广泛的概念，它包括人们的衣、食、住、行、劳动工作、休息娱乐、社会交往、待人接物等物质生活和价值观、道德观、审美观等精神生活。可以理解为就是在一定的历史时期与社会条件下，各个民族、阶级和社会群体的生活模式。

符合当下社会现实的权威定义新解为：它是指人们在一定的社会条件制约下和价值观念的倡导下所形成的满足自身生活需要的全部活动形式与行为特征。在这样的定义下，生活方式的概念构成应该包括以下三个方面：

1. 生活活动条件

生活活动条件是指由自然、地域条件，社会经济、科技发展水平，文化传统等特点组成的社会条件。例如，在自然、地域条件方面，是中国还是美国，是农村还是城市，是沿海城市还是内陆城市。在社会经济方面，是属于高收入阶层还是中等收入阶层。在中等收入阶层中，是属于中上层还是中下层。

2. 生活活动主体

生活活动主体是指具有一定文化取向和价值观念的人的主体活动。主体者的文化取向是什么？价值观念是怎么样的？例如，是想创造时尚还是追随时尚，是主动消费型还是被动消费型，是崇尚时髦还是迷恋传统，是追求名牌还是讲究实用，是"求美"于奢华还是"求美"于简约等。

3. 生活活动形式

生活活动形式是指社会活动条件和生活活动主体相互作用所显现出的一种行为模式。这个是我们重点探讨的，它是完整生活态度或者说生活风格的具体体现。例如，一个崇尚传统和自然的人，不太可能是个重金属摇滚迷，也不太可能迷恋洋快餐，会自然地体现在穿着一件全棉的衬衣，大饼加油条的早餐，自然风格的家居装饰等方方面面。

生活方式的概念反映了人们生活的全部领域，我们装饰织物不可以孤立在人们的生活风格之外，不去对他们的生活方式进行整体的研究。

不同的民族，不同的阶层，有着不同的生活方式。中国人的室内装饰风格与欧洲人的有区别，城市居民的与乡村农民的不一样，不同社会阶层、性别和年龄的人对室内设计的要求也不相同。

不同的生活方式直接决定人们对装饰织物的选择和使用习惯。装饰织物的具体风格与使用者的个人心态及价值取向密切相关。

如图 1-8 卧室所示，围绕使用者的生活习惯及爱好，注重简洁和品质。床上用品以白为主，间以红色点缀。房间内多使用暖色光源，为使用者的休息营造了一个良好的环境。

二、现代生活方式与装饰用纺织品的关键问题

（一）文化模式及对生活资源配置的问题

不同的社会阶层由于生活活动条件及主体的不同，对生活资源的配置方式肯定是不一样的。一般来说，主体者人文倾向、生活观念的差异，在文化模式和生活资源配置方式上会形成各种类型。例如，国际趋同化（或称西方化）和民族化（或称国粹化）就是存在着明显差异特征的两种类型。

图1-8 卧室

国际趋同化就是在生活方式的各个方面，包括装饰织物的选择、消费较为崇尚国际流行，显现为与欧美文化的同化趋向。民族化更强调民族的特点，寻根与崇古倾向更强烈些。

如图1-9、图1-10空间环境与装饰用纺织品的运用中，我们可以看到国际趋同化与民族化之间存在的明显差异。

图1-9 国际趋同化

图1-10 民族化

（二）消费方式及社会认同问题

无论是国内还是国外，人们的消费方式大致分"炫耀型"消费群和"模仿型"消费群两大类。归根到底的目的都是为了获得一种社会认同。

（1）"炫耀型"消费群：装饰用纺织品从材料、工艺、色彩、图案等方面考虑，满足"领先""攀比"和"时髦竞赛"的心理。

（2）"模仿型"消费群：因经济因素的制约，装饰用纺织品在材料、工艺等方面求其次，在色彩、图案等方面进行"精确"模仿设计，以达到"模仿族"追随时尚的目的，获得另一种社会认同。

装饰用纺织品的消费方式体现了为获得社会认同的多种追求。

（三）社会模仿、个性化心态与流行趋势问题

（1）社会模仿。指的是个体在非控制性社会刺激作用下，以社会上其他人的行为为模本，做出相类似行为的一种社会心理现象，简称模仿。社会模仿包括三种成分：模仿者、榜样者（或称被模仿者）和模仿内容。

（2）个性化。顾名思义，就是非一般大众化的东西。在大众化的基础上增加独特、另类、拥有自己特质的需要，独具一格，别开生面的一种说法。打造一种与众不同的效果——"差异性"，也是我们在装饰用纺织品设计与运用中必须去探讨现代生活方式的主要原因。

（3）流行趋势。是指一个时期内社会或某一群体中广泛流传的生活方式，是一个时代的表达。它是在一定的历史时期，一定数量范围的人，受某种意识的驱使，以模仿为媒介而普遍采用某种生活行为、生活方式或观念意识时所形成的社会现象。

第三节　纺织品设计师

一、纺织品设计师的职业概况

1. 职业定义

纺织品设计师是指从事纺织品的织物设计、印染图案设计、绣品设计、产品造型设计和纺织品空间装饰设计的人员。是目前我国纺织行业中第一个通过国家职业技能鉴定取得职业资格的知识技能型职业。

2. 职业概况

纺织品设计是将工程与艺术相结合的一门技术，换句话说，纺织品设计不仅是一项学术性很强的学科，还是一种日常生活中十分常用的工作技能。纺织品设计主要包括织花图案设计和印花图案设计两方面。在提高纺织产品附加价值方面，纺织品的设计起着重要作用。目前国内只有少数几所大学拥有此专业。所有的从事服装设计、面料设计、布料工艺设计等行业的人都需要有纺织品设计方面的基础。纺织品设计师也算得上是引领时尚潮流的强人。

二、纺织品设计师所需的知识框架

纺织品设计师需修的主要专业课程包括：纺织材料学、色彩学、织造工艺学、织物组织学、平面构成、纹织工艺基础、纹织物结构设计、素描、纺织品设计学、纺织品 CAD、提花织物设计基础、印花图案设计、织花图案设计、提花织物设计、平面设计 CAD、三维设计CAD、染织设计基础、针织概论等。

三、纺织品设计师应该具备的能力（素质）

一名优秀的纺织品设计师不仅需要具备纺织材料知识，从纺织到染整的关键技术，还需要了解国际纺织品流行趋势、国际纺织标准以及国际贸易知识等。纺织品设计师除应在相关院校受过教育之外，在企业积累经验进行"二次深造"也相当重要。这一职业具有相当的专业性，需要通过"技术"与"艺术"双重水平的衡量。设计师具有本身的职业特殊性，与服装设计师不同的是，纺织面料设计师强调团队配合，比如纱线、织造、染整等各个环节，往往不是一个人的设计作品。

四、纺织品设计师的发展趋势

1. 广阔的设计市场

随着生活水平的提高和居住条件的改善，近年来人们对装饰用纺织品的消费呈逐年上涨趋势。在大量消费的同时，消费者对装饰用纺织品的质量和品牌提出了更高的要求，因此，我国装饰用纺织品行业蕴含着巨大的发展潜力，装饰用纺织品设计师在业内的地位由此凸显出来。装饰用纺织品设计行业的上升趋势和高层次人才的缺乏给求职者留下了巨大的发展空间。

2. 设计提升面料附加值

纺织面料市场潜力巨大，为这样的市场提供设计服务，可以从中获益，是发展事业的一个新契机。要提升面料市场设计层次，首先要改变人们的认识，让更多的人喜欢艺术，设计花型花样原创作，利用新花样为产品带来效益。现在很多企业能自主研发出符合市场趋势的产品，面料产业正在迈向更高的平台。

3. 未来设计更具竞争力

韩国花样设计联盟会会长金南元认为，中国文化资源丰富，设计创造出具有中国特色的作品足以影响全球市场。他认为，未来纺织品设计属于中国，中国设计师比其他国家的设计师更具有优势，要将中国文化传承并发扬下去，培育自己的设计特色，中国的面料花样设计也将更具竞争力，并会出现更多更优秀的面料花样设计师。

☞ 思考题

1. 简述装饰用纺织品的功能与特性。
2. 装饰用纺织品按用途可分为哪几类？
3. 装饰用纺织品按行业分类可归纳为哪十个字？
4. 生活方式的概念构成有哪几部分？
5. 简述现代生活方式与装饰用纺织品的关键问题。
6. 通过调研，试述目前装饰用纺织品设计的发展趋势。

第二章　装饰用纺织品与室内环境设计

本章知识点

1. 装饰用纺织品在室内空间设计与营造中的作用。
2. 现代流行的室内设计风格与装饰用纺织品的运用。

随着生活质量的不断提高，人们对赖以生存的环境提出了更高层次的要求。家居室内设计的气氛、格调、意境，在很大程度上取决于室内陈设的设计。而装饰用纺织品以其柔软可塑的质地、绚丽多彩的花色、易于创造氛围的特点渗透到室内陈设设计的各个方面，通过人的视觉、触觉等生理和心理的感受而存在并体现其价值。它不仅美化室内家居环境，而且赋予室内空间温馨、融洽、协调的内涵。

第一节　装饰用纺织品在室内空间设计与营造中的作用

室内空间的概念可分为三个层面：

（1）室内物理空间：室内建筑的实际空间，这是室内空间的基础；

（2）室内视觉和心理空间：指通过各种装修、装饰手段，使物理空间在视觉和心理感觉上得到改变的空间效果。

（3）室内社会和文化的空间：即室内装修和装饰体现着人们对各种社会文化和艺术的精神需求。

一、装饰用纺织品对实体空间（物理空间）的营造作用

1. 分割空间，创造丰富层次

在建筑空间中，运用织物分割出新的空间，或用织物直接从自然空间中隔离出一个居住、活动空间，即为织物的空间分割功能。

分隔方法主要有垂直分隔、虚幻分隔、弹性分隔、多层次分隔、装饰性分隔等，以此强调室内某些特定的空间。并通过色彩、图案、质感、织纹等艺术要素的综合，力图在视觉效果上形成巧妙的对比或对称，或通过色光交织、流畅多姿、晕纹变幻，借以增强居住环境的艺术氛围。

2. 柔化空间，赋予更多人性化

织物的特性是质地柔软，手感舒适，给人亲近感，因而装饰织物除了单纯的功能上的配合，更多的是调和室内装修中生硬、冰冷、呆板的墙面、家具和地板，通过织物柔和、弱化、重组室内空间中的棱角，使之有机地成为一个整体。

艺术思潮的影响和新的设计观念的介入，立面装饰织物，如墙布、挂毯、壁挂等越来越强调材料、色彩和建筑环境的关系，既要具有防潮、御寒等实效性优点，又必须富有装饰效果，使人与建筑之间的生、硬、冷变得亲切而温暖。整体风格要尽量体现主人的性格及爱好。

3. 改变空间尺度，强化风格体现

建筑室内空间的狭小与宽敞之感，直接取决于空间构造，而装饰物品在排列时的面积大小、位置、方向、质地的粗细、色彩的冷暖、纯度及明度差的变化以及色彩的前进与后退的启示可以改变这种感觉。不同图案及材质的运用，造成空间有扩大感和缩小感。

室内的装饰织物因其图案色彩、审美表现、文化内涵体现出了居室主人的个性定位。其壁挂、软雕塑等纤维艺术品饰物对整个室内环境格调的塑造起着非常重要的作用。它的魅力不仅是由于其质感柔软舒适，还因为它具有丰富的色彩和图案的特点，其装饰功效与环境以及个人的兴趣、爱好、审美有机地协调一致，直接影响着室内环境的艺术氛围。

室内空间有着数不尽的风格，如古典风格、现代风格、中国传统风格、乡村风格等，而陈设织物的合理选用能对室内环境风格起着强化作用。因为织物本身的色彩、图案、质感均具有一定的风格特征。

如图 2-1 中，新古典主义的元素在现代潮流下，雕琢凝练得更为含蓄，更为精致。

图 2-1 新古典主义元素在室内设计中的应用

4. 限定空间，创造环境意境

在现代建筑中，一个空间通常具有多种功能，因此在进行室内设计时常需要对某些空间进行重新划分、限定。所谓限定空间，就是利用纵向或者横向悬挂的织物，对空间进行围合，限定出具有某种氛围或者功能的空间。室内装饰用纺织品以其特有的质感以及色彩、形态、图案等，创造着丰富的空间层次。在室内设计中，地毯、帷幔、织物屏风等陈设使空间的使用功能更趋于明确合理，空间更富层次感。

例如，图 2-2 大厅设计中，装饰织物采用豪华、多层的丝绸帷幔，既起到分隔空间的作用，又使大厅显得威严与神秘。

在地面装饰织物铺设中，面积大小不等的地毯以及铺设区域，与家具陈设相配合，可以给人

图 2-2 大厅设计

们心理上带来虚拟的空间感受，并能增强局域空间的交流气氛和空间亲和感，也使得整体空间与局部空间形成对立统一。

5. 营造舒适空间

装饰用纺织品由于其结构和材料特性，具有较强的吸音隔声性能，而且窗帘面料的厚薄疏密不同，还能起到遮阳和调节的作用，使室内光线柔和，有利于人们的日常生活作息，给人舒适的心理感受。如图 2-3 室内设计中，拉上纱帘光影绰绰，朦朦胧胧，给人一种飘逸、浪漫的感觉。搭配协调、美观舒适的床上用品，带来的是更加适宜的睡眠空间。

图 2-3 营造舒适空间的室内设计

二、装饰用纺织品在心理空间营造中的运用

1. 视觉元素对心理空间的作用

（1）室内环境的色彩是室内环境设计的灵魂，在一个固定的环境中，最先闯进我们视觉感官的是色彩。在居室中人们会自然而然地把眼光放在占大面积的彩色装饰织物上，因而装饰织物的色彩既可作为主体色彩而存在，又能起到点缀作用。

图 2-4 卧室中的装饰织物

如图 2-4 所示，卧室中运用的装饰织物很多。白色的床上用品、墙面装饰和地毯被当作主体色彩来定义居室的格调，粉色的窗帘和花色的沙发，为原本简洁直白的立体空间增添了浓浓的装饰性。它的色彩巧妙搭配带来称道的视觉享受。

如图 2-5 所示，浪漫的粉红色始终是女孩子们的最爱，女孩子生性敏感，向往成为童话里美丽的白雪公主，温馨可爱的粉色被套与小萝莉们非常相配；欢快的淡黄色纯棉面料，质地优良，手感舒适，孩子们可以抱着它甜甜地进入梦乡；配以有卡通图案的床上用品以及孩子们喜爱的可爱毛绒玩具的点缀，生动地表现出活泼天真的童趣。

图 2-5 儿童床上用品

不同的色彩给人不同的心理感受。灰暗的色调，会让人产生忧郁、烦闷的消极心理。米黄色给人以沉稳大气的感觉，红色给人温暖感。在寒冷的冬季或难见阳光的室内空间，宜选用暖色调的织物，可以营造温暖的气氛。蓝色系使人觉得寒冷，在炎热的夏季或日照充分的室内空间，可以选用冷色调的织物，能起到降温的作用。如图2-6所示，蓝色的床上用品给人一种清凉明快的感觉。

图2-6　蓝色的床上用品

（2）不同的织物图案产生不同的格调与感受。由一种或多种纹样连续重复，有规律地排列成连续的韵律；连续的纹样按一定秩序变化而形成渐变的韵律；纹样各组成部分按一定规律交织穿插形成的交错韵律等，只要装饰纹样具有连续性和重复性，有意识地应用韵律法则，就能得到优美和谐的韵律感和节奏感。自然风格的织物在图案上一般以自然界的动植物为主，如花草、树木、小鸟、海洋生物等，给人以亲切、简朴、自然大方的轻松休闲气氛。如图2-7所示，绣花工艺与皱褶拼接工艺相结合，不仅美观、大方、实

图2-7　床品

用，而且给人带来的视觉效果是秩序变化和韵律动感。使人的身心感到无比舒畅、宁静。

2. 织物材料的生理与心理美感

织物软装饰材料特有的温暖柔软特性，使人产生触摸、接触欲望，使人的心理产生平和与亲切的感受。织物的纤维不同，织造工艺不同，处理方法不同，能产生的质感效果也不同。织物外观质地的粗糙与光滑，柔软与坚挺，起绒及凹凸变化等，就是根据纤维种类、织造方法和处理工艺的不同来实现的，这是织物一个特有的性能，它所产生的触觉效果与视觉效果同样重要。

三、装饰用纺织品对文化空间氛围的调节和运用

文化空间是相对于物理空间、视觉空间的非物质空间，即空间的文化性，是所处的时代风貌与人们的思想境界、社会文化倾向及审美情趣等在室内空间中的一种反映。

空间实体（物理空间）要素选用的类型与数量的多寡、风格的取向及形式的简繁，都会对室内空间气氛的营造产生巨大的影响。

在室内设计中，只有注重艺术性和主题性，才能创造出高品位、有人情味、艺术感强和有吸引力的优美环境。装饰用纺织品设计要有一个与室内空间形态、物质形态相关联、独具特色和立意新颖的主题。这一主题首先应该突出时代精神和一定的文化内涵，然后运用各种手段将

已确立的主题完美地表现出来，使众多的因素有机地结合并统一在这一主题中。

装饰用纺织品在满足实用功能的同时，为创造室内的气氛、情趣而突显其表现力。气氛即内部空间环境给人的总体印象。如欢快热烈的喜庆气氛，亲切随和的轻松气氛，高雅清新的文化艺术气氛等。而意境则是室内环境所要集中体现的某种思想和主题。与气氛相比较，意境不仅被人感受，还能使人浮想联翩，是一种精神世界的享受。

如图 2-8 所示，室内设计没有多余的颜色和材质，抽象的白色有了凝固的形状，简洁明了。白色的床罩和靠枕、白色的地毯，这一切展现给人们一个圣洁、浪漫的空间，点缀橘黄色的灯罩，使人置身其间，感觉宁静、幽雅。

通过以上例证，我们可以了解到装饰用纺织品在室内空间设计中所起到的作用。它的存在已不再停留在实用功能上，而是一种感情空间的审美创造。在越来越重视装饰、崇尚以人为本、追求居住文化的今天，装饰用纺织品作为现代室内设计必不可缺的元素，它具有的独特性质，以及所带给人们良好的触觉和视觉感受，非其他元素所及。因此有效利用装饰织物的属性，必将丰富室内设计的语言，提高人们生活空间的品质，创造出丰富多彩的居室空间。

图 2-8　卧室

第二节　现代流行的室内设计风格与装饰用纺织品的运用

随着社会经济的发展与现代人们生活水平的提高，居室环境设计理念也发生了变化，装饰用纺织品越来越多地被人们所重视，成为现代室内设计中不可缺少的一部分，成为室内环境的特殊设计语言和表现方式。现如今，忙碌完一天回到家里的人们，更希望受到温馨、自然、放松、艺术以及个性。仅具有实用性和功能性的纺织品已经不能满足人们对生活品质追求越来越高的要求了，在这种趋势下，装饰用纺织品的风格设计无疑成为此行业新的亮点和探索之道。

纺织品风格分类的依据主要有面料、图案、色彩及工艺等。

一、民族风格

每个民族都有自己的文化，有自己特定的传统、风俗及习惯。虽进入了 21 世纪，世界各民族的渗透是空前的，但各民族的传统也在大渗透中得以丰富和发展。在民族地域风格的装饰用纺织品中也体现了民族特色，纺织品的颜色和花型，可以直接反映不同民族的传统，更具有浓郁的民族气息。其图案均采用民族性、地域性很强的装饰图案，多为变形的花卉几何图形、中国团花、云纹等；还采用由神话传说转化成的图案，体现了民族文化底蕴。

最近在怀旧的民族风格的设计中，出现了各种各样的具有时代感的民族风格。而大多数都市人更着迷于较纯的土生土长的民族感觉，追求更新、更真实、更直接的原始情绪。这些各种各样的具有时代感的民族风格以深入文化层面的体会来表现装饰，使装饰用纺织品在迎合简约框架的同时，又蕴含丰富的民族特色和历史文化气息。

如图 2-9 所示，简洁的款式设计，喜庆的红色调，现代的表现手法，加以传统刺绣的牡丹图案，是中国特有的民族风格跨时代的演绎。

图 2-9 民族风格床品

二、简约主义风格

简约是当今流行的装饰用纺织品设计风格之一，简洁优美的设计手法，别具清新自然的艺术魅力。简约并不是简单，首先，简约是一种较高层次的生活品质，而不是简朴、吝啬、敷衍等对生活质量缺乏重视的生活态度。简约讲求质地考究做工精细，简约风格形式上的简洁无华体现的是一种阅尽繁华后的返璞归真，简约强调的是视觉的单纯和使用中的舒适感。简约主义风格以回归原点的精神，表达一种低调、内敛质感的极简，以简明利落的线条与饶富设计理念的造型居多。色彩则以黑、白、灰或无色调为主。试图传达以"人"为主的居家哲学。色彩在这里的作用不是突出某件事物，而是与其他元素相互和谐的结合，同时，在材料的选择上也是要遵循这样的思路。现代简约风格的装饰用纺织品不是"单纯简化"，是深厚文化底蕴和前卫生活、家居理念的综合体现。如图 2-10 所示，在理性的简约风格设计中体现精致的生活品位和艺术格调。因此，简约的空间设计通常非常含蓄，往往能达到以少胜多、以简胜繁的效果。

图 2-10 简约主义风格床品

三、乡村自然主义风格

乡村自然主义风格源自 18 世纪的一种甜美质朴的田园风格。随地域不同而又形成不同的乡村风格，如英式乡村，多内敛、细致；美式乡村则以手工质感所营造而成的粗犷及休闲情趣为主；欧式乡村延续了欧式古典中活泼、华丽的特质，只是色彩与线条表现较为简洁，营造出一种甜蜜宁静的风格。

随着现代城市的扩展、文明的进步，特别是在发达国家，人们与自然越来越隔绝。原始的大森林，野生的花草、动物只有偶尔在动物园里可以看到，亦已失去了原有的"野味"。大自然的清新、宁静越来越让现代城市人着迷。远离城区的乡间生活能让人消除一天的疲劳，摆脱城市的喧嚣。回归自然型的装饰用纺织品，可让人感到自己仍属于自然的一部分，也似乎让城市添增一点新鲜的空气；生存环境有了几多生机，享受更多虚拟阳光、空气、鸟语花香的环境。

田园风格的装饰用纺织品面料可以选择花型与颜色以自然界的动植物为主的棉质印花面料与纯净色布搭配，如树、花、鸟等。而色调一般偏向浅绿、浅黄、粉红、天蓝、沙漠黄、湖蓝等大自然色系。为了增加亲和力，可以在沙发、茶几、躺椅上放一些装饰性的纺织品。如给窗帘配上田园风格的配饰，能够进一步带出田园气息。如图 2-11 所示，自然风格的植物、花卉的使用，能给现代生活节奏紧张的人们带来心灵深处的放松，打造出一种闲适的生活氛围与自然的生活情趣。

图 2-11　田园风格的床品

四、西欧古典风格

西欧古典风格的装饰，首先房间高深，方可显出其带有神秘性的尊严。沿天花板垂直落下厚厚丝织帷幔，半掩半遮，薄薄的窗纱轻扬慢舞，阳光射进来，照在老式沙发上、地毯上，于是室内晃动着柔和的光亮，透过玻璃窗，庭院的葱绿隐约可见，这一切使人联想到古老的帝国。欧美古典主义风格的装饰用纺织品必须具备传统且华丽的色彩及精彩的花纹，要大方、庄严、沉重、有光感，犹如回到旧时，置身宫殿之中。它主要色彩有深橄榄绿、金黄、米黄、深紫红、深红、黄、深蓝、深紫、深棕等，应用上也十分讲究，否则不但失去了宫殿的华丽，反而会显得不伦不类。在材料选择方面，以纯棉、绸缎、锦缎等素材，采用印花、刺绣、提花等制作工艺。在细节创意上，则用镶绣、镂花、缎带造型，营造雅致的感觉。其他的淡黄、浅蓝、浅褐等风格清新的装饰十分适合炎夏使用。此外，亮眼的流行色（宝蓝、艳红、鲜黄等）和各式充满海洋、阳光、味道的图形，可增添装饰用纺织品的迷人风采。如图 2-12 所示，运用面料具有的非常华丽的光泽感及工艺上的装饰效果，体现出古典设计风格奢华本质，给人以辉煌的美感。

五、新古典主义风格

新古典主义是从 18 世纪 60 年代开始，在欧美盛行的古典形式。新古典主义风格的特点：放弃了洛可可过分矫饰的曲线和华丽的装饰，追求合理的结构和简洁的形式，让古典元素在现代潮

图 2-12　欧式古典风格

流下，雕琢凝练得更加含蓄、精致，更符合现代家居和现代人对居住空间的要求。

在装饰用纺织品设计中，新古典主义风格试图抽离西方古典时期的精髓，以饱满、婉约的线条融入现代风格中。强调形象的简明有力，强调整体的美感及实用性，善于营造一种清淡优雅的风韵。

新古典主义风格的布艺用品，在材料选择方面，以纯棉、绸缎、锦缎等为素材，制作工艺采用印花、刺绣、提花等，在细节创意上，则注重蕾丝花边的应用，极力营造立体美；色彩方面，永不退出流行的白，依然是设计的重点，为彰显雪白床单的洁净细致，在细部花纹上则用镶绣、镂花、缎带造型，营造雅致的感觉。

如图 2-13 所示，精致、华丽的面料和提花工艺形成了造型轻盈、具有韵律感的纹样，无不体现着古典与现代的交融。床上用品与地面铺饰融为一体营造出一种清淡优雅的室内氛围。因此，更贴合现代家居和现代人对居住环境的要求。

图 2-13　新古典主义风格

六、现代风格

现代风格的设计起始于 19 世纪下半期，经过一百多年的发展，现在已成为现代装饰用纺织品的主流。它是结合了工业、艺术及技术之后，以讲求设计理念及完美比例所形成的一种风格。大量使用对比色及简约线条以活络空间原本单调的意涵。现代风格主张"功能第一"。图 2-14 现代风格的卧室中，为了适应现代人快节奏的生活方式，现代风格简朴淡雅，以简洁明快为主要特色。重视室内空间的使用效能，强调功能区分的原则和装饰用纺织品与空间的密切配合；主张废弃多余的、烦琐的附加装饰，使装饰用纺织品显得简洁、明快，完美地反映出"少就是多"这一设计理念。

图 2-14　现代风格卧室

装饰用纺织品还主张"面向工艺"，在装饰用纺织品中充分吸收现代科技的先进成果，喜欢采用新材料、新工艺，追求流行与时尚的感觉。有的现代风格的装饰用纺织品则追求新奇、怪异，表现个性非常强烈。

七、后现代风格

后现代主义一词最早出现在西班牙作家德·奥尼斯 1934 年出版的《西班牙与西班牙语类诗选》一书中，用来描述现代主义内部发生的逆动，有一种现代主义纯理性的逆反心理，即为后现代风格。后现代主义室内设计理念完全抛弃了现代主义的严肃与简朴，往往具有一种历史隐喻性，充满大量的装饰细节，刻意制造出一种含混不清、令人迷惑的情绪，强调与空间的联系，使用非传统的色彩，它所具有的矛盾性常使人产生厌倦，而这种厌倦正是后现代主义对过去 50 年的现代主义的典型心态。现代风格具有塑造形态的倾向，而后现代风格则具有表达倾向。

现代社会是多样而复杂的时代，社会和人都更加个性化，不同思想观念、文化背景、兴趣爱好，不同生活习惯、职业特点，人们对装饰用纺织品多元风格的追求实际上反映出人们个性化室内装饰风格的理想。设计者们主张兼容并蓄，凡能满足当今居住生活所需的都加以采用。这种风格的装饰用纺织品设计，组合十分复杂，突破完整的正方体、长方体的组合，多呈界限不清的状态，并且运用多种手法来制造空间层次感或含混的空间，形成空间层次的不尽感和深远感。他们还常将墙布图案等处理成各种角度的波浪状，形成隐喻象征性较强的居室装饰格调。

如图 2-15 的后现代风格客厅。不规则的拼接地毯个性大方，以银色不锈钢框出具有线条感的茶几，干净利落。不锈钢材质在家具中的使用，让空间衔接自如，连贯一体。

图 2-15　后现代风格客厅

八、中国古典风格

中国古典风格是近年来从时装界和艺术界兴起的装饰风格，从东南亚流行到欧美国家的一种对东方古典文明的怀旧思潮，也可称为中国传统新古典风格。其特点是它并非完全意义上的复古，而是通过中国古典风格特征，表达对清雅含蓄、端庄丰华的东方式精神境界的追求。中国传统的装饰用纺织品，图案一般以龙、凤、虎、人物、马车、花、鸟、书法等为题材；颜色一般是运用纯度比较高的红、金黄、蓝、绿等，颜色对比较强烈。如中国红，是最具中国传统的色彩。尤其家逢喜事都要大量使用红色，因为只有热烈的红色才最能表达人们心中快乐的心情。用在年轻人的房间里会使居室气氛更具活力。深红色比大红色暗一些，深红色装饰用纺织品除具有红色的底蕴之外，沉稳及雍容华贵则又更胜一筹，比较适合中老年人的居室使用。中国民族装饰用纺织品会让你沉醉在几千年的华夏文化之中。其风格是庄严、稳重、对称、神秘，或带有浓重的神话色彩。如图 2-16 所示的中式风格布艺，古典文化的传承，缕缕线

图 2-16　中式风格布艺

线织出泱泱五千年的韵味，搭配出中国传统家居浓浓底蕴。

　　中国古典风格比较典型的可分为华丽的唐式、简朴的宋式、清雅的明式和繁冗的清式等几种。中国传统装饰用纺织品是几千年的历史长河中中华民族传统智慧的结晶，其特点是总体布局对称均衡，端正稳健，而在装饰细节上崇尚自然情趣，花鸟鱼虫等精雕细琢，富于变化，充分体现出中国传统美学精神。

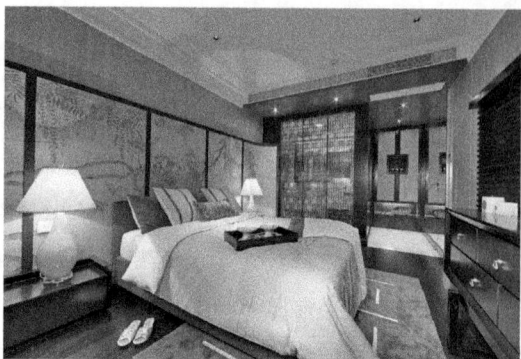

　　如图 2-17 所示中式风格的卧室中，为体现室内空间特有的神韵，饰品上选用儒雅的中式元素，如紫藤花、窗格等，配以纯净的白色调床品，精美雅致，亲切而自然，从而从整体上提升房间的中式韵味。

图 2-17　中式风格卧室

☞思考题

　　1. 论述装饰用纺织品在室内空间设计与营造中的作用。

　　2. 试对某种现代流行的室内设计风格中装饰用纺织品的运用做出你的分析。

　　3. 试述不同消费方式在装饰用纺织品设计中的不同体现。

第三章　装饰用纺织品设计

本章知识点

1. 装饰用纺织品设计的特性。
2. 装饰用纺织品设计与多种学科的关系。
3. 装饰用纺织品设计要素。
4. 装饰用纺织品设计的目的与定位。
5. 装饰用纺织品的微观设计。

装饰用纺织品属于实用艺术的范畴，具有实用性与装饰性双重功能。它的实用功能是通过产品的内在质量和技术性能来实现的，它的装饰功能则是通过产品的图案、色彩、款式、材料（织物肌理）等外观效果来传达的。两者有机的结合，体现出综合性的整体效应。具有实用、舒适、美观、高雅的特征。

第一节　装饰用纺织品设计基础

装饰用纺织品的设计不同于一般的造型艺术创作，它不是仅供人欣赏的纯艺术作品，而是用于美化环境的实用纺织品。既能适合日常生活的应用，又能满足人们对美的追求，这才符合装饰用纺织品的设计要求。

一、装饰用纺织品设计的特性

1. 装饰用纺织品设计的整体性

整体性指装饰用纺织品的整体效果所体现的和谐美感。

装饰用纺织品设计属于室内设计的一部分。室内设计包括室内装修设计、室内家具设计、室内陈设设计等方面，因而它必须符合室内设计风格的整体要求，与室内装修、家具等成为统一的整体，与它们达成平衡，形成最佳结合点，这样才会表现出和谐的美感。例如，在卧室中，装饰用纺织品主要有床单、被套、枕套、床罩、靠枕、抱枕、毯子、蚊帐等，在进行设计时，要考虑将这些单一的个体组合成一个相互联系的整体。在客厅中，沙发、靠枕、台布、窗帘、地毯等这些都可以单独存在的物品，在采用同一种花型图案、近似的颜色混合，运用不同的排列与表现形式，把它们转移到各个物品上去时，这些单一存在的物品，就会因为那些相同的元素统一在一个错落有致又相互呼应的居室氛围中。

如图 3-1 所示，窗帘、床品、靠垫、墙布、地毯等，在色调、款式及同一种花型图案上的整体统一，无一不体现出设计的整体性。

2. 装饰用纺织品设计的物质性

装饰用纺织品设计的物质性表现在它的实用性上。实用性是装饰用纺织品的主要特点，也是它与其他艺术的基本区别。

（1）实用舒适性。装饰用纺织品，首先是一种物质文化，与人的关系不仅停留在欣赏与被欣赏的关系上，而且还通过使用用品、消费用品，形成一定的生活方式。只有根据对象实用功能上的要求，结合审美的需求，设计者才能进行创造，企业才能进行生产。例如，主要起装饰作用的窗帘，在调节室内光线和保障居室私密性的同时，也通过自身的花色、款式造型营造出别具风格特色的视觉享受；在利用帷幔、纱帘与屏风在室内进行空间分割的同时，也营造了一个浪漫和情趣的空间；起到点缀的各色抱枕，在呵护使用者的抱、靠等动作的同时，所带来的不仅是实用舒适的感受，更进一步地活跃了室内的装饰色调。

在图 3-2 中，通过床上用品、窗帘、地毯、靠垫和墙面装饰等所营造的温馨舒适的居室氛围，充分体现了装饰用纺织品实用舒适的特性。

（2）功能制约性。一般装饰用纺织品的设计是依附于家具、家用电器等物体，就如同它们的衣服一样，因此，设计时必须以这些物体为依据，受到物体结构的制约。随着社会的快速发展，人们对审美的角度也变得多样化，设计的实用性，必须以整体依附性为主。例如，室内的窗帘，单独看来是不能从它本身的功能来判断它是属于卧室还是客厅，这就需要结合整个空间的整体功能性来分析传达出的信息。同样，一块地毯也是难以被界定运用在哪个居室的，一个空间里的所有事物都一定是有沟通、有联系的。装饰用纺织品的种类繁多，但其共同的特点是需要依附在特定居室环境中的家具或者墙体上来应用，这样才能发挥纺织品的功能。如图 3-3 所示，无论是窗帘、桌布、地毯、沙发、椅套等，都必须具备功能制约性。

图 3-1　整体感的居室设计

3. 装饰用纺织品设计的精神性

装饰用纺织品设计如同建筑设计、服装设计一样是社会文化的缩影，它反映了社会经济、政

图 3-2　温馨舒适的卧室设计

图3-3　纺织品的功能制约性

治、科技等综合因素，是人们在特定历史环境下的审美观的展现。装饰用纺织品的发展动力是人们对家居环境美的追求。一般来说，作用于人精神的审美性是各种艺术的共同特点。但是，对于其他艺术来说，审美性是作为艺术的认识作用和教育作用的手段。而对于装饰用纺织品来说，审美性不只是艺术表现手段，也是艺术本身的目的，也就是说，装饰用纺织品设计通过美的把握与创造反映其时代精神、民族审美、生活品位等，具有美化生活、陶冶情操的作用。装饰用纺织品由于受到实用性的规定和工艺性的制约，一般不直接反映生活内容和再现自然形态，装饰用纺织品的审美因素主要在于其形体结构所表现出的造型美、图案美、色彩美、材质美等，这种美不同于绘画在平面上的客观描绘，也不同于雕塑在立体上的客观塑造，而是在实用功能和工艺条件制约下所构成的物质实体，是一种抽象化的提炼造型，它要求突破时空限制，要求对形象做变形、夸张处理，要求有更强烈的主观性。

随着科学技术的发展和经济条件的改善，人们对物质追求与审美需求是无休止的，并且是不断更新、变化着的。手工时代，人们赞叹装饰用纺织品的重点是实用、耐用带来的美感；工业时代，人们对精致、高雅、简洁的装饰用纺织品情有独钟；今天的信息时代，人们对装饰用纺织品的功能性、艺术性、美感多元性需求更为广泛，使装饰用纺织品的时尚之美的形态千变万化，呈现出多元化发展趋势。

如图3-4所示的床品，在款式和图案上具有较强流动感和方向性，体现出现代生活舒适、简洁的特点，给生活节奏紧张的人们带来心灵深处的放松。

综上所述，装饰用纺织品的设计不仅局限在实用的功能上，现代设计中它更是以人为本，设计的整体性通过视觉和纺织品柔软舒适的触觉传递引起人们不同的心理感受，体现出对人的人文关怀和需求。由于每个人的生活背景、文化素养的不同，以及对家居装饰的理解不同，审美上或

图3-4　具有较强流动感和方向性的床品设计

多或少地存在差异性，所以，设计时必须在把握共性的基础上，表现出设计个性。因为设计用品究竟美不美、适用与否，权威的评价在使用者一方，而不是在设计师一方。所以设计师必须了解和研究装饰用纺织品的共性特征与个性表现，必须了解和研究装饰用纺织品的使用对象和使用环境，从用品与使用者的关系中去创造美。

二、装饰用纺织品设计与多种学科的关系

（一）装饰用纺织品设计与美学

装饰用纺织品设计应体现高度的审美情趣。装饰用纺织品是实用性与艺术性相结合的产品。它与一般美术创作的不同之处在于，它不具备特定的主题思想，也并不要求深刻地表达特定的思想感情。它主要是通过产品在环境装饰与生活中的应用，以它的花纹、色彩、款式、材料质地和织物肌理等，使人获得视觉、触觉和感官上的安宁、愉悦、舒适、美好的享受，满足人们对美的追求。装饰用纺织品的设计应体现出高度的艺术水平和审美情趣。

（二）装饰用纺织品设计与科学技术

装饰纺织品设计离不开科学技术。不同种类的装饰织物使用在特定的环境与部位，要求具有相应的实用功能，具有一定的技术特性，这就使装饰织物的设计比普通织物设计更复杂。在考虑织物普通性能的同时，必须涉及特定的功能因素，如窗帘需要遮光、隔音、隔热等功能。装饰用纺织品的设计离不开对一些科技的了解和探索。例如，根据火因调查结果分析，因纺织品不具备阻燃性能被引燃并蔓延引起的火灾占火灾事故的 20% 以上。所以装饰用纺织品根据使用的场所不同，需要具有阻燃的特殊功能。

（三）装饰用纺织品设计与心理学

装饰用纺织品设计应把握人们的生理要求与心理追求。装饰用纺织品是用来装点美化环境的，反映人们对美与幸福的生理需要和心理追求，因此，设计必须注重环境心理学与审美心理学的研究，使设计的织物符合人们的心理情态、喜好及习惯。应以现代装饰情趣和科学的审美心理加以融合、引导，使人们的心理意趣更为合理充实。心理学与美学、色彩、环境等有关。

（四）装饰用纺织品设计与市场学

装饰用纺织品是商品，应适应市场。除了适当的营销策略之外，有必要在激烈的市场竞争中拉开自己产品与其他产品的距离，争取最大化的销售。这时设计师的作用是至关重要的。装饰用纺织品的设计、生产必须与社会需求、市场消费相适应，并进而推动、指导市场流行。不同的年龄结构、文化水平、区域对装饰织物的喜好均不同。

三、装饰用纺织品的设计要素

装饰用纺织品设计的构成要素主要体现在功能、材质、图案、色彩、工艺及款式造型六个方面，这些构成了装饰用纺织品设计的核心，是产品设计中必须考虑的要素。既要考虑其用品设计能够在生活中使用的功能要素，也要考虑审美上的艺术要素。其中功能要素和材质要素在装饰用纺织品设计中是比较重要的。功能要素是核心，是第一位的。而材质要素最终决定纺织品的品质特点。装饰用纺织品艺术性和实用性的发挥，都不能脱离材质而单独存在。材质是装

饰用纺织品设计的物质载体,是装饰用纺织品设计的基础。

(一)功能要素

功能体现了纺织品使用时的实用性与目的性,体现了使用时的方便、合理及安全等。功能要素不仅是装饰用纺织品赖以生存的基础,也是设计与创新的基本条件。生产设计中的面料与造型总是以使用功能为前提,并受使用功能性要素的制约。例如,床上用品的设计,基本造型要符合各种款式的床具,面料设计必须满足床上用品的基本功能性,面料的触感要具备适合皮肤接触的要求等。功能要素还体现在装饰用纺织品与使用环境的配套设计上。例如,如何适合卧室、客厅、厨房的功能要求,如何适应四季变化的功能要求,如何适合不同消费者的不同需求等。

功能要素贯穿于纺织品设计的全过程。从装饰用纺织品的面料设计到造型设计,都要始终把功能要素放在第一位。在满足功能要素的基础上,才能追求与发挥唯美的艺术设计。

(二)材质要素

装饰用纺织品的材质要素,一般是指面料的质地、肌理、色彩、视觉、触觉的综合感觉。不同材质的厚薄、软硬、光泽度、手感、弹性的不同,会给消费者带来不同的感觉。材质本身丰富的肌理效果和风格特征是形成装饰用纺织品独特外观的重要因素。

装饰用纺织品设计中的图案、色彩、工艺造型以及由此产生的美的视觉感受,都是通过面料的材质来实现和传达的。不同质地的材料,具有不同的美学特性。例如,棉织物朴实、浑厚,麻织物凉爽、挺括,毛织物温暖、庄重,丝织物轻盈、华丽、高贵等。

(三)色彩要素

丰富的色彩使装饰用纺织品形成强烈的视觉效果,具有极强的表现力,不同的色彩能表达不同的色彩情感。色彩是构成装饰用纺织品美感的极为重要的视觉因素。同时,装饰用纺织品的色彩要素,还具有社会效益、经济效益和美感效应,它不仅传递信息、表达感情,使色彩成为构成产品美、居室环境美的重要因素,还能在激烈的市场竞争中,起到自我介绍和诱导购买的作用。

装饰用纺织品设计中色彩要素运用得好与坏,是产品设计成败的关键,是构成产品艺术风格、审美意境的重要手段,还是反映社会时尚色彩与流行色彩最佳的方式。装饰用纺织品的色彩与绘画色彩不同,比绘画色彩更单纯、更概括、更温馨。

(四)图案要素

图案要素是提高装饰用纺织品艺术质量最重要的要素,它直接影响纺织品的视觉美感、消费市场和经济效益,也是纺织材料与其他装饰材料相比独具特色的一方面。

装饰用纺织品的图案要素,具有两种属性,即精神性和物质性。其精神属性,是因为它具有形式美的装饰性,具有审美意义,通过视觉媒介的传导,使人们得到精神上的享受和陶冶。其物质属性,是因为图案是依附于一定的物质用品,这是图案的从属性。各种形式、风格的图案,无论是面料本身的图案,还是利用装饰工艺形成的装饰,都是表现设计思想的重要因素。例如,中国传统的吉祥图案、团花图案、书法图案以及宗教图案等,有其独特的艺术语言。

(五)造型要素

造型要素是指装饰用纺织品设计中的"款式要素"。这种造型要素,不是平面的纺织面料设计，而是装饰用纺织品的立体造型设计，是运用款式造型、面料图案、面料色彩和面料材质等综合手段，来塑造能够使用的、具有艺术美感的最终用品。这种造型要素，既要体现面料的图案色彩和质地肌理，还要突出造型款式的形态特点和美感造型。

装饰用纺织品的造型要素，在设计时首先要考虑造型要素的使用功能，包括使用对象、使用地点、使用环境等。在此基础上，才能结合纺织品面料进行内、外结构以及造型样式的设计。

（六）工艺要素

装饰用纺织品设计中的工艺要素，包括两个方面：一是面料的生产工艺，如印花工艺、提花工艺、绣花工艺等；二是成型工艺，如缝制、压褶、填充等工艺以及抽穗、饰穗等制作工艺。

设计师要熟悉生产工艺，使设计紧密结合生产工艺。纺织品的设计直接受到生产工艺的影响和制约，不同的生产工艺会形成不同的图案效果、色彩效果和装饰效果。中国传统的镶、嵌、滚、盘、绣等几大工艺的巧妙运用，使纹样色彩斑斓，美不胜收。精妙绝伦的刺绣工艺与丝绸配合，充满东方风韵，令人赞叹不已。

第二节 装饰用纺织品设计的目的与定位

装饰用纺织品的设计与生产，首先，要满足人们生活的实际需要，其次，要讲究产品的经济性。同时，还要讲究和体现产品的形式美、材料美和制作美。对产品的功能、材料、工艺、色彩、图案等诸多因素，从社会、经济、技术的角度来综合处理，既要符合人们物质功能上的要求，又要满足审美情趣上的精神需要。

装饰用纺织品的设计必须要有一个准确、合理的定位。设计者要根据市场及消费者的需求根源，凭借本身的修养、知识及对设计所要达到的目的进行全面设想。通过反复思考和酝酿，集思广益，制订设计目标。装饰用纺织品设计的定位贯穿于装饰织物生产及消费的全过程中，包括三个方面：一是消费者需求方面的定位；二是企业的生产定位；三是产品的市场定位。在这三位一体的关系中，装饰用纺织品的创意定位，贯穿于用品产生的整个过程：从对市场调研到设计创作、生产制作及展示销售。

一、装饰用纺织品设计的需求定位

1. 装饰用纺织品设计的主体因素定位

首先，要明确为什么人设计，对产品的使用对象进行深入细致的了解是设计成功的重要因素。装饰用纺织品设计是否成功，取决于使用对象能否接受，能否满足消费者需求。因此，根据市场需求划分使用对象，选择适合使用对象的最佳方案就显得很有必要。

选择适合使用对象的最佳方案，包括对使用者的性别、年龄、职业、社会地位、经济状态、文化背景、审美趣味、生活习惯等方面的深入分析及研究。

2. **装饰用纺织品设计的时间因素定位**

设计师应熟知各种季节家用纺织品的需求规律和装饰用纺织品在室内环境中的作用及其产生的情感因素。不合时间因素的装饰用纺织品创意设计，必然找不到市场，也得不到消费者的青睐。因此，装饰用纺织品创意设计的时间定位显得十分重要。

设计师对时间的把握，不仅是要了解过去，还要能够把握现在，更重要的是还能预测与着眼未来。装饰用纺织品流行预测之所以能引起人们重视，就是因为装饰用纺织品时间性强。季节性要求与限制，会对产品的类型与效果产生巨大影响。

图3-5　秋冬季产品设计

（1）色彩。如图3-5所示，暖色调或深色调比较适合于秋、冬季的装饰用纺织品设计。而如图3-6所示的蓝、绿色等冷色调的色彩与图案则适合于夏季产品设计。

（2）质地。绒毛感的材料用于冬季使人感觉温暖、体贴。而用于夏季就感觉刺痒、烦躁。

3. **装饰用纺织品设计的空间因素定位**

就是确定装饰用纺织品用于何种空间环境。在不同空间环境中的使用性、适应性与最优化，是设计定位的重要依据。

图3-6　春夏季产品设计

（1）服从总体空间要求。装饰用纺织品设计作为室内陈设设计的一部分，在设计时要与装修、家具等结合为和谐的整体。

（2）充分发挥在室内空间中的作用。利用款式、色彩、材质对不同的空间环境进行调节，例如，营造或温馨浪漫、或热烈喜庆的氛围，形成或中式古典、或简洁现代的风格等。

4. **装饰用纺织品设计的目的因素定位**

在进行装饰用纺织品的设计时，要想一想人们为什么需要这样的东西，有针对性地研究与确立使用装饰用纺织品的目的。不同居室功能，人们使用的目的截然不同。如卧室用、客厅用、娱乐环境用的应有明显的不同。卧室中的纺织品，必须有利于人们的休息与睡眠，设计必须紧密围绕其使用目的来展开；用于会客或读书的客厅和书房，则要求彰显主人的品位；有的装饰用纺织品用于大婚庆典，则喜庆、热闹、吉祥是创意设计的最主要的目的。

图3-7所示为婚庆床上用品，结婚用纺织品在纺织装饰品消费中比例很大，营造喜庆氛围是该类消费者的主要目的。

5. **装饰纺织品设计的产品因素定位**

在设计装饰用纺织品时必须考虑到它作为产品，如何才能吸引人；它与其他产品相比，特色在哪里，是款式别致新颖、配色大胆，还是构思有创新、工艺精致等。这里包括产品的类型定位、主题定位、形式因素定位、艺术风格定位等。

（1）类型定位。主要是确立实用性为主还是欣赏性为主的定位，是利于休息的创意设计还是利于娱乐的创意设计的定位，是高档消费者使用还是中低档消费者使用等。

图 3-7　婚庆床上用品

（2）主题定位。主要是确立产品的艺术主题，例如，是现代主题还是古典主题，是简洁明快主题还是繁缛精细主题，是婚庆主题还是日常生活主题等。

（3）形式因素定位，主要是确定产品的艺术表现形式，例如，是抽象的图案形式还是具体的图案形式；花草为主的图案形式还是动物为主的图案形式等。

（4）艺术风格定位。不同的风格都应有相对应的图案、色彩方面的定位。如中国传统风格、西方现代风格、前卫风格、乡村风格、都市风格等。

装饰用纺织品设计的每个因素的定位，并不是孤立存在的，它们相互之间有着内在的联系，忽略了任何一点都会给设计留下遗憾。五种因素是一个完整的体系，是产品创意计划实施的科学依据，也是纺织品与使用者得以默契沟通的纽带。

二、装饰用纺织品设计的生产定位

装饰用纺织品设计的生产定位是侧重企业与设计师如何设计、如何生产的定位，包括产品类别、产品档次、产品批量及产品风格等。

1. 装饰用纺织品类别定位

设计师要设计何种类型的产品，是在深入地进行市场与消费者需求调研的基础上确定的。在具体定位时，一是要注意研究目前市场和过去市场上同类产品的状态；二是要根据企业自身特点和优势，准确地把握未来新的装饰用纺织品的类型；三是微观设计上的款式、图案、材料、色彩等必须有一定的创新性，在此基础上确定新产品的类型和以何种类型出现。

2. 装饰用纺织品档次定位

装饰用纺织品类别定位后，就基本确定了产品档次的定位。装饰用纺织品的档次需要依据企业自身条件来确定，同时也要考虑市场及消费者实际需求和对产品的认可程度。避免不顾企业的实际情况一味拔高产品档次，导致产品质量失信于消费者而影响企业声誉。

3. 装饰用纺织品批量定位

当装饰用纺织品的类型和档次确定后，需要对产品的产量有一个切实可行的计划。这必须以市场信息、消费者的需求量为原则。现在的装饰用纺织品的消费趋势是个性化、多元化，所以，产品批量定位应该小批量、多品种、多风格。切忌大批量、单品种，以免造成产品积压影响企业的正常运转。

4. 装饰用纺织品风格定位

从新装饰运动到战后包豪斯的诞生，从高科技到环保主义，从流线型到简约主义，从简约到新古典、新浪漫主义，这一系列的变化，认证了社会变革与大众审美之间紧密的互动关系。现代装饰用纺织品的内涵和外延，比以往有了更多的拓展，最主要的特点就是要具有自身的风格所在。装饰用纺织品的风格是设计的核心。设计师必须能深刻理解与准确把握，并且找准风格定位。设计师在用品设计、原料选定和工艺流程中会逐渐形成产品的风格。产品风格一旦被市场认可，就意味着企业及其产品在某层面消费者心中树立了信誉、占据了位置。而良好的信誉是企业发展极为重要的因素。

三、装饰用纺织品的市场定位

1. 装饰用纺织品目标市场定位

市场定位，就是企业产品在目标市场上，即在消费者心目中的形象。随着消费群体素质提高和年龄结构的变化，装饰用纺织品的保暖、装饰、实用等常规功能，逐步向保健、环保、安全等方向转变。现代人文家居文化（园艺化、布艺化、风格化）的装饰用纺织品的设计方向，由强调"情趣和体验"向强调"个性和风格"的核心价值转变。

国内装饰用纺织品市场中低档产品基本以国产为主，高档产品以进口为主。针对消费者对名牌产品日益青睐的现状，企业要提高自主创新能力和设计能力，以发展高附加值的高档品牌产品抢占市场。

2. 装饰用纺织品市场策略定位

品牌建设同质化竞争日益加剧，原创品牌创新速度逐步加快，行业主要领先品牌的市场占有率将逐步扩大，20% 品牌拥有 80% 的市场份额的规律，同样在装饰用纺织品行业重演。市场竞争加剧，共赢模式将逐步导入装饰用纺织品行业，厂家和经销商合力做品牌经营，集中资金、集中人力、集中资源共同运作市场。

3. 装饰用纺织品促销方式定位

装饰用纺织品与家具、建材等家居相关行业的密切融合，与家居大卖场、房地产开发商合作的新型样板间终端模型，逐步涌现，有效促进最大化的针对性消费。

第三节　装饰用纺织品的微观设计

装饰用纺织品的设计是以消费者的需求为起点、为中心，以产品的形式、生产的过程为手段，以满足消费者的需求为其最终目的。设计内容体现在艺术设计与技术设计两方面结合上。作为一个合格的设计师，既要懂得一般的艺术设计原理和法则，又要按照用品设计的具体要求做出设计计划并进行计划实施。在设计前期需要进行市场调研，收集相关的时尚资讯，以掌握最新的流行趋势然后进行设计构思，借助纺织材料的加工制作最终完成产品。

一、品种设计

品种设计是织物设计的先导，它决定了织物从外观风格到质地性能的总体品质，可以说是织物的灵魂所在。品种设计包括的技术因素：纤维原料的选用，织物结构的安排，纺织机械的选择，工艺流程的确定等。包括的非技术因素：市场流行趋势、消费价格档次等。因此，品种设计是综合了多种知识的创作。

装饰用纺织品的品种设计基本步骤包括两个方面：一是构想。构想应达到实用性、艺术性及适销对路。因此，构想是丰富的想象力与实践经验的结晶。二是技术设计。技术设计是根据织物的基本用途、功能要求、使用环境、消费档次等因素，确定产品的技术规格以及相适应的纹样与色彩，这就是品种设计所需解决的问题。

（一）构想

1. 根据流行趋势，寻找灵感来源

装饰用纺织品设计资料与流行趋势信息的收集可以通过电视媒体与专业书籍、期刊或专业网站提供的直观的图文并茂的流行咨信。也可以通过定期举办的国际、国内纺织品的展会及专业机构发布的信息掌握当前的流行主题、把握流行色彩及对于新面料、新花色的认识，从而启发灵感构想。

客观存在的任何事物和任何现象都可能成为装饰用纺织品创意的灵感源泉，由此而得到对创意的启发和诱导，再通过分析与概括、判断与推理、归纳与综合等方法，进行新的纺织品的形象创造。

装饰用纺织品设计的灵感来源主要有以下五个方面：

（1）人类生活方面。艺术来源于生活，而又高于生活，人类的生活丰富多彩，包罗万象，尤其是现代社会信息快捷。设计者必须要善于观察、研究和积累生活中的各种信息，充分利用这些信息来拓展自身的灵感来源，如新的生活理念以及人们对于未来生活可持续发展的观念。在装饰用纺织品的设计过程中，使用对象的因素是创意中始终必须考虑的首要问题。使用者表现出不同审美的个性和倾向，是启迪设计灵感最直接、最有效的一种方法。因此，可以根据使用者的需求个性来进行产品的构思与表现。

（2）市场信息方面。市场信息就是指市场上装饰用纺织品的消费现象，这种现象往往表现为一定时期内，出现某阶层的多数人所能接受的装饰用纺织品的时尚与风格。通过捕捉市场和社会信息，可以分析和了解装饰用纺织品消费者的消费意识和审美需求，由此获得市场消费需求的创意启迪。使设计的产品适销对路，满足不同消费需求。

（3）生态自然方面。自然素材历来是装饰用纺织品设计的一个重要的表现形式。自然界中，许多事物具有非常美丽的造型、图案、色彩、肌理和质感。如雄伟壮丽的山川河流，纤巧美丽的奇花异草，交替轮回的春夏秋冬，动人可爱的动物世界等。设计者如果能够对它们进行细致的观察，会给设计创意带来启蒙并萌发出新的创意思路。目前，回归自然和生态学是国际纺织界的主要设计思潮，设计者可以通过自然物态和自然色彩来进行双重性塑造，巧妙地借用到设计中。

（4）文化艺术方面。艺术是相通的，多样的艺术构成了不同的特色与个性，但在艺术审美和文化内涵上是相通的，这成为设计灵感的主要来源之一。装饰用纺织品设计也同样能在其他

艺术领域中得到设计创意的启示，如绘画、雕塑、建筑、音乐、舞蹈、戏剧、电影等，都可能对设计创意有很大的启示价值。

（5）国家民族方面。民族所处的地理位置、自然环境及生活方式都会给创意设计带来不同的灵感。

2. 反复斟酌考虑，逐步完善构想

（1）从材质来构想。不同材质的纺织品因为纤维成分、特点、加工工艺及织物组织的不同，能够呈现出不同的视觉纹理效果、触觉肌理和心理感受，同样也能激发设计者的创作灵感和构想。

（2）从造型上来构想。装饰用纺织品的造型，不同于绘画平面上的客观描绘，也不同于雕塑在立体上的客观塑造，而是在实用功能和制作条件制约下所构成的物质实体，是一种抽象化的提炼造型。通过点、线、面来刻画人们心灵深处对美的遐想与渴望，各种形态的和谐、统一搭配运用能够体现出较强的设计个性与风格。

（3）从色彩、图案上来构想。俗话说"远看色，近看花。"装饰用纺织品的整体色彩和图案设计成为体现其风格特征的主要因素。图案设计是表现主题思想最直接有效的元素。图案的题材丰富多彩，既有优秀传统纹样的继承，又融合了现代艺术的新内涵，具有极强的生命力。纺织品设计的主题构思可以借鉴具有典型形象识别的装饰符号直观地展现出来，再饰以丰富的色彩搭配，独具艺术魅力的构思就能取得良好的创意。

3. 构想的具体方法

（1）改进型设计方法。在原有织物的基础上，根据新的要求或流行趋势，在某些方面予以调整、改进。例如原料改变、结构改变、重量改变、整理工艺改变等。

（2）综合设计方法。根据实际需要，在现有产品的基础上，综合几种织物所长，加以提炼，成为符合现代需要，新颖别致的新型织物。可以分为原料综合、工艺综合、组织结构综合。

（3）创造性设计方法。在某种新的技术思想或艺术灵感启发诱导下独辟蹊径，大胆创造，构思设计出别具一格，风貌独特的新产品。

上述三种方法并不是单独使用没有联系的，而是在设计时相互渗透。

（二）技术设计

1. 纤维原料的选择

纤维原料是决定织物外观效果和产品性能的主要因素。

（1）装饰性和趣味性。装饰用纺织品因实用与装饰的需要，十分注重纤维原料的装饰性和趣味性。常使用形态各异、外观别致、色彩绚丽的花色纱线及金银线等。

（2）实用性和多功能性。纺织装饰品十分注重织物本身的实用性和多功能性。常采用混合材料及不同性能的原料进行交织，以利于发挥各种纤维的特性。丰富织物的风格，改善织物的性能。如涤棉混纺、麻棉交织等。

（3）新型纤维。新型纤维的出现，为开发新型装饰面料提供了原料保障。如大豆纤维、罗布麻纤维、天然彩棉纤维、玉米纤维、牛奶纤维、竹纤维、蜘蛛纤维、天丝纤维及香蕉纤维等，大量用于地毯、床罩等。

2. 组织结构设计

装饰用纺织品的组织结构变化很多，在变化中十分注重产品的实用性与装饰性的结合，充分体现不同种类织物的特色。

（1）加工方式。有机织、针织、编织、簇绒等。例如，窗纱的经编网眼组织轻盈透亮，疏密层次感强。地毯的簇绒编织组织丰厚紧密，绒头簇立富有弹性。浴巾的毛圈组织柔软吸湿，立体感强。

（2）织纹结构：织纹结构多种多样，极富变化，纹理感强，在三大类纺织品（服用、装饰用、产业用）中，装饰织物的组织结构在视觉和触觉效应上最具特色，最有魅力，这主要是织物的纹理美感效果。如床上用品多数为机织物，但经过组织结构的变化，也呈现出多种风貌，例如，采用原组织、小提花组织、复杂组织等。并与彩条、印花、绣花等工艺有机结合，使这些不同的织纹结构既具有高度的舒适感，又极具装饰美感，体现了装饰用纺织品的性能特点。

3. 工艺与设备

装饰用纺织品的生产工艺和使用的纺织机械设备因织物品种而异。

（1）机织。经纱和纬纱按各种织物结构形成机织物的工艺过程。通常包括把经纱做成织轴，把纬纱做成纡子（或筒子）的准备、织造和后整理三个部分。机织是纺织工业生产的重要组成部分，根据所用原料种类可分为棉织、毛织、丝织和麻织，其产品统称为机织物。是大多数装饰用纺织品主要的加工技术。织机分有梭织机和无梭织机。如图3-8所示的无梭织机，具有生产简便、易于普及、种类齐全等特点，织物品种可厚可薄。机织物的主要特点是布面有经向和纬向之分。当织物的经纬向原料、纱支和密度不同时，织物呈现各向异性，不同的交织规律及后整理条件可形成不同的外观风格。机织物的主要优点是结构稳定，布面平整，悬垂时一般不出现弛垂现象，适合各种剪裁方法。

图3-8 无梭织机

（2）针织。利用织针把各种原料和品种的纱线构成线圈，再经串套连接成针织物的工艺过程。如图3-9为双面小提花针织机。

针织物质地松软，有良好的抗皱性与透气性，并有较大的延伸性与弹性。针织产品除供服用和装饰用外，还可用于工农业以及医疗卫

图3-9 双面小提花针织机

生和国防等领域。针织分手工针织和机器针织两类。手工针织使用棒针，历史悠久，技艺精巧，花形灵活多变，在民间得到广泛流传和发展。机器针织生产分纬编和经编两大类。在纬编生产中原料经过络纱以后便可把筒子纱直接上机生产。每根纱线沿纬向顺序地垫放在纬编针织机的工作针上，以形成纬编织物。在经编生产中原料经过络纱、整经，纱线平行排列卷绕成经轴，然后上机生产。纱线从经轴上退解下来，在经编机的所有工作针上同时进行成圈，以形成经编织物。装饰用纺织品中多用于薄型窗帘与家居寝室类织物的织造。

（3）非织造。非织造布是一种不需要纺纱织布而形成的织物，只是将纺织短纤维或长丝定向或随机排列，形成纤网结构，然后采用机械、热黏合或化学等方法加固而成。非织造是一种较有前途的加工方式，在现代装饰用纺织品中有较多运用。

4. 图案设计

各类装饰用纺织品因质地性能不同而显示出不同的装饰个性。图案纹样则是体现这种个性的最具体、最形象的因素。纤维原料的选择，织物组织结构的配置表达了装饰用纺织品的内涵与气质，图案纹样决定了装饰用纺织品的外观与形象。内涵与外观的结合形成了织物的整体装饰风格。

美的装饰织物不一定有图案，但有适当图案的装饰织物一定是美的。图案的加工类型包括纹织图案、印花图案以及特殊的工艺形成的图案。图案具有强烈的装饰、美化功能，直接影响着纺织品的视觉美感、消费市场和经济效益。

5. 色彩设计

色彩也是装饰用纺织品设计中一个至关重要的环节。色彩的选择和配置直接影响室内环境的气氛和装饰效果，也是最易影响人们情绪的因素。因此，既要注重其功能性，又要注重其心理效应和情感。装饰织物可以没有图案，但不能没有色彩。

二、工艺准备

装饰用纺织品的生产过程与一般服装用纺织品相似，也需经过工艺准备、试样投产、后整理加工、成品制作等工序。各种装饰用纺织品生产制作方式不尽相同。

装饰用纺织品的制作工艺准备包括：

（一）原料准备

因为注重花式纱线的应用（如竹节），这给原料的定型、整经、卷纬等工序带来一些工艺技术方面的问题，需分别予以解决，所以，与一般织物相比，装饰用纺织品的原料准备，难度更大些，工艺也较复杂。

主要包括原料的选择、络筒、并合、加捻、定型、整经、浆纱、纬纱准备及花式线的生产。

（二）纹制准备

纹制准备包括画意匠图、根据意匠图制作纹板、打孔、植纹钉或纹织 CAD 设计。与一般织物相同。

（三）织机的准备

织造前在织机上的准备，包括织机的装造和参数配置，如经位置线、打纬角、综平度、投梭时间、投梭力、开口时间、梭口高度、上机张力等。

三、试样与投产

装饰用纺织品在完成基本设计和有关的制作准备工作以后，必须经过实际试样进行检验和调整，使产品得以完善。

1. 初试

一般初试工作的主要任务：以检验品种规格设计是否达到了设计意图为主要目的。主要包括织物组织结构、纹样、配色的实际外观效应、质地手感、经纬密度，线型选用以及幅缩率的指标、各种物理化学性能是否符合要求。不合适的部分可在进一步试样中进行调整和修改。

2. 复试

复试工作是在初试结果被调整后进行的。检测工艺技术参数，为投产做准备。要求一定批量，几十匹以上。

3. 投产

批量生产。小批量→试销→订货→大批量。

四、染整和功能整理

针对不同原料的性能、不同的功能要求、不同的外观和质量要求，应采用不同的印染工艺及后整理设备。凡是能赋予纺织品某种特殊实用功能的整理加工统称为功能整理，包括抗皱、防缩、防水、防油、阻燃、抗菌防臭、防霉防蛀、防静电、防紫外线、防辐射、香味整理、陶瓷（保健）整理等。尤其是采用织印结合、手绘、扎染、数码喷墨印花等工艺，大大增强了色彩和图案的表现力。

五、成品制作

制作过程包括制图、裁剪、缝纫、装饰加工等。成品加工工艺是实现装饰用纺织品质量和外观的重要保证。

☞**思考题**

1. 阐述装饰纺织品设计与多种学科的关系。
2. 简述装饰用纺织品的设计要素。
3. 装饰用纺织品的品种设计包括哪些技术因素和非技术因素？
4. 装饰用纺织品的品种设计由哪些基本步骤构成？
5. 试述品种设计中构想的具体方法。
6. 试述品种设计中设计的具体内容。
7. 工艺准备包括哪些内容？
8. 产品试样的目的是什么？如何完成产品的试样？

第四章　装饰用纤维材料

本章知识点

1. 装饰用常规纤维。

2. 装饰用新型纤维原料。

3. 装饰用纱线（花式纱线）。

4. 装饰用纺织品常用实用性辅料及装饰性辅料。

纤维材料是决定织物外观效果和产品性能的主要因素。根据在装饰用纺织品构成中所起的作用不同，可分为面料和辅料两种。面料，是指用来制作成品表面的布料，对产品的造型、风格、功能起主要作用。辅料，是指除面料以外的其他辅助材料，如里料、衬料、填充料、纽扣、拉链、花边等，也是不可缺少的材料。

装饰用纺织品材料选择要考虑的因素有以下几点：

1. 强调原材料的装饰性和趣味性

现在的许多纺织材料已不仅是通过简单的机械加工，而是在很大程度上由人们设计，经过纺纱、加捻、印染及其他多种制造手段才获得的，如花式纱线。因此，在装饰用纺织品所用原料的加工过程中，为了使原料具有一定的美观性能，有效地选择和运用好线型的制作方法是关键环节。

2. 重视织物成品的综合效应

（1）原材料选用必须适合产品性能以及不同使用场所的需要。

（2）重视经纬线原料的合理搭配和组合关系。通常经线采用具有一定强度、表面光洁、细致、缜密的原料。而一些粗犷、松软、外观变化丰富的原料常用作纬线，以获得经细纬粗的织物效应。

（3）现代的室内陈设及装饰面料强调配套和多种形式的统一。

3. 要求纤维具有较好的保暖性

装饰用纺织品在室内广泛运用，纤维具有较好的保暖性有利于室内的保暖性和微气候的调节。

4. 强调纤维本身的材料美

棉、毛、丝、麻及各种化纤原料各有不同的质感和风格。

5. 充分发挥各种材料的特性

现代装饰用纺织品多是采用混合材料及不同性能原料进行交织。

6. 对原料的品质不做较高的要求

装饰用纺织品大都丰富厚实，因此要求装饰用纺织品的面料及其原料必须粗犷、坚牢。因而对纤维加工的技术要求、品质指标均与一般服装用纺织品不同，不强调太均匀的条干及太高的纤维强度等，对色丝、色线的色差，染色不匀等要求也比较低，生产技术指标较易达到，所以装饰用纺织品的生产正品率较高。

第一节　装饰用常规纤维简介

一、天然纤维

天然纤维是最早使用的纺织原料，它包括植物纤维、动物纤维和矿物纤维三大类。

（一）棉纤维

1. 棉纤维的主要性能

（1）棉纤维吸湿性能好。棉纤维拉伸强力一般在 3.4 ~ 5.9cN，其强力随纤维吸湿率的增加而增加，吸湿后，棉纤维弹性模量减小，伸长率增加。

（2）棉纤维染色性能好，但染色牢度稍差，日晒、皂洗等均易褪色。棉纤维加热超过 100℃并长时间烘烤，纤维素的化学结构受到破坏，强力急剧下降，最终发生炭化。但棉为无熔点纤维，其制品耐瞬时高温性能较好。

（3）棉纤维耐碱不耐酸。在常温下具有一定的耐碱性，但在高温有空气存在时，纤维素苷键对较稀的碱液也很敏感，以致聚合度下降。棉纤维遇酸后，由于酸对纤维素大分子中苷键的水解起了催化作用，使大分子的聚合度降低，纤维受到损伤，造成手感变硬，强度降低。

（4）棉纤维不易虫蛀，但在潮湿的环境中易受微生物侵蚀而霉烂。

（5）棉织物手感柔软，但形态稳定性差，容易折皱。

2. 应用

棉纤维在装饰用纺织品中用途很广，如床上用品、卫生盥洗用品等大多采用棉纤维。棉纤维可以进行碱缩、丝光等改性处理，进一步提高使用性能和外观效应，多用于生产高档装饰织物。高档床上用品多采用高支长绒棉的提花织物。

（二）麻纤维

麻纤维种类很多，有苎麻、亚麻、黄麻、洋麻、大麻、剑麻等。苎麻纤维品质优良，单纤维长，是麻纤维中品质最好的原料之一。

1. 麻纤维的主要性能

（1）麻纤维与棉纤维一样，属天然纤维素纤维，其光热作用及化学性质与棉纤维相似。

（2）麻纤维强度高，耐水性好，吸湿、放湿性能好，不容易发霉。

（3）苎麻纤维的长度随品种、生长条件而有很大差异，最长纤维长度可达 54mm，短纤维长度不到 6mm，长度变异较大。纤维越细，可纺支数越高，纱线质量越好。优良品种的苎麻纤维平均线密度在 0.5tex 以下，平均线密度 0.67tex 以上时，只能加工低档产品。苎麻因其纤维素分子排列的定向性高，故其强力高而伸长率小，苎麻单纤维的强力平均在 19.6 ~ 29.4cN，而伸长率仅为 2% ~ 3%。苎麻的湿强比干强高 20% ~ 30%，抗扭刚度大。此外，苎麻纤维抗腐蚀能力强，苎麻的不足之处是纤维粗硬，抱合力差，耐磨性差。

（4）亚麻单纤维力学性能与苎麻纤维基本相同。可纺制线密度较小的纱线，直接生产机织装饰用布。

（5）黄麻、洋麻、大麻纤维长度都较短，都是依靠残胶使其粘连成束纤维进行纺纱，多用于纺制线密度较高的纱线。

2. 应用

苎麻和亚麻是装饰用布（如台布、餐巾、窗帘、贴墙类等）和抽绣工艺品的理想原料。黄麻、洋麻、大麻等纤维较粗，适宜做仿古挂毯基布、地毯基布等。麻纤维也可以通过碱缩和丝光改善织物手感和光泽。

（三）毛纤维

天然动物毛的种类很多，有绵羊毛、山羊毛、骆驼毛、兔毛及其他动物毛。纺织用毛类纤维，用量最大的是绵羊毛，通称羊毛。

羊毛由许多细胞聚集构成。它可以分为三个部分：包覆在毛干外部的鳞片层，组成羊毛实体主要部分的皮质层，在毛干中心由不透明毛髓组成的髓质层。髓质层只存在于较粗的纤维中，细毛无髓质层。鳞片层的主要作用是保护羊毛不受外界条件的影响而引起性质变化。皮质层在鳞片层的里面，是羊毛的主要组成部分，也是决定羊毛物理化学性质的基本物质。

1. 毛纤维的主要性能

（1）羊毛的自然形态呈周期性卷曲，毛纤维的长度可分为自然长度和伸直长度，通常用自然长度表示毛丛长度。毛丛长度一般为 6 ~ 12cm。羊毛的线密度随着羊的品种、年龄、性别、毛的生长部位和饲养条件的不同，有相当大的差别。一般在 0.6tex 以下。

（2）羊毛在湿热及化学试剂作用下，经机械外力反复挤压，有缩绒性。

（3）光对羊毛有很强的氧化作用，光照使鳞片受损，易于膨化和溶解。光照使胱氨酸键水解，光照使羊毛的化学成分和结构、羊毛的力学性能以及染色性能等都会发生变化。

（4）在羊毛分子结构中含有大量的碱性侧基和酸性侧基，毛纤维具有双重性质，既呈碱性又呈酸性。毛纤维与丝纤维都属于蛋白质纤维，其化学性质与丝纤维相似。

2. 应用

羊毛纤维是高档纺织原料。主要用于高档毛毯、地毯、艺术挂毯、装饰用毡垫、填充料及家具用装饰织物。毛纤维和其他纤维混纺的绒线也是装饰织物广泛采用的材料。特别是手编、钩织纺织品应用较多。

（四）丝

丝纤维是高级动物蛋白质纤维，天然丝分为家蚕丝和野蚕丝。家蚕丝即桑蚕丝；野蚕丝种类较多，有柞蚕丝、木薯丝、蓖麻蚕丝、姆加蚕丝、天蚕丝、樟蚕丝等，野蚕丝除柞蚕丝可作缫丝原料外，其他均作绢纺原料。

1. 丝纤维的主要性能

（1）茧丝的长度为 700～1300m，茧丝的线密度为 2.2～3.8dtex（2～3.4旦），使用时的生丝由多根茧丝合并而成，常用的生丝规格为 14.4/16.7dtex（13/15旦）、2.2/24.4dtex（20/22旦）、31.1/33.3dtex（28/30旦）等。

（2）生丝的强力和伸长随茧层部位、并合茧粒数、线密度、缫丝速度、缫丝强力而变化，生丝的强度一般在 30～37cN/tex，伸长为 17%～22%。

（3）在日光照射下，由于受紫外线的作用，丝纤维大分子中酪氨酸的—OH 被氧化而分解，致使分子链断裂，所以丝纤维是一般纺织纤维中耐光性最差的纤维。

（4）丝纤维是耐热性较好的纤维。在 80～130℃的温度作用下，生丝的强力不但没有损失，反而略有增加。由于丝纤维的导热系数较小，保暖性较好。

（5）丝纤维耐酸、不耐碱。丝纤维在低温下对酸有一定的抵抗性，碱液易溶化丝胶，并侵入丝素，对丝纤维造成损伤，所以丝纤维耐碱性差。

（6）蚕丝的吸湿能力很强。一般大气条件下，蚕丝的回潮率可达 8%～9%，柞蚕丝达 10% 以上，吸湿达到饱和时可达 35%，并且散湿速度快。

2. 应用

印度姆加蚕丝有天然的金黄色，被称为丝中黄金；日本天蚕丝有天然绿色，被誉为绿色钻石。蚕丝纤维早在一千多年前就已经于装饰织物中，如古代的罗纱帐、屏风等就广泛采用蚕丝织造。用蚕丝织制的高档装饰织物，手感细腻柔和，高档华贵。如多彩被面、床单、被套、高级纱帘、靠垫及高档家具用装饰织物等。桑蚕丝做成的蚕丝被不仅柔软贴身、保暖透气，还因其绿色健康的特性，对人体具有多种保健作用。而且蚕丝的吸湿性是纯棉的 1.5 倍，是羊毛的 1.8 倍，所以能保持皮肤水分的平衡，对皮肤干燥的老年人有很好的功效。

二、化学纤维

装饰用纺织品使用的化学纤维较多，可以纯纺、混纺或并捻交织。主要用于不直接接触人体皮肤的装饰织物，如窗帘、床罩、沙发面料及台布等。

（一）再生纤维

黏胶纤维为再生纤维中最主要的纤维，分长纤维和短纤维，长纤维称人造丝，短纤维有棉型和毛型即人造棉和人造毛。

1. 黏胶纤维的主要性能

（1）黏胶长丝的单纤维细度 3.33～5.55dtex（3～5旦），常用的规格有：133.3dtex（120旦）/30F、83.3dtex（75旦）/18F、133.3dtex（120旦）/48F、83.3dtex（75旦）/30F、66.6dtex（60旦）/24F 等，单纤维根数多，丝身柔软。

（2）黏胶纤维的强力、伸长率受湿度的影响很大。一般普通型：湿强比干强降低 50% 以上，而湿伸长比干伸长增加 25% 左右。强力型：湿强比干强降低 36% 左右，而湿伸长比干伸长增加 2～3 倍。因此，使用黏胶纤维的织物时，应尽量避免受潮。黏胶纤维的标准回潮率为 13%。

（3）黏胶纤维虽与棉纤维一样为纤维素纤维，但因为黏胶的相对分子质量比棉纤维低得多，所以耐热性比棉纤维差。黏胶纤维耐日光性比棉差，但其耐热性较好。

（4）黏胶纤维有一定的耐碱性，耐酸性较差。

（5）黏胶纤维染色性能好，色谱全，色泽鲜艳，色牢度好。

（6）黏胶纤维吸湿性好，不易产生静电，不起毛起球。

（7）织物柔软，密度大，悬垂性好，但弹性差，容易起皱，产品的保形性差。

再生纤维除黏胶纤维外，还有醋酸纤维及铜氨纤维等。醋酸纤维的强力比黏胶纤维低，耐磨性和耐热性均差。醋酸纤维弹性好，手感柔软，光泽柔和近似蚕丝。铜氨纤维强力与黏胶纤维近似，湿态强度铜氨纤维比黏胶纤维大，单纤维细度小，为 1.1dtex（1 旦），铜氨丝单纤维根数多，手感柔软，光泽柔和。

2. 应用

黏胶纤维广泛用于装饰织物中，与其他合成纤维混纺的织物，改善了吸湿性和舒适感。醋酸纤维大多具有丝绸风格，广泛用于窗帘、墙布等。

（二）合成纤维

1. 涤纶

合成纤维具有优良的力学性能和化学性能，如强力高、密度轻、弹性好、吸水性差、耐磨、耐酸碱、不易霉变、不易虫蛀等性能，这些性能是天然纤维所不能比拟的。

涤纶是合成纤维的一大品种，虽然发明比锦纶晚，1953 年开始工业化生产，但 1972 年后产量却跃居首位。

（1）主要性能。

①强度高。高强低伸型涤纶，强度为 53～62cN/tex，断裂伸长在 20% 以下。普通型涤纶，强度一般为 38～53cN/tex。在湿态下强度不变，耐冲击强度比黏胶纤维高 20 倍。

②弹性好。将涤纶拉伸 5%～6% 时，几乎可以完全恢复，抗皱性极佳。

③耐热性好。涤纶的熔点为 255～265℃，230℃开始软化，其耐热性及热稳定性均很好。涤纶在 150℃的热空气中加热 168h，强度损失只有 15%～30%。

④耐光性强。涤纶经 100 天光照后残留强力达 95%。

⑤耐磨性好。涤纶耐磨性仅次于锦纶。

⑥涤纶的吸湿性低，染色困难，必须用分散染料在高温高压下染色。

（2）应用。涤纶有长丝和短纤维。为改善外观和性能，还可以加工成弹性或蓬松性较好的变形纱。涤纶长丝纯织或交织广泛用于帷幔、窗帘、窗纱及家具盖布等装饰织物中。

2. 锦纶

锦纶又称 nylon，是由美国和英国的科学家同时在纽约和伦敦制成的。锦纶 66 于 1938 年实现工业化生产，锦纶 6 于 1941 年实现工业化生产。

锦纶 66 和锦纶 6 的内部分子结构不同，锦纶 66 的耐热性和尺寸稳定性优于锦纶 6，其他性能大致相同。

（1）主要性能。

①密度较小。锦纶的密度为 $1.14g/cm^3$，除丙纶、乙纶外，是目前已有的各种纤维中较轻的一种。

②强度高。普通型锦纶为 35 ~ 53cN/tex，高强型锦纶可达 66 ~ 84cN/tex，在合成纤维中也是较高的，湿强为干强的 80% ~ 90%。

③弹性好。断裂伸长率一般为 16% ~ 25%，回弹性好。

④耐磨性特优。锦纶的耐磨性高于一切天然纤维和化学纤维，为棉纤维耐磨性的 10 倍。

⑤锦纶化学性能较稳定。稀酸对其无影响，耐碱性也很好。

⑥锦纶的耐热性及热稳定性仅次于涤纶。

⑦锦纶不耐日晒。

（2）应用。锦纶多用于受力变化大的装饰织物。如车、船、飞机等交通工具内的装饰织物。也可与其他纤维混纺、交织制成室内装饰织物。如锦纶地毯、窗纱等。

3. 维纶

1950 年在日本实现工业化，我国从 1964 年开始生产，是合成纤维中吸湿性最好的，性能接近棉，因此有"合成棉花"之称。

（1）主要性能

①由于聚乙烯醇大分子每个链节上都有一个亲水的—OH，因此制成的纤维是水溶性的。

②维纶的强度较高，一般为 35.2 ~ 57.2cN/tex，高强度短纤维可达 58.8 ~ 74.8cN/tex，断裂伸长率为 12% ~ 25%，弹性回复性较差，耐磨性较好。

③维纶吸湿性好，在合成纤维中居首位。维纶耐碱不耐酸。

④维纶的密度为 1.26 ~ $1.30g/cm^3$。纤维柔软，保暖性好，热传导率低。

⑤耐日晒性能好。

⑥染色性能差。

（2）应用。维纶织物具有棉织物的风格，但比棉布更结实、更坚牢耐用。但容易起皱，弹性差，颜色不够鲜艳，一般纯纺维纶织物极少。在装饰用纺织品中，经常与棉混纺制成床上用品。

4. 腈纶

腈纶是聚丙烯腈纤维在我国的商品名，国外则称为"奥纶""开司米纶"。通常是指用 85%以上的丙烯腈与第二和第三单体的共聚物，经湿法纺丝或干法纺丝制得的合成纤维。丙烯腈含量在 35% ~ 85% 之间的共聚物纺丝制得的纤维称为改性聚丙烯腈纤维。

（1）主要性能。

①聚丙烯腈纤维的性能极似羊毛，弹性较好，伸长 20% 时回弹率仍可保持 65%，蓬松卷曲而柔软，保暖性比羊毛高 15%，有"合成羊毛"之称。

②强度 22.1 ~ 48.5cN/dtex，比羊毛高 1 ~ 2.5 倍。

③耐晒性能优良，露天曝晒一年，强度仅下降 20%，能耐酸、耐氧化剂和一般有机溶剂，但耐碱性较差。纤维软化温度 190 ~ 230℃。

④易染，色泽鲜艳，抗菌、不怕虫蛀。

（2）应用。腈纶根据不同用途可纯纺或与天然纤维混纺，其纺织品被广泛地用于服装、装饰、产业等领域。可与羊毛混纺成毛线，或织成毛毯、地毯等，还可与棉、人造纤维、其他合成纤维混纺，制成窗帘、帷幔等各种室内用品。

第二节　装饰用新型纤维原料

一、新型天然纤维

（一）天然彩棉

天然彩色棉是采用现代生物工程技术培育出来的一种在棉花吐絮时纤维就具有天然色彩的新型纺织原料。以其"绿色、生态、环保"的鲜明特性在众多绿色纺织品中独树一帜。

1. 性能

（1）物理性能。我国天然彩棉的物理指标如表 4-1 所示。

表 4-1　天然彩棉的物理性能

品种	主体长度（mm）	品质长度（mm）	强度（cN/tex）	成熟度系数	整齐度（%）	短绒率（%）	棉结（粒/g）
白棉	28 ~ 32	30 ~ 32	19 ~ 23	1.5 ~ 2	49 ~ 52	≤ 12	80 ~ 200
棕色棉	21 ~ 28	25 ~ 31	14 ~ 16	1.3 ~ 1.8	44 ~ 48	15 ~ 30	120 ~ 200
绿色棉	22 ~ 28	25 ~ 31	16 ~ 17	1.2 ~ 1.5	45 ~ 47	15 ~ 20	100 ~ 150

（2）彩色棉的色彩是百分之百纯天然的，用天然彩色棉织成的纺织品，经长期洗涤，风吹日晒不会变色。而且在水洗以后，彩棉织物的天然色彩会更加亮丽和鲜艳。因此，彩棉织物其独特的自然美且符合人们追求回归自然的审美消费需求。

（3）用天然彩色棉加工成的纺织品无须漂白、印染、消毒等传统工艺处理，不产生化学污染，衣物中不含有害成分与任何化学物质残留，实现了从种植到成品的"零污染"过程，是典型的环保健康产品。

（4）由于未经化学品处理，在手感、弹性、柔软性、耐穿性等方面具有明显的优点，用它制成的产品舒适、自然，是高科技的"绿色"产物。正因如此，1998 年世界产棉国第二次国际棉花研究会上，再次将彩色棉研究生产列为绿色环保项目。

（5）彩色棉"绿色"生产是在有机化生产环境下进行的，即不施用农药、化肥、除草剂等化学物质。加之采用生物工程技术在彩色棉品种中植入抗病虫害基因，既可避免环境污染，降低成本，又能保证产量。

2. 应用

由于天然彩棉不需要染色，省去印染环节，对于减少棉区和纺织工业区的污染，改善生态环境具有显著效果。因此,天然彩色棉的开发、生产、销售正受到国内外的重视。有关专家认为,彩棉是国际棉纺织市场中最具发展潜力的产品。装饰用主要产品有卫生盥洗类纺织品和床上用品类纺织品。如彩色棉毛巾、小方巾、浴巾、浴衣、床单、被套等。

(二)大麻纤维

大麻又叫线麻、云麻、火麻,汉麻等,它是地球上韧度最高的纤维,其生长中只需少量的水和肥料,无须任何农药,并可自然分解,所以大麻纤维是环保的纺织原料。

1. 主要性能

(1)物理性能。大麻与亚麻、棉纤维强伸性能的比较如表4-2所示。大麻纤维是各种纤维中最细软的一种,细度仅为苎麻的1/3,与棉纤维相当,纤维顶端呈钝圆形,没有苎麻、亚麻那样尖锐的顶端,故成品特别柔软。

表4-2 大麻与亚麻、棉纤维的性能比较

性能指标	大麻纤维	亚麻纤维	棉纤维
强度(cN/tex)	27 ~ 69	27 ~ 73	24 ~ 25
伸长率(%)	1.5 ~ 4.2	1.5 ~ 4.1	6 ~ 8

(2)吸湿透气性。大麻纤维中心细长的空腔与纤维表面纵向分布着的许多裂纹和小孔洞相连,形成优异的毛细效应,再加上大麻纤维分子中含有大量的亲水性基团,故导热、吸湿、透气性好。大麻织物与棉织物相比,可使人体感觉温度较环境温度低5℃左右。即使在气温高达38℃及以上的酷暑,也会让人感觉一丝清凉。

(3)耐热、耐晒和耐腐蚀性能。大麻纤维耐热性能高,能在370℃而不变色;它的耐晒性能良好,在长时间太阳光照射下强度不受损失;它的耐腐蚀性能好,能长时间耐海水腐蚀。

(4)消声、吸波和防紫外线辐射功能。大麻纤维横截面比苎麻、亚麻、棉、毛都复杂,为不规则三角形、六边形、扁圆、腰圆等。中腔与外形不一,其分子结构为多棱状,较松散,有螺旋纹,因此,大麻纤维对声波、光波有良好的消散作用,无须特别整理可阻挡强紫外线的辐射,并具有独特的消声、吸波功能。

(5)防霉抗菌保健功能。大麻生长时不用施加化学农药及杀虫剂,纤维中含有微量大麻酚物质,这是一种非常有益的杀菌消毒剂。大麻纤维中空,平时含氧气,使厌氧菌无法生存,对金黄色葡萄球菌、绿脓杆菌、白色球菌、石膏样毛癣菌、青霉曲霉等明显有杀灭作用,是标准绿色产品。

2. 应用

大麻纤维优异的吸湿排汗性能、天然的抗菌保健性能、良好的柔软舒适性能、卓越的抗紫外线性能、出色的耐高温性能、独特的吸波吸附性能和自然的粗犷风格,被誉为"麻中之王"。大麻纤维多与棉混纺或与绿色环保纤维混纺及混织,如与 Tencel 及 Recycle 纤维等制成纱线,编织多类布料。可广泛应用于服装、家纺、帽子、鞋材、袜子等方面。在装饰用纺织品方面可用于室内装饰,可以降低噪声。床上用品方面如大麻保健席等。

二、环保纤维

（一）天丝

天丝（Tencel）是一种新型再生纤维素纤维，通过采用有机溶剂（NMMO）纺丝工艺，在物理作用下完成，整个制造过程无毒、无污染。故"天丝"被誉为"21世纪的绿色纤维"。"天丝"是英文单词"Tencel"的中文音译名。Tencel由英国Courtualds公司生产并注册专利。天丝有两种型号：一种为标准型（G100），为原纤化天丝；另一种为A100型，为非原纤化天丝。

1. 性能

（1）天丝纤维有较高的干强和湿强。纤维的湿态断裂强度约为干态断裂强度的85%，干、湿态断裂强度都很高，超过其他纤维素纤维，与涤纶接近。

（2）天丝大分子中有很多亲水性羟基，羟基容易与水形成氢键，所以天丝纤维具有良好的吸湿性。

（3）天丝纤维的高湿模量赋予天丝织物缩水率很低，沿长度方向的沸水收缩率为2.68%，而黏胶纤维为4.09%。用天丝制成的织物具有较高的尺寸稳定性和抗皱性。

（4）天丝纤维圆形截面和纵向良好的外观使天丝织物具有丝绸般的光泽，优良的手感、悬垂性和飘逸感。

（5）天丝纤维具有原纤化的特性。通过对原纤化的控制，可做成桃皮绒、砂洗、天鹅绒等多种表面效果的织物，形成全新美感，适合开发具有光学可变性的新潮产品。

2. 应用

天丝纤维有棉的"舒适性"、涤纶的"强度"、毛织物的"豪华美感"、真丝的"独特触感"及"柔软悬垂"，无论在干或湿的状态下，均极具韧性。它是第一种湿强远胜于棉的纤维。百分之百纯天然材料，加上环保的制造流程，完全迎合现代消费者的需求。天丝自从进入中国市场以来很快掀起开发的热潮，从最终产品来看，可以加工成机织产品、针织产品及毛毯、手编绒线等。在与其他纤维共同应用方面，天丝不但可与棉、麻、丝、毛等天然纤维混纺或交织使用，也可与各种化学纤维共用。纳米级天丝被采用高支纯棉面料填充舒适透气，防螨抗静电同时又具有耐用性强、弹性好、不易起皱、便于打理洗涤等优点。新一代的纳米级天丝被已成为市场上备受关注和推广的焦点。

（二）竹纤维

竹纤维是从自然生长的竹子中提取出的纤维素纤维，继棉、麻、毛、丝后的第五大天然纤维。分为天然竹纤维和化学竹纤维两类。天然竹纤维主要是竹原纤维。竹原纤维是采用物理、化学相结合的方法制取的天然竹纤维。化学竹纤维又可以分为竹浆纤维、竹炭纤维。竹浆纤维是一种将竹片做成浆，然后将浆做成浆粕再经湿法纺丝制成纤维，其制作加工过程基本与黏胶相似。竹炭纤维是选用纳米级竹香炭微粉，经过特殊工艺加入黏胶纺丝液中再经近似常规纺丝工艺纺织出的纤维产品。

1. 主要性能

（1）吸湿透气性。在2000倍电子显微镜下观察，竹纤维的横截面凹凸变形，布满了近似于椭圆形的孔隙，呈高度中空，毛细管效应极强，可在瞬间吸收和蒸发水分，在所有天然纤维中，竹纤维的吸放湿性及透气性好，居五大纤维之首。在温度为36℃，相对湿度为100%的条件下，竹纤维的回潮率超过45%，透气性比棉纤维强3.5倍，具有"会呼吸的纤维"的美誉，还被称为"纤维皇后"。

（2）抗菌抑菌性。竹纤维产品具有天然的抗菌、抑菌、杀菌的效果，因为竹子里面具有一种独特物质，该物质被命名为"竹琨"，它具有天然的抑菌、防螨、防臭、防虫功能。在显微镜下观察，细菌在棉、木等纤维制品中能够大量繁殖，而竹纤维制品上的细菌不但不能长时间生存，而且短时间内会消失或减少，24h内细菌死亡率达75%以上。所以竹纤维毛巾即使在温暖潮湿的环境中也不发霉、不变味、不发黏。

（3）抗紫外线性能。经中国科学院上海物理研究所检测证明，对于200～400nm紫外线，棉的穿透率为25%，竹纤维的穿透率不足0.6%，它的抗紫外线能力是棉的41.7倍。而这一波长的紫外线对人体的伤害最大，这是其他纺织品所不可比拟的。竹纤维面料对紫外线的反射率比麻织物、棉织物对紫外线的反射率低，竹纤维对紫外线有更强的吸收作用。

（4）绿色环保性。资源的广泛性和可利用性，主要表现在竹子生长期短，2～3年即可成材，而且一次种植长期经营，竹子在一夜之间可以长高约1m，它能够快速生长和更新，能够替代棉花、木材等资源，可持续利用。竹纤维制成的产品可在土壤中自然降解，分解后对环境无任何污染，是一种天然的、绿色的、环保型的纺织原料。

（5）天然保健性。《本草纲目》中有24处阐述了竹子的不同药用功能和方剂，民间更是有近千种竹子的药方。现代医学认为："竹元素"中的抗氧化物能有效清除人体内的自由基和酯类过氧化合物，并能阻断强致癌物质N-亚硝酸氨化合物，不仅能显著提高机体免疫能力，而且具有滋润皮肤和抗疲劳、抗衰老的生物功效。由于竹纤维产品天然的抗菌功能，因而制成的产品无须添加任何人工合成的抗菌剂，不会引起皮肤的过敏现象，是真正纯天然的绿色健康产品。

（6）除臭吸附性。竹纤维内部特殊的超细微孔结构使其具有强劲的吸附能力，能吸附空气中甲醛、苯、甲苯、氨等有害物质，并消除不良异味。

2. 应用

竹纤维可以纯纺或与棉、毛、麻及化学纤维进行混纺，生产各种规格的机织面料和针织面料。竹纤维纺织品夏秋季节使用，使人倍感凉爽、透气，冬春季节使用既蓬松舒适又能排除体内多余的热气和水分，用它制成的纺织品被称为"人的第二肌肤"。装饰用纺织品中竹纤维主要用于凉席、床单、窗帘、毛巾、浴巾等。

（三）大豆蛋白纤维

大豆蛋白纤维属于再生植物蛋白纤维类，是以榨过油的大豆豆粕为原料，利用生物工程技术，提取出豆粕中的球蛋白，通过添加功能性助剂，与氰基、羟基等高聚物接枝、共聚、共混，制成一定浓度的蛋白质纺丝液，改变蛋白质空间结构，经湿法纺丝而成。其生产过程对环境、空气、人体、土壤、水质等无污染。被专家誉为"21世纪健康舒适型纤维"。

1. 主要性能

（1）力学性能。大豆蛋白纤维的单纤断裂强度在3.0cN/dtex以上，比羊毛、棉、蚕丝的强度都高，仅次于涤纶等高强度纤维，而线密度已可达到 0.9dtex。目前，利用 1.27dtex 的棉型纤维在棉纺设备上已纺出 6tex 的高品质纱，可开发高档的高支高密面料。大豆蛋白纤维的初始模量偏高，且易洗、快干。

（2）保健功能性。大豆蛋白纤维与人体皮肤亲和性好，且含有多种人体所必需的氨基酸，具有良好的保健作用。在大豆蛋白纤维纺丝工艺中加入定量的具有杀菌消炎作用的中草药与蛋白质侧链以化学键相结合，药效显著且持久，避免了棉制品用后整理的方法开发的功能性产品药效难以持续的缺点。

（3）舒适性好。以大豆蛋白纤维为原料的针织面料手感柔软、滑爽，质地轻薄，具有真丝与山羊绒混纺的感觉，其吸湿性与棉相当，而导湿透气性远优于棉，保证了穿着的舒适与卫生。由于它属于天然织物，又含有丰富的蛋白质，因此其吸水性、透气性较一般针织品优越，与人体接触不会发生不良反应，更不会像一些化学纤维织物使穿着者有发痒等过敏现象。

2. 应用

用大豆蛋白纤维织制的面料柔软滑爽、透气爽身、悬垂飘逸，具有独特的润肌养肤、抗菌消炎的功能，并且它的耐酸耐碱性能及耐霉菌性能与羊毛、蚕丝相同，耐虫蛀性能优于羊毛、蚕丝。在装饰用纺织品领域有很好的开发前景。

（四）牛奶蛋白纤维

牛奶蛋白纤维是纺织领域内一种新型的功能性纤维，是以牛乳作为基础原料，经过脱水、脱油、脱脂、分离、提纯等工艺制成乳酪蛋白，采用高科技手段，通过先进的纺丝工艺在纺丝时与纤维素纤维共混制成的。原料来源丰富，且由于生产过程中采用高科技工艺处理，不会对环境造成污染，因此牛奶蛋白纤维被誉为"21 世纪的绿色纤维"。

1. 主要性能

（1）物理性能。牛奶蛋白纤维的干断裂强度 ≥ 2.5cN/dtex，干断裂强力变异系数 ≤ 14%，干断裂伸长率 16.0% ~ 25.0%，干断裂伸长率变异系数 ≤ 12%，线密度偏差率 ±4.0%，线密度变异系数 ≤ 3.5%，染色均匀度（灰卡）3 ~ 4 级，回潮率 4% ~ 6%。

（2）绿色环保特性。牛奶纤维制品不使用甲醛偶氮类助剂或原料，纤维甲醛含量为零。

（3）保健性能。牛奶蛋白纤维富含对人体有益的 18 种氨基酸，能促进人体细胞新陈代谢，防止皮肤衰老、瘙痒，营养肌肤；具有天然保湿因子，因此能保持皮肤水分含量，使皮肤柔润光滑，减少皱纹。

（4）抗菌性。牛奶蛋白纤维具有广谱抑菌功能，持久性强，天然抑菌功能达 99% 以上，抗菌率达 80% 以上。

（5）舒适性。牛奶蛋白纤维具有羊绒般的手感，其单丝线密度小，密度小，断裂伸长率、卷曲弹性、卷曲回复率最接近羊绒和羊毛，纤维蓬松细软，触感如羊绒般柔软、舒适、滑糯；纤维白皙，具有丝般的天然光泽，外观优雅，耐日晒牢度、耐汗渍牢度达 3 ~ 4 级。

（6）吸湿导湿性。牛奶蛋白纤维截面为不规则圆形，截面中布满空隙，纵向有许多沟槽，蛋白质分子分布在纤维表面，含有天然蛋白保湿因子和大量亲水基团，可迅速吸收人体汗液，通过沟槽快速导入空气中散发，使人的肌肤始终保持干爽，抗起毛起球性达到 3 ~ 4 级。

（7）吸热放热性。纤维立体多隙的微孔结构和纵向表面的沟槽结构决定了纤维有冬暖夏凉的特性。

（8）其他特性。常温常压下染色，颜色鲜艳，柔和有光泽，上染率高，耐洗色牢度（面料）原样变色3～4级，白布沾色4～5级，耐汗色牢度（面料）原样变色4级，白布沾色4～5级。染色后仍保持该产品原有性能，具有极好的服用安全性。比羊毛、羊绒防霉防蛀，强度高，耐穿耐洗，易储藏。水洗后易干，洗涤后仍可保持产品永久性能等。

2. 应用

牛奶蛋白纤维可纯纺，也可以和羊绒、蚕丝、棉、毛、麻等纤维进行混纺，适合各种针织、机织生产；它兼有天然纤维的舒适和合成纤维的牢度，使用价值大，应用面广，对人体皮肤有良好的营养和保护作用，集舒适、美观、健康、保健于一体，牛奶蛋白纤维是目前纺织界前卫的高科技纺织品，具有科技含量高、附加值高和绿色环保概念。

以牛奶蛋白纤维与其他纤维混纺交织的家纺面料，质地细密轻盈，透气爽滑，面料光泽优雅华贵，色彩艳丽。以牛奶蛋白纤维绒为填充物制成的牛奶被温顺松软，保温性能良好且富有弹性，具有促进睡眠、防螨抗菌、有益健康的功能，特别适用于过敏体质的人群。牛奶蛋白纤维家纺用品保管方便，除洗涤时注意不要使用强碱性洗涤剂外，不需要任何特殊处理。它卓越的性能，在日常使用中能持久保持亮丽如新，并且容易打理。牛奶蛋白纤维等新原料已成新品开发的首选目标。

三、差别化纤维

差别化纤维是指对常规化纤品种有所创新或具有某一特性的化学纤维。通过对化学纤维的化学改性或物理变形制得，它包括在聚合及纺丝工序中进行改性及在纺丝、拉伸及变形工序中进行变形的加工方法。差别化纤维以改进织物服用性能为主，主要用于服装和装饰织物。采用这种纤维可以提高生产效率、缩短生产工序，且可节约能源，减少污染，增加纺织新产品。

（一）细旦纤维与超细旦纤维

1. 定义

细旦纤维和超细旦纤维尚无明确定义，各国观点也不一致。在日本，单丝线密度为0.33～1.1dtex的纤维称为细旦纤维，低于0.33dtex的则为超细旦纤维；在欧洲，单丝线密度小于0.1dtex的称为超细旦纤维，0.1～1.0dtex的纤维称为细旦纤维；我国一般把0.9～1.4dtex的纤维称为细旦丝，0.55～1.1dtex为微细旦丝，而0.55dtex以下的纤维为超细旦丝。

2. 性能

（1）大大降低了丝的刚度，制成的织物手感极为柔软。

（2）纤维超细还可增加丝的层状结构，增大比表面积和毛细效应，使纤维内部反射光在表面分布更细腻，使之具有高雅光泽。

（3）有良好的吸湿散湿性。

（4）织物舒适、美观、保暖、透气，有较好的悬垂性和丰满度，在疏水和防污性方面也有明显提高。

3. 应用

细旦纤维和超细旦纤维具有良好的服用性能，可用来纺制高仿真纤维以替代天然纤维，其仿真丝织物可达到轻、柔、爽、滑的效果，如超薄型涤纶织物经碱减量处理后再经特殊的柔软亲水整理，就能获得真丝绸的外观和手感。其仿麂皮织物不仅具有天然麂皮的"书写效应""白霜感"和"立体感"，而且具有真丝的手感和柔软、质轻、悬垂性好的特点。超细旦纤维被广泛用于火车、汽车、航空运输等的座椅及室内装饰用纺织品。

（二）保暖纤维

1. 分类

（1）蓬松保暖纤维。人体热量向环境的散失有辐射、对流和热传导三种方式。在体温下，辐射散热较小，因此减少纤维的热传导率是一种重要的保暖手段。开发含有大量滞留空气的纤维，制造出既轻又保暖的衣料和填充材料，是纤维制造业努力的方向。如高中空度纤维、异形中空纤维、多孔蜂巢涤纶、中空多孔干爽纤维、三维卷曲中空纤维、球形纤维等。

（2）畜热保暖纤维。积极的保暖材料，不仅遵循传统的保暖理论，更能吸收外界热量，储存并向人体传递。一种是将阳光转换为远红外线的纤维，称为阳光纤维。另一种为新型阳光储热纤维——近红外线吸收纤维，可吸收太阳辐射中的可见光与近红外线，并反射人体热辐射，具有良好的储热和保温的功能。

2. 应用

高度中空纤维可以用作被盖填充料。不仅具有良好的铺层性，被盖的保暖性和羽绒被相当，而且价格便宜，对人体也不会产生心理过敏反应。异形中空纤维可以用作被盖填充料，还可以用于制作装饰布、地毯、仿毛产品等。高效保暖纤维具有很好的中空度，且表面具有蜂窝状贯穿内外的微孔，储存热量大，织物保暖性极佳。可纯纺或混纺用于机织和针织及非织造布。三维卷曲中空纤维具有很好的保暖性。作为羽绒的替代品在被褥、枕芯、椅垫等填充材料应用上有良好的商业价值。

四、功能纤维

（一）抗静电纤维与导电纤维

纤维及制品在生产加工和使用过程中，由于受摩擦、牵伸、压缩、剥离及电场感应和热风干燥等因素的作用而产生静电。静电能够影响纺织品的外观和使用的舒适性，静电还会影响人类的健康，能使血压升高和血液中的钙流失，导致皮肤过敏。为了解决这些问题，于是产生了抗静电纤维和导电纤维。

1. 抗静电纤维

不易积聚静电的纤维，称为抗静电纤维。可分为暂时性和耐久性两种。

加工方法：用抗静电剂处理；用亲水性聚合物整理剂处理；与含导电或抗静电性能的聚合物复合纺丝或共混纺丝；与抗静电单体共聚。

2. 导电纤维

导电纤维具有良好的导电性和耐久性。导电纤维的抗静电机理是使导电纤维之间产生电晕放电。主要有金属纤维、碳素复合纤维和腈纶铜络合导电纤维等。

3. **应用**

抗静电纤维与导电纤维装饰用纺织品主要有地毯、汽车内饰等。

（二）阻燃纤维

1. **定义**

阻燃纤维指纤维材料本身具有或者是经处理后具有明显推迟火焰蔓延性质的纤维。阻燃要求是使纤维制品在火焰中能降低其可燃性，能减缓蔓延的速度，不形成大面积燃烧，而离开火焰后，能很快自熄，不再燃烧或阴燃。纺织品的阻燃性能，主要通过两种方法获得，一种方法是直接生产阻燃纤维，这类阻燃纤维具有永久阻燃性；另一种方法是对纺织品进行阻燃处理，该方法成本低，加工容易，但阻燃性能随使用年限和洗涤次数的增加而降低或消失。

2. **分类**

阻燃纤维主要有两类：一类是该纤维本身具有阻燃性能，是阻燃单体与高聚物共聚或接枝；另一类是对一般大类纤维通过改性的方法制取阻燃纤维，是在聚合体中加入一定量的阻燃剂制成共混纤维或复合纤维。

3. **性能评价**

阻燃纤维性能评价是一个非常困难和复杂的问题，各国已建立起许多标准，但各种方法较难比较。评定项目较多，一般仅选择部分项目进行评测。我国目前对于纺织品阻燃性能的测试主要采用 GB/T 5455—2014《纺织品　燃烧性能　垂直方向损毁长度、阻燃和续燃时间的测定》。其原理是用规定点火器产生的火焰，对垂直方向的试样底边中心点火，在规定的点火时间后，测量试样的续燃时间、阴燃时间及损毁长度。该标准适用于各类织物及其制品。该方法可用于服用织物、装饰织物、帐篷织物等的阻燃性能测定。中国的纺织品阻燃性能评价方法是以织物的燃烧速率为主要依据的，只有符合标准要求的纺织产品才能被视为阻燃产品。

4. **应用**

目前主要的阻燃面料有后整理阻燃面料，如纯棉、涤棉等；阻燃纤维制作的永久阻燃面料，如芳纶、腈棉、凯夫拉、诺梅克斯、澳大利亚 PR97 等。阻燃面料可广泛应用于家具装饰布、汽车装饰织物、窗帘帷幔、床上用品等领域。

（三）变色纤维

材料的颜色来自它对可见光的选择性吸收。变色材料是指其颜色随着外界环境条件（如光、热、电、压力等）的变化而发生变化的物质，其变色原理是材料对可见光的吸收光谱随外界的变化而发生变化，即材料发生颜色的变化。

1. **定义**

变色纤维是一种具有特殊组成或结构的，在受到光、热、水分或辐射等外界条件刺激后可以自动改变颜色的纤维。变色纤维目前主要品种有光致变色和温致变色两种。

（1）光致变色。指某些物质在一定波长的光线照射下可以产生变色现象，而在另一种波长的光线照射下（或热的作用），又会发生可逆变化回到原来的颜色。

（2）温致变色。指通过在织物表面黏附特殊微胶囊，利用这种微胶囊可以随温度变化而颜色变化的功能，而使纤维产生相应的色彩变化，并且这种变化也是可逆的。

2. 变色纤维的制备

与印花和染色技术相比，变色纤维技术开发稍晚。变色纤维的制造技术主要包括溶液纺丝法、熔融纺丝法和后整理。

（1）溶液纺丝法。即将变色化合物和防止其转移的试剂直接添加到纺丝液中进行纺丝。例如，日本松井色素化学工业公司就此技术申请了专利。在丙烯腈、苯乙烯、氯乙烯的共聚物的纺丝溶液中，加入了噁嗪类变色染料和防染料转移的试剂癸二酸酯类化合物。该纤维在无阳光条件下不显色，在阳光或紫外线照射时显深绿色，可用于制作服装、窗帘、地毯和玩具等方面。

（2）熔融纺丝法。将色母粒与普通成纤高聚物混熔纺丝。色母粒是将变色染料分散在树脂载体中制成的，成纤高聚物可以是聚酯、聚丙烯、聚酰胺等高聚物。日本的可乐丽和帝人公司就此项技术申请了多项专利。东华大学采用共混纺丝法制得了两种光敏变色聚丙烯纤维，其中一种是光敏染料与聚丙烯共混纺丝，制得的纤维在暗处为白色，在阳光照射下显蓝色；另一种是光敏染料与黄色母粒和聚丙烯共混纺丝，制得的纤维在暗处为黄色，在阳光照射下显绿色。

（3）后整理。采用后整理聚合技术也可使纤维具有变色性能。例如，将纤维或织物用含吡喃衍生物的单体浸渍，单体一般为苯乙烯或醋酸乙烯酯，单体在纤维内进行聚合，使纤维具有光致变色性。如丝织物在 60℃下于上述组分的溶液中聚合 1h 可保持光致变色性半年以上，用于制作服用、装饰用纺织品等可显出特殊的迷人效果。

3. 应用

变色纤维材料是近些年来迅速发展、极富生命力的高技术功能纤维，它具有高附加值和高效益。变色纤维用在装饰织物中，不仅使织物在外观上发生变化，而且可以具有特殊的用途，如可以检测环境条件的变化和气候的变化。在居家或者公共环境中的帷幔及窗帘织物用变色纤维，热致变色纤维可以根据气温的变化调节室内光线的明暗；湿致性变色纤维可以反映空气相对湿度的变化。

还有像一般的变色材料是指具有光、热、电等致变色性能的材料。特别是闪光变色纤维，蝴蝶的翅膀和孔雀的羽毛在光的反射下更加美丽，这是因为光的参与可使颜色效果更佳。基于这一原理，例如像日本的一位教授发明了闪光变色纤维。用这种纤维制成的织物色彩变化多端，令人神往。这种织物可用来制作室内装饰等。

（四）抗菌防臭纤维

抗菌防臭纤维是在抗菌防臭后处理技术之上发展起来的。国际上自 20 世纪 80 年代开始出现通过化学纤维的高分子结构改性和共混改性的方法制取持久性抗菌防臭纤维的方法，其中以共混方式为主。与抗菌防臭后处理技术相比较，抗菌防臭纤维抗菌防臭效果好，耐久，纤维不附着树脂，所得织物手感好，工艺简单，无须后整理，成本低。抗菌防臭后整理虽然加工方便，但抗菌防臭效果不理想，经数十次洗涤后，织物抗菌防臭效果下降，难以满足消费者的要求。化学纤维的迅速发展，又为纤维改性提供了十分广阔的天地，使得人们开始将纺织品抗菌防臭处理的视角转向纤维改性以获得抗菌防臭纺织品。这种方法技术含量高，难度大，涉及工程领域广，尤其对抗菌防臭剂的要求较高，但因其明显的优点，深受客户的青睐。

1. 抗菌机理及除臭方法

（1）抗菌机理。

①金属离子接触反应机理。这是无机抗菌剂最普遍的抗菌作用机理。金属离子带有正电荷，当微量金属离子接触到微生物的细胞膜时，与带负电荷的细胞膜发生库仑吸引，金属离子穿透细胞膜进入细菌内与细菌体内蛋白质上的巯基、氨基等发生反应，该蛋白质活性中心被破坏，造成微生物死亡或丧失分裂增殖能力。

②催化激活机理。银、钛、锌等微量的金属元素，能吸收环境的能量（如紫外光），激活空气或水中的氧，产生羟基自由基和活性氧离子。它们能使细菌细胞中的蛋白质、不饱和脂肪酸、糖苷等与其发生反应，破坏其正常结构，从而使其死亡或丧失繁殖能力。

③阳离子固定机理。细胞壁和细胞膜是由磷脂双分子层组成，在中性条件下带负电荷。因此，细菌容易被抗菌材料上的阳离子（如有机季铵盐基团）所吸引，从而降低细菌的活动能力，抑制其呼吸功能，使其发生"接触死亡"。另外，细菌在电场引力的作用下，细胞壁和细胞膜上的负电荷分布不均匀造成变形，发生物理性破裂，使细胞内的水、蛋白质等渗透到体外，发生"溶菌"现象而死亡。

④细胞内溶物损坏机理。许多有机抗菌剂属于这种抗菌作用机理。有机抗菌剂能破坏细菌的蛋白质和核酸等结构，并且对细菌的酶体系（酶形成、酶活性）等生理系统产生毁灭性的损坏，从而达到抗菌的目的。

（2）除臭方法。根据臭味的来源不同，采用的除臭方法也不同，常见的有以下五种：

①感觉除臭法。主要是用强的芳香物质掩盖臭气或者用如松香精油、薰衣草精油等中和剂与臭气混合，使人感觉不到臭味。

②化学除臭法。是使恶臭分子和特定物质发生化学反应生成无臭物质。这种消臭反应机理涉及氧化、还原、分解、中和、加成、缩合及离子交换反应等。

③物理除臭法。利用特定物质对恶臭分子进行吸附。常用的吸附剂有活性炭、硅胶、沸石等多孔物质和一些盐类。

④生物催化除臭法。通过利用某些微生物的生物功能来消除恶臭。近年来出现的人工消臭法是以与生物酶类似的化学反应机理来分解臭气物质。它是简单有效的处理方法，适用于醛、硫化氢、硫醇等多种恶臭物质。

⑤光催化除臭法。由纳米二氧化钛或者纳米氧化锌等除臭剂受到阳光或者紫外线的照射而分解出来的自由基与多种有机物反应从而消除恶臭。

2. 抗菌防臭纤维的制造方法

抗菌防臭纤维一般有三种制造方法：一是通过对纤维的改性来提高防臭后整理效果；二是纤维中掺加消臭剂，即将消臭剂掺入纺丝液中，经纺丝制取消臭纤维；三是复合消臭纤维，包括功能复合和结构复合。功能复合是指在纤维中掺加消臭剂的同时，还加入抗菌剂、吸湿剂、阻燃剂等功能物质；结构复合是指构成纤维形态有芯鞘、并列、镶嵌、海岛结构等多种复合形式。

3. 新型抗菌防臭纤维

（1）纳米除臭纤维。纳米催化杀菌剂包括纳米二氧化钛、纳米二氧化硅、纳米氧化锌等。日本可乐丽公司开发的一种名为 shine up 的新型光学除臭纤维就是在纤维内加入了纳米二氧化钛，通过化学附着反应和光触媒反应达到双重消臭效果。

（2）竹纤维。竹纤维是一种天然环保型绿色纤维，竹纤维中含有天然的抗菌物质，科研人员的实验证实，竹沥具有广泛的抗微生物功能。用竹纤维制成的纺织品 24h 抗菌率可达 71%，竹纤维中的叶绿素和叶绿素铜钠具有较好的除臭作用。

（3）甲壳素纤维。甲壳素纤维具有天然的抑菌除臭功能，甲壳素纤维是从虾、蟹、昆虫等甲壳动物的壳中提炼出来的，是一种可再生、可降解的资源，它对危害人体的大肠杆菌、金黄色葡萄球菌、白色念珠菌等的抑菌率可达 99%，能有效地保持人体肌肤干净、干燥、无味和富有弹性。

（4）儿茶素处理的纤维。儿茶素又称茶多酚。它是从天然绿茶、柿子等植物中提取的精华（多酚类化合物），能防止细菌、病毒繁殖，使其失去活性，从而具有优越的抗菌作用。儿茶素作为一种天然提取物，对人体安全无毒，有优良的抗菌除臭效能，并能够起到延缓皮肤老化的作用，但其作为除臭剂处理纤维的工艺尚不成熟，还有待进一步研究。

（5）稀土元素处理的纤维。稀土元素是指元素周期表中第三副族中的钪、钇和镧系元素的总称，包括钪（Sc）、钇（Y）及镧系中的镧（La）、铈（Cc）、镨（Pr）、钕（Nd）、钷（Pm）、钐（Sm）、铕（Eu）等共 17 种元素稀土离子的多元配合物，能使织物具有耐久的抑菌性能。

（6）芳香纤维。所谓芳香纤维是与嗅觉有关的纤维。从技术上看它可以包括发出香味的纤维和去除异味的纤维两类。随着芳香纤维投放市场所显示的巨大潜力，国内外都加紧了对它的研究。李克兢、汪家琛等研制出一种基于微胶囊技术的抗菌芳香型内衣；最近天津工业大学功能纤维研究所也研制出一种具有芳香气味的复合型纤维，其香气留存时间长，纤维手感柔软，物理性能较好，无毒、无皮肤刺激，可与各种合成纤维和天然纤维按适当比例混合，适用于各种纺织品及各种非织造布。

（7）负离子纺织品除臭。负离子功能纺织品由日本最先研发成功。它集释放负离子、远红外线辐射、抗菌、抑菌、除臭、抗电磁辐射等多种功能于一体。该产品的形成是依赖在纤维生产过程中或在织物染整加工过程中添加了一种纯天然矿物添加剂（如电气石），其主要成分为一种典型的极性晶体结构的负离子素。

4. 抗菌防臭纤维的应用

抗菌防臭纤维可广泛用于地毯、床上用品、卫生盥洗用品等。是枕芯、被芯、床垫衬里的上佳材料，并且不影响床上用品的舒适性。

（五）防紫外线纤维

据科学家预测，到 2050 年大气平流层臭氧量将会减少约 20%，到那时紫外线将会给人类健康带来更大的危害。因此，世界各国都加强了开发防紫外线产品的工作。

1. 纺织品抗紫外线的原理

防紫外线纺织品的作用机理有吸收作用和反射作用。相应的紫外线遮蔽剂有吸收剂和反射剂（或称散射剂）两类。紫外线吸收剂主要利用有机物质吸收紫外光，并进行能量转换，以热能形式或无害低辐射将能量释放或消耗。紫外线反射剂主要是利用无机微粒的反射和散射作用，可起到防紫外线透过的效应。

2. 防紫外线纺织品的加工方法

防紫外线纺织品的加工方法大致可分为以下两大类：一类是后整理法，即用紫外线遮蔽剂通过浸渍或涂层的方法将防紫外线的功能附加到纺织品上；另一类是生产防紫外线纤维。防紫外线纤维的纺丝方法可以采用共聚法、共混法。一般采用共混法生产的居多。主要有涤纶短纤维、POY、FDY、DTY 等品种，有的涤纶防紫外线的阻挡率可达 94% ~ 98%。

3. 应用

最近几年来，我国抗紫外线纤维开发的速度很快，特别是在涤纶防紫外线开发方面取得了突破性的进展。可纯纺或交织生产各类机织、针织面料。防紫外线纤维制作的汽车内装饰布、家用窗帘等可减轻褪色，延长因紫外线照射而引起老化的时间。

第三节　装饰用纱线（花式纱线）

一、花式纱线的概念

花式纱线是指在纺纱和制线过程中采用特种原料、特种设备或特种工艺对纤维或纱线进行加工而得到的具有特种结构和外观效应的纱线。凡是在外观上具有区别于普通纱线的色彩、结构特征的纱线，都可以称之为花式纱线。花式纱线的外延非常广泛。

花式纱线被称为"富有生命的纱"，是纱线产品中具有装饰作用的一种纱线。目前，各类花式纱线已成为装饰用纺织品中常用原料之一。花式纱线能大大改善织物表面易产生条、斑等疵点的现状，并且能增强织物外观立体感，风格独特，满足现代人追求美及个性化生活的需求。复合花式纱线是多种原料、多种结构和多种色彩复合而成的花式纱线，是花式纱线本身运用的升华，其对花式、花色的探讨属于一个更高的领域，具有更高的附加值，是当前花式纱线领域的流行趋势。

二、花式纱线的分类

1. 按花式纱线的结构形态和颜色分类

（1）花式纱线。其主要特征是具有不规则的外形与纱线结构，如纱线截面具有不规则几何形状，纱线结构变化等，主要有竹节纱、结子纱、雪花纱等。

（2）花色纱线。其主要特征是外观在长度方向上呈现不同的色泽或特殊效应的色泽，主要有有间隔印色纱线、段染纱线、拆编印色纱线等。

2. 按加工方法分类

花式纱线有许多加工方法，在普通棉纺、毛纺细纱机，喷气纺纱机，空气变形纱机等机器上，经过适当改造，可以生产某些种类的花式纱线，最常用的为空心锭花式捻线机。

（1）普通纺纱系统加工的花式线，如链条线、金银线、夹丝线等。

（2）通过染色方法加工的花色纱线，如混色线、印花线、彩虹线等。

（3）用花式捻线机加工的花式线，其中按芯线与饰线喂入速度的不同与变化又可分为超喂型（如螺旋线、小辫线、圈圈线）和控制型（如大肚线、结子线等）。

（4）用专用纺纱设备加工的特殊花式线，如雪尼尔线、包芯线、拉毛线、植绒线等。

三、花式纱线的结构

花式纱线一般由三根纱线组成，即芯线、固线及饰线。芯线起骨架作用，主要提供纱线的强力，一般选用强力较高的长丝或纱线作为芯线；固线起加固作用，用来固定花形，使花形按生产时的方式固定下来，从而避免沿长度方向滑移，大多采用细且强力高的长丝；饰线反映花式效应，花式纱的花式如粗细节、圈圈、小辫子等，均是通过饰线表现出来，可采用棉条或粗纱经相同的牵伸但不同超喂（如圈圈纱），或经不同的牵伸来生产（如竹节纱），也可采用长丝，经不同的超喂来生产（如结子纱）。采用不同颜色的两根粗纱经不同牵伸不同超喂，可生产出粗细变化且颜色变化的花式纱线。

四、装饰用纺织品常用花式纱线

（一）几种典型花式纱线

1. 圈圈纱

如图 4-1 所示，圈圈纱的线密度一般为 67 ~ 670tex。主要用于针织物、机织物及手工编结。

饰纱应选用较好的原料（如毛、腈纶、棉、麻等）。生产纱线型大圈圈纱时，饰纱需选用弹性好、条干匀、捻度低的精纺毛纱。生产纤维型圈圈纱用毛条（或粗纱）经牵伸后直接作为饰纱，手感特别柔软，可在带牵伸机构的空心锭花捻机上一次成形。用圈圈纱编织的织物具有较好的装饰效果，风格独特，花型新颖，美观大方。

图 4-1　圈圈纱

2. 结子线

如图 4-2 所示，采用不同颜色的芯纱和饰纱相互包缠，就成为多种颜色交替的结子线。外观是一段平线，一段结子。各段长度及结子大小、间距均可调。结子间距一般以不相等为好，否则会使织物表面结子分布不均匀。线密度一般为 15 ~ 200tex。结子线可以使装饰织物如窗帘、家具覆饰类、壁画等表面呈现出各种小斑点，立体感强。

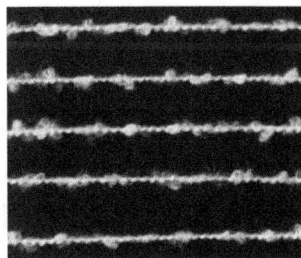

图 4-2　三色结子线

3. 竹节纱

如图 4-3 所示，竹节纱的特征是具有粗细分布不均匀的外观，是花式纱中种类最多的一种，有粗细节状竹节纱、疙瘩状竹节纱、短纤维竹节纱、长丝竹节纱等。竹节纱的显著特点是纱线忽细忽粗，有一节叠出的称竹节，而竹节可以是规则分布也可以是不规则分布，分气流纺竹节纱和环锭纺竹节纱。

利用竹节纱竹节部分的长短、粗细、节距、原料各不同，可开发出丰富多彩、风格各异的品种，以满足各类消费者的需要。采用竹节纱织制的装饰用纺织品如窗帘、台布、墙布等花型醒目，风格别致，立体感强。

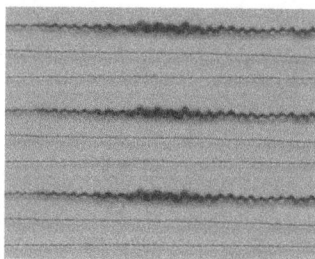

图 4-3　竹节纱

4. 大肚纱

近年来大肚纱在花式线中的比例越来越大，而且大肚纱也越做越粗，应用设备也越来越广。各种不同设备生产的大肚纱个性化的风格非常时尚。如图 4-4 所示，横截面粗于正常纱 3 倍以上，长度 2 ~ 10cm，呈枣核形。采用大肚纱织制的装饰织物花型凸出，立体感强。

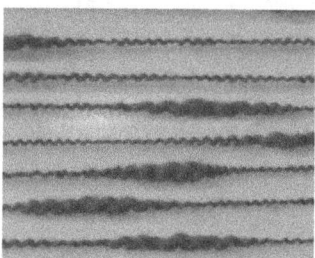

图 4-4　大肚纱

5. 彩点纱

如图 4-5 所示，彩点纱是指在纱的表面附着各色彩点子的纱。有在深色底纱上附着浅色彩点，也有在浅色底纱上附着深色彩点。这种彩点一般用各种短纤维先制成粒子，经染色后在纺纱时加入，不论棉纺设备还是粗梳毛纺设备均可搓制彩色毛粒子。如粗花呢中的火姆司本（又名钢花呢），在织物表面生成满天星似的白点，风格独特。用彩点纱制成的装饰织物主要用于台布、墙布、窗帘等。

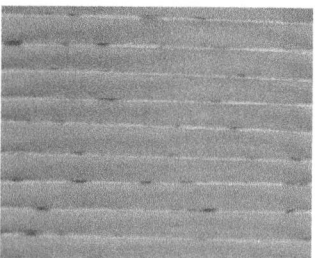

图 4-5　彩点纱

6. 羽毛纱

如图 4-6 所示，羽毛纱是近三四年在国内市场崭露头角的一种花式线，其结构由芯线和饰线组成，羽毛按一定方向排列。其工艺主要由针织和割绒组成，即"一针一刀"。形成单针织成的芯线和中段被芯线握持，两头被割刀切断形成一定长度的毛羽饰纱，羽毛自然竖立，光泽好，手感柔软。由于毛羽有方向性分布，

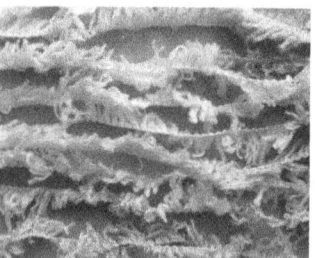

图 4-6　羽毛纱

织成的织物除光泽柔和外，布面显得丰满，极具装饰效果，且羽毛纱优于其他绒毛类纱线的特点是不易掉毛。其服用性能好，保暖性强，宜在冬季装饰织物产品上使用。

7. 雪尼尔纱线

雪尼尔纱线又称绳绒，是一种新型花式纱线，如图 4-7 和图 4-8 所示，它是用两根股线做芯线，通过加捻将羽纱夹在中间纺制而成。一般有黏/腈、棉/涤、黏/棉、腈/涤、黏/涤等雪尼尔产品。采用雪尼尔纱制成的织物具有高档华贵、手感柔软、绒面丰满、悬垂性好等优点。雪尼尔装饰织物可以制成沙发套、床罩、床毯、台毯、地毯（图 4-9）、墙饰、窗帘帷幕等。

图4-7　雪尼尔纱线（1）　　　　图4-8　雪尼尔纱线（2）　　　　图4-9　雪尼尔地毯

（二）复合花式线

复合花式线是指几种不同类型花式纱线复合在一起的花式线。使花式线产品更加丰富多彩，是目前花式纱线的发展方向。

1. 结子与圈圈复合线

用一根圈圈线和一根结子线，通过加捻或用固结纱捆在一起，使毛茸茸的圈圈中间点缀一粒粒鲜明的结子。产品线密度更大，一般用于针织物及手工编结线，或用作装饰织物，能显出多色彩的效果。

2. 粗节与波形复合线

将一根大肚纱在花捻机上作饰纱（超喂比为生产波形线工艺）可生产出粗节与波形复合线。因粗节处形如爆米花，故国外称其为popcorn。广泛用于针织物和粗纺呢绒。

3. 大肚与辫子复合线

在大肚纱外面包上一根辫子纱。既可增加大肚纱强力、立体感，又可利用大肚纱手感柔软来弥补辫子纱手感较硬的缺陷，两者复合，可取长补短。

4. 小圈圈与大肚复合线

先纺出大肚纱和圈圈线，然后将圈圈线包在大肚纱上。

5. 圈圈与段染长丝复合线

用段染长丝以不同的密度包在花式线的圈圈中间，使花式线出现彩节和彩结，绚丽多彩。

（三）金银线

1. 金银线的种类及制作

传统金银线是用金、银、铜等原料制作而成的，分为扁金线（或称片金）和圆金线（或称拈金）两大类。将金箔黏合在纸上再切成0.5mm左右的窄条即成扁金线，将扁金线螺旋地裹于棉纱或丝线外即成圆金线。现在，某些高级传统织物如中国的云锦和日本的西阵织仍然使用传统金银线。

20世纪40年代以来发展的化纤薄膜金银线，是由两层醋酸丁酯纤维素薄膜夹粘一层铝箔再切割成细条而成。后来，又产生了涤纶金银线。它是以聚酯薄膜真空镀铝、外表涂以无色或有色的透明涂料，或把真空镀铝聚酯薄膜与未镀铝聚酯薄膜进行层合，然后再切割成扁丝。它截面扁平，质地轻软，有一定的弹性、强力和延伸性，并有金黄、银白、翠绿、天蓝等多种光泽闪亮的色彩，除了不易褪色外，还能经受160℃的干热熨烫，具备较好的装饰效果（图4-10）。通过特种工艺还可制成彩虹线、荧光线等。使用金银线可以使织物具有富丽豪华的风格。

金银丝的规格有多种类型，织造用金银丝的宽度一般为 0.2 ~ 0.4mm，而厚度仅 0.03mm 左右，大体可分为宽、中、细三个规格。金银丝的细度，可按织物采用的纱线特数、用途来确定。纱号细，金银丝相对要细；反之则宽。作为与其他纱线并捻用的金银丝可适当选细些。金银丝的色泽需结合织物纱线所用的色彩进行搭配，尽量配合和谐，使之华而不俗。

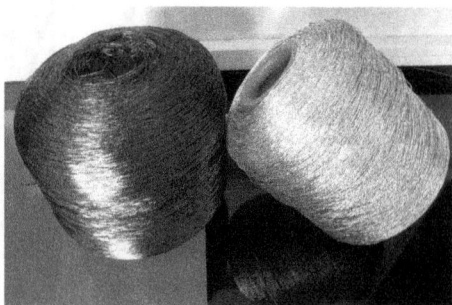

图 4-10　彩色金银线

2. 金银线使用的注意事项

金银线具有光泽闪烁、华美辉煌的特点，在使用时应注意：

（1）金银线比较柔和，易曲易折，回弹性较差而富有延伸性。使用时应尽量用于结构较为紧密的结构组织中。

（2）为了增加金银线的强力，常与其他纤维并捻使用。

（3）运用金银线的装饰织物，以色织为主。

（4）传统金银线是一种价格昂贵的原料，在使用时应考虑到所织制的面料成分、性能要求和价格档次。

第四节　装饰用纺织品常用辅料

一、实用性辅料

（一）紧扣材料

紧扣材料起连接作用，有时也作为装饰性材料，包括纽扣、拉链、挂钩、环、尼龙搭扣及带子等。

1. 纽扣

纽扣最初的功能仅限于保温和使人仪表整齐等实际意义上的应用，而如今，人们已逐渐赋予它美观、装饰等更多的意义。随着时代的发展，纽扣从材质到形状以及制作工艺都越来越丰富多彩、美不胜收。按形状有圆形、方形、菱形、椭圆形、叶形等；按花色有凸花、凹花、镶嵌、包边等；按原料及工艺有胶木、皮革、贝壳、珠光、电镀、金属等以及不需缝缀、不用线、无扣眼纽扣等；还有一些用本色衣料盘制的盘花纽，可精心盘制出各种形状，富有艺术性，如蝴蝶纽、金鱼纽、梅花纽、鸡心纽等。如图 4-11 所示。

选配的纽扣在颜色、造型、性能及价格等方面应与产品配伍。

2. 拉链

拉链是依靠连续排列的链牙，使物品并合或分离的连接件。按材料分尼龙拉链、树脂拉链、金属拉链等；按品种分闭尾拉链、开尾拉链（左右插）、双闭尾拉链（X 或 O）、双开尾拉链（左右插）、单边开尾拉链（左右插，限尼龙与树脂）等；按结构可分为闭口拉链、开口拉链、双开拉链等。

拉链应根据装饰用纺织品的用途、使用方式、面料厚薄、颜色以及使用的部位正确选择。

3. 挂钩

形状弯曲，用于探取、悬挂器物的用品。可分为钓钩、挂钩、带钩等，如图4-12所示。

（二）填充材料

填充材料起保暖作用的同时，对一些立体造型来说又是必不可少的造型材料。填充材料根据形态可分为絮类填料和材类填料两种。絮类填料常用的有棉花、羽绒（鸭绒、鹅绒、鸡毛）、丝绵（蚕丝）、骆驼绒、化学纤维絮绵等。材类填料包括绒材、人造毛皮、天然动物毛皮、絮片（涤纶绵、腈纶绵、中空绵、太空绵等各种化纤绵絮片）等。

图4-11 纽扣

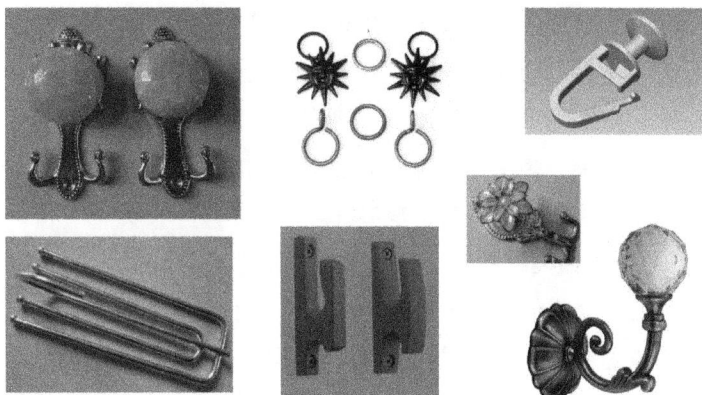

图4-12 挂钩

1. 棉

用棉花做填充料的被褥，可以御寒起到保暖作用。棉花价格低廉、舒适，但弹性差，受压后弹性和保暖性降低，多次洗涤后，也会影响棉絮的形状和保暖度。需要注意的是，棉絮长期使用会滋生螨虫和细菌，危害人们的健康。所以棉絮需要定期放在太阳底下暴晒，拍一下灰尘。

2. 动物毛绒

羊毛和骆驼绒是高档的保暖填充料。由于卷曲的羊毛中含有大量的空气，而空气的传热率非常低，能有效防止外部冷空气的进入与内部热空气的散发，因而能达到很高的保温性。同时，羊毛具有极佳的吸、放湿性，能不断吸收人体散发的湿气与汗液，并将之排放到空气中，以使被褥保持干爽、舒适。它的光泽柔和，且富有弹性，不易玷污，常年使用仍能保持舒适性。骆驼绒是直接从骆驼毛中选出来的绒毛，制作与棉花相似，但保暖性大大优于棉花，既轻又软，是很好的天然絮料。驼绒被经常翻晒，可保持蓬松柔软，不用经常翻拆。

3. 丝绵

丝绵可分为广义丝绵和狭义丝绵。狭义的丝绵仅指天然蚕丝绵。广义的丝绵指丝绵状织物，如喷胶绵、中空绵、混合丝绵、仿丝绵、七孔绵等的泛称。用桑蚕或柞蚕茧加工而成的丝绵是高档絮填料，轻便、柔软、保暖性能好，贴身耐用，能减轻心血管系统的负担，可有效防止湿气侵入筋骨，防御有害气体和细菌的侵入，增强体表细胞活力。具有良好的保健功效，对风湿病、关节炎、肩周炎尤为有益。但由于其价格较高，多用于高档产品。随着化学纤维的发展，用化纤做絮填材料的装饰用纺织品也日益增多。腈纶轻而保暖，中空涤纶的手感、弹性和保暖性均佳。用化纤加工而成的絮片能水洗、易干、加工方便，是物美价廉的絮填材料。

4. 羽绒

用羽绒作填充料，保暖性好、轻便柔软、不易回潮。羽绒呈星朵状结构，每根绒丝在放大镜下可看见鱼鳞状，有数不清的小空隙，含蓄着大量空气。羽绒的轻盈蓬松度相当于棉花的2.5倍、羊毛的2.2倍。而且羽绒具有良好的吸湿排湿功能。就保暖性而言鹅绒优于鸭绒。鹅绒是一种长在鹅胸部的极细极轻的绒毛，每个绒毛形成一个中心体，无数根具有弹性的纤维须毛呈扇形由里向外分布，这些须毛构成了成千上万的小空室，因而绒朵更大、中空度更高、蓬松度更好、回弹性更强。

5. 天然毛皮

天然毛皮主要来源于毛皮兽。一般兽毛皮是由表皮层及其表面密生着的针毛、绒毛、粗毛所组成，但因动物种类不同，这几种毛组成比例不同，因而决定了毛皮的质量有高低、好坏的差异。高级毛皮（如貂皮、水獭皮、狐狸毛皮等）以具有密生的绒毛、厚度厚、重量轻、含气性好为上乘，多用作裘皮服装面料，而中、低档的毛皮（如山羊皮、绵羊皮、兔毛皮等）在寒冷地区常用来制作皮褥、坐垫等。

（三）线类材料

线类材料包括用于机缝、机绣、手工绣花所用的缝纫线和绣花线。

缝纫线是主要的线类材料，兼有实用与装饰双重功能。缝纫线质量的好坏，不仅影响缝纫效率，而且影响所缝制品的外观质量及加工成本。绣花线作为一种用作刺绣的工艺装饰线，其起源很早，我国古代即有丝线绣品。最早广泛用的绣花线是蚕丝线，尤其当丝光工艺发展后，丝光棉绣花线逐渐成为主要绣花材料。现在除丝、棉外，还发展了毛、腈纶、黏胶和涤纶绣花线等。作为绣花线原料的棉纱、蚕丝、羊毛、腈纶、黏胶、涤纶等，生产中对外观要求较严，尤其是光泽要好，色花色差要小。

1. 分类及特点

按原料可分为天然纤维缝纫线、合成纤维缝纫线及混合缝纫线三大类。

天然纤维缝纫线中的棉缝纫线，是以棉纤维为原料经练漂、上浆、打蜡等工序制成的缝纫线。强度较高，耐热性好，适于高速缝纫与耐久压烫，缺点是弹性与耐磨性较差。蚕丝线是用天然蚕丝制成的长丝线或绢丝线，有极好的光泽，其强度、弹性和耐磨性能均优于棉线。我国古代常用蚕丝绣花线绣制精美的装饰绣品。

合成纤维缝纫线中的涤纶缝纫线是目前主要的缝纫用线，以涤纶长丝或短纤维为原料制成。具有强度高、弹性及耐磨性好、缩水率低、化学稳定性好的特点。涤纶缝线熔点低，在高速缝纫时易熔融，堵塞针眼，导致缝线断裂，故不适合过高速度缝合。

混合缝纫线中的涤/棉缝纫线采用65%的涤纶、35%的棉混纺而成，兼有涤纶和棉纤维的优点，强度高、耐磨、耐热、缩水率好，主要用于全棉、涤棉等各类装饰织物的高速缝纫。包芯缝纫线是以长丝为芯，外包天然纤维制成，强度取决于芯线，耐磨与耐热取决于外包纱，主要用于高速及高强要求产品的缝纫。

2. 材料的选择及评价

评定缝纫线质量的综合指标是可缝性。可缝性是指在规定条件下，缝纫线能顺利缝纫和形成良好的线迹，并在线迹中保持一定机械性能的能力。可缝性的优劣，将对生产效率、缝制质量及服用性能产生直接影响。根据国家标准规定，缝纫线的等级划分为一等品、二等品和等外品。为了使缝纫线在加工中有最佳的可缝性，缝纫效果令人满意，正确选择和应用缝纫线是十分重要的。缝纫线的正确应用，应遵循以下原则：

（1）与面料特性相配伍。缝纫线与面料的原料相同或相近，才能保证其缩率、耐热性、耐磨性、耐用性等的统一，避免线、面料间的差异而引起外观皱缩。

（2）与产品的用途、使用环境一致。对于特殊用途的纺织品，应考虑特殊功能的缝纫线，如弹力纺织品需用弹力缝纫线，阻燃产品需用经耐热、阻燃处理的缝纫线。

（四）其他

（1）塑料垫片及泡沫塑料。塑料垫片是造型需要的硬质塑料垫片，起支撑的作用。常见的泡沫塑料是聚氨酯。用聚氨酯制成的软泡沫塑料，外观很像海绵，疏松多孔，柔软似棉。其优点是质轻而富有弹性（比羊毛、棉花都轻），既保暖又压而不实，易洗快干；缺点是时间长了或久经日晒，强力和韧性会降低。

（2）里料。里料就是通常所说的里子（夹里布），它是指用于部分或全部覆盖背里的材料。里料和面料的搭配只要遵循美观、大方、协调、经济的原则即可。搭配的原则是色彩搭配要协调，质料搭配要合理，性能搭配要恰当。

（3）窗帘杆、窗帘轨道等。用于悬挂窗帘，以便窗帘开合，又可增加窗帘布艺美观的窗帘配件（图4-13）。其品种很多，分为明轨和暗轨两大系列，明轨有木制杆、铝合金杆、钢管杆、铁艺杆、塑钢杆等多种。暗轨有纳米轨道、铝合金轨道和静音轨道，质地有塑钢、铁、铜、木、铝合金等材料，此外，近年来新兴起了一种蛇形帘的窗帘轨道，主要流行于欧洲和中国台湾、日本等地区。

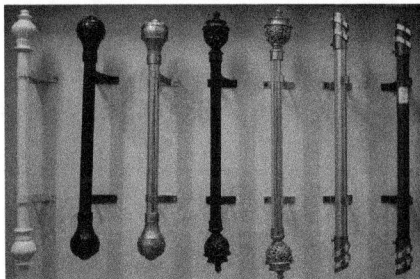

图4-13　窗帘杆

二、装饰性辅料

装饰性辅料指运用在装饰用纺织品上起装饰作用的辅料。如珠片、丝带、花边、穗子（图4-14）等。与其他辅料相比，装饰性辅料着重体现装饰效果。随着纺织业的发展，装饰性辅料的品种越来越丰富，在选配时一定要考虑与装饰用纺织品的款式、色彩及面料的协调性。

图4-14　穗子

花边是一种以棉线、麻线、丝线或各种织物为原料，经过绣制或编织而成的装饰性镂空制品。用作窗帘、台布、床罩、灯罩、床上用品等的嵌条或镶边。花边分为机织、针织、刺绣、编织四类（图4-15）。

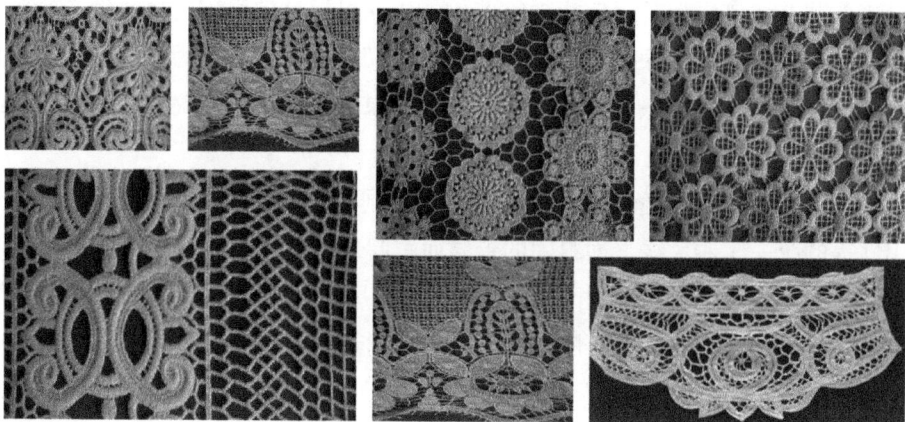

图4-15　花边

（1）机织花边。机织花边由提花机构控制经线与纬线交织而成。常用原料有棉线、金银线、人造丝线、涤纶线、桑蚕丝线、柞蚕丝线等。织机可以同时织成多条花边，或者织成独幅后再分条。花边宽度为3～170mm。花边底纹组织有平纹、斜纹、缎纹、蜂巢纹、小花纹等。机织花边质地紧密，花形有立体感，色彩丰富。

（2）针织花边。1955年，欧美国家开始在多梳栉经编机上生产针织花边。原料大多为锦纶丝、涤纶丝等。针织花边组织稀松，有明显孔眼，外形轻盈、美观。有很好的装饰性，多用于装饰织物。

（3）刺绣花边。刺绣花边首创于瑞士和联邦德国。它是通过纹板控制刺绣机上下左右移动，并经过机针和梭子的自动交换，使面线与底线连接形成花纹。刺绣花边做工精细，花形凸出，立体感强。目前应用较多的是用黏胶长丝绣花线绣在水溶性非织造底布上，然后将底布溶化，留下绣花花边。这种花边也称为水溶性花边，常用于高档装饰织物上。

（4）编织花边。编织花边是由转矩花边机织成。以棉线为主要原料。编织时由纹板控制线轴的扭转和移动，使纱线相互编结而形成花纹。转矩花边机可以同时编织多条带状花边，下机后拆除花边之间的连线即成单条。编织花边质地稀松、透空，外形平整、美观。

☞**思考题**

1. 简述常用纤维原料的特性。

2. 简述新型天然纤维的特性和应用。

3. 简述环保纤维的特性和应用。

4. 试述差别化纤维与功能纤维的含义与区别。

5. 在织造时如何选用花式纱线？

6. 试述装饰用纤维未来的发展趋势。

第五章　装饰用纺织品色彩与图案设计

本章知识点

1. 色彩设计基础知识、装饰用纺织品整体色彩设计的关系。
2. 影响装饰用纺织品色彩整体设计的因素。
3. 装饰用纺织品图案设计的纹样组织类型及其在装饰用纺织品中的应用。
4. 装饰用纺织品色彩和图案的特殊表现技法。

随着经济的不断发展和居住条件的不断改善，人们越来越追求生活品位和格调。家居环境的艺术化、装饰化和个性化越来越受到人们的重视，装饰用纺织品的经济性和可更换性，使得装饰纺织品可以担当室内艺术紧跟世界潮流的灵活元素。装饰用纺织品的设计主要取决于色彩设计、图案设计、造型设计等外观设计元素，归属于装饰用纺织品艺术设计。装饰用纺织品艺术设计实际上是各种艺术设计元素互相联系、互相影响，并共同发挥作用的过程。本章介绍装饰用纺织品艺术设计中的两个部分：色彩设计和图案设计。

第一节　装饰用纺织品的色彩设计

一、色彩设计基础知识

色彩是纺织品的基础设计，也是重要的设计手段。装饰用纺织品色彩着重研究色彩的分类、色彩的色相、纯度和明度之间的对比、和谐规律以及色彩的混合等问题。

（一）光原色的形成

有了光才有色彩，因此有"光是色之母"之说。在没有光的情况下，人眼是不能看到任何东西的。在同一光线下，会看到同一景物具有不同色彩，是因为物体的表面具有不同的吸光与反射光的能力。反射的光不同，眼睛就会看见不同的色彩。因此，人们看见的色彩是经过"光—眼—神经"的过程。

（二）色彩的分类

自然界中有很多色彩，丰富的色彩是由无彩色系和有彩色系两大类组成的。无彩色系有黑、白、灰色，人们从光的色散色谱上见不到这些色，色度学上称之为黑白系列。无彩色系没有色相和纯度，只有明度变化。色彩的明度可用黑白度来表示，明度越高，越接近白色。无彩色系通过由白或由黑的渐变可呈梯度层次的灰色。黑、白、灰在颜料的调色过程中扮演重要的角色，在技法上可以展示色彩的丰富性。

有彩色系，指光源色、反射光或透射光能够在视觉中显示出某一种单色光特征的色彩序列。可见光谱中的红、橙、黄、绿、蓝、紫及它们之间不同量的混合色都属于有彩色系。有彩色与黑、白、灰不同比例调配出的色彩仍属有彩色系。

（三）色彩的属性

凡是色彩都有其属性，它们都具有色相、纯度、明度三种属性。

1.色相

色相指的是依据长期的视觉经验与文化积淀，人们把在光谱上所看到的由长短不同光波构成的颜色，赋予红、橙、黄、绿、青、蓝、紫的称谓，从而形成各自的色相概念。其用意无非是为了有助记忆、区别颜色和方便使用。图 5-1 所示的色相环中，最初的基本色相为：红、橙、黄、绿、蓝、紫。在各色中间加插一个中间色，其头尾色相，按光谱顺序为：红、红橙、橙、黄橙、黄、黄绿、绿、蓝绿、蓝、蓝紫、紫、红紫，可制出十二基本色相。色彩正是由于拥有这样各具魅力和神韵的相貌特征，我们才能真切地感受到一个五彩缤纷的世界给人们带来的生理与心理方面的诸多体会。

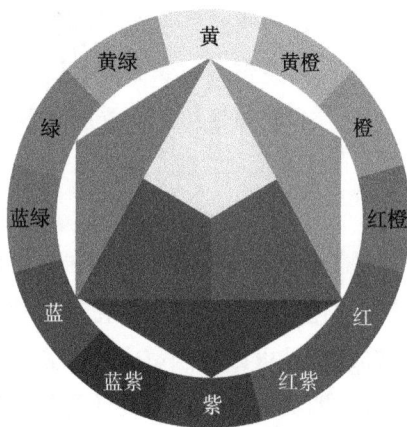

图 5-1　色相环

2.纯度

纯度是指色彩的纯净程度，即色彩中含有的某种单色光的纯净程度，又称彩度、饱和度、鲜艳度、含灰度等。无论哪种颜色，越鲜艳的纯度越高，纯度越低越接近灰色。一个颜色从它的最高纯度色（光谱色）到最低纯度色之间，形成从鲜艳到混浊的等级变化，体现了色彩内在的性格。

3.明度

明度是指色彩的明亮程度，以明度高、低表示。在无彩色素中，最高明度为白色，最低明度为黑色。在有彩色系中，最明亮的是黄色，最暗淡的是紫色。造成这种现象的原因是各个色相在可见光谱中所处的位置不同，因而被眼睛感知的程度亦有所不同，如黄色处于可见光谱的中心位置，它的视觉度高，色明度就亮；紫色处于可见光谱的边缘区域，视觉度低，色明度就暗。在色相环中，黄色与紫色便成为划分明暗的中轴线。通常，有彩色系的明度值大多参考无彩色系中的相应明度的灰调等级标准确定。另外，任一有彩色系的颜色均可通过加白或黑做明度色阶变化。

（四）色彩系统

1.色相环

将按一定顺序排列的颜色首尾相连就形成色相环。如六色相环、十二色相环等，如图 5-2 所示。

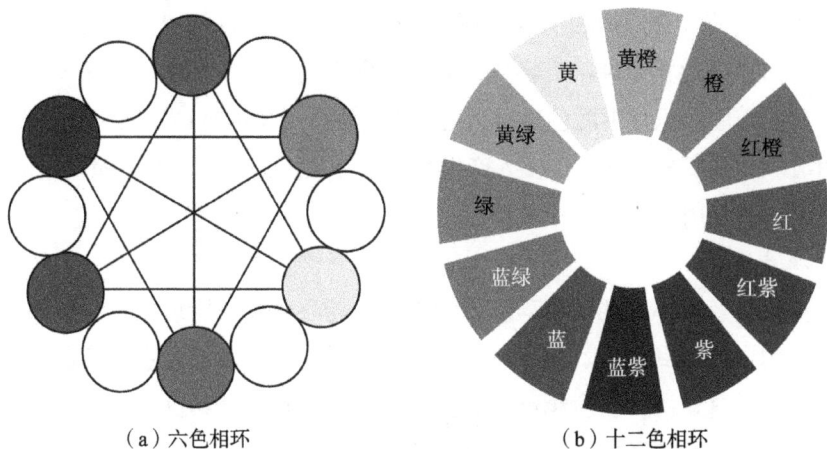

（a）六色相环　　　　　　（b）十二色相环

图 5-2　色相环

2. 同类色、邻近色、类似色和对比色

（1）同类色。同一色相，不同明度、纯度的色彩称同类色。如深红至浅红。

（2）邻近色。色相环中紧邻相依的色彩称邻近色。如黄至黄绿。

（3）类似色。色相环中 90° 范围内的色相被称为类似色。如橙至黄或黄绿。

（4）对比色。色相环中相隔大于 90° 范围的色相被称为对比色。如黄与紫或蓝。

色相环中直径两端的对比色被称为补色，是对比最强的色彩。

二、装饰用纺织品与色彩设计

装饰用纺织品的设计与体现离不开色彩。作为一件有特色的装饰用纺织品，必须要包括几个因素：品牌价值、社会价值、使用价值及情感价值。基于这几项价值的纺织品设计与色彩有着极重要的关联性。

（一）色彩的视觉心理与装饰用纺织品整体色彩设计

在人类发展的漫长岁月里，无时无刻不与色彩打交道，人在观察物体时往往最容易记住色彩，久而久之，积累了大量的视觉经验，当这些经验的某一部分与外界色彩的刺激发生某种对应时，就会产生情绪和心理上的微妙变化。

1. 色彩的冷暖感

色彩本身并无冷暖的区分，因为冷和暖是人们触摸东西后产生的感觉，而颜色则是用眼睛看的视觉效果。色彩的冷暖感是人类从长期生活感受中取得的经验。如见到太阳、烈火、光芒，便会联想到红色、橙色、黄色；见到天空、海洋、森林就会想到蓝色、绿色。暖色和冷色就是由这些感觉产生的，如图 5-3 所示。暖色调是感觉强烈的色彩，使人有兴奋和积极的倾向，称为进色；冷色调

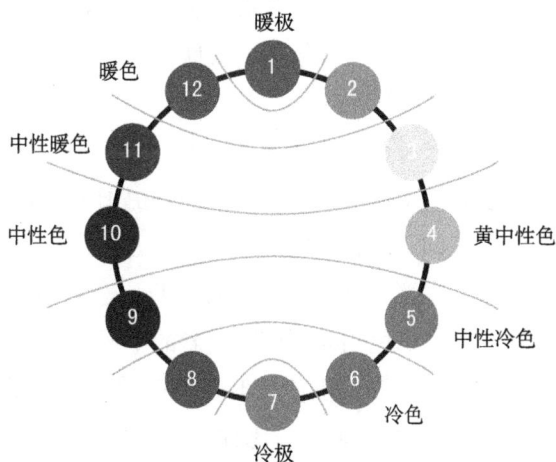

图 5-3　色彩的冷与暖

是感觉较弱的色彩，使人有沉静和消极的倾向，称为退色。黑色与白色是无彩色系，无彩色总体来说是冷的。白色的感觉是纯洁、轻快；而黑色则表现为庄重、肃穆，这种现象在日常生活中常能见到，在装饰用纺织品中黑色应恰当地加以使用。冬季的装饰用纺织品一般宜采用暖色，夏季的装饰用纺织品则多采用冷色，使人产生凉爽的心理感受。朝北的日照差的房间宜用暖色，朝南的日照好的房间宜用冷色。

2. 色彩的轻重感

色彩的轻重感是色彩不同的明暗程度带给人不同的心理感觉所形成的。比如，高明度的白色、淡黄色，人们会联想到棉花、鹅毛，会感觉轻、飘；低明度的黑色、褚色，人们会联想到金属、泥土，会感觉重、沉。明度越高、越亮，分量感就越轻；相反，明度越低、越暗，分量感就越重。在纺织面料的色彩中，浅色能给人轻盈感，深色则给人厚重感，如图 5-4 所示。

图 5-4　色彩的轻盈与厚重

3. 色彩的软硬感

色彩的软硬感与明度有密切关系，一般来说，明度越高，色彩显得越软；明度越低，则显得越硬。色彩的软硬感在装饰用纺织品设计中应用广泛，如粉红、粉蓝、粉绿、奶油色等软色是婴幼儿类产品理想的色彩，它们与儿童娇嫩的皮肤相映衬，显得十分协调，如图 5-5 所示。

4. 色彩的华丽感与质朴感

色彩的华丽感与质朴感主要是由于色彩的不同纯度带给人的不同感觉所形成的。同一色相的色彩，纯度越高，色彩越显华丽；纯度越低，色彩越显质朴。另外，色彩的色相与明度对色彩的华丽和质朴也有一定影响。当色彩纯度相等时，明度越高越显得华丽，明度越低越显得质朴。比如，饱和的红、黄、蓝各色，人们会联想起皇室、宫廷的装饰，想起贵夫人艳

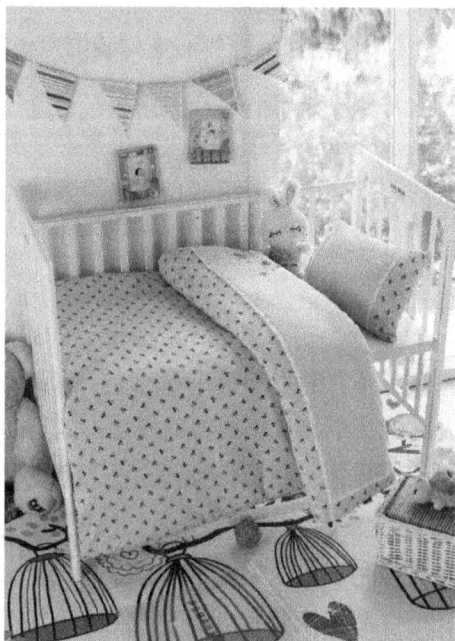

图 5-5　粉蓝色带来的软嫩感

丽的服装色彩,会感觉华丽;而含灰的色彩,会使人联想起大漠、旷野,想起木屋、炊烟,感觉到一种不经修饰的自然和纯朴的美。

　　装饰用纺织品设计中对色彩的华丽感与质朴感的运用尤为普遍,对有不同需求和"口味"的消费者,装饰用纺织品色彩的设定和搭配是否合适、是否贴切会直接影响装饰用纺织品本身的魅力。色彩的华丽与质朴还体现在对质感和肌理的合理运用上,表面光滑、闪亮的色彩容易呈现华丽的视觉感染力。表面粗糙、对比弱的色彩,则易体现出朴素的"味道"。两种感觉应用于不同的场合、不同的目的、不同的消费者,是应该严格区分的,如图5-6所示。色彩的设计是否合适、贴切,会直接影响装饰用纺织品自身的美丽,这两种相反的感觉在设计时一定要把握好。

图5-6　色彩的华丽与质朴

5.色彩的庄重感与活泼感

　　色彩的庄重感与活泼感的设计是一个感觉比较悬殊的色彩配置过程。纯度高、对比强的暖色显得跳跃、活泼,而冷色、暗色、灰色给人以严肃、庄重感。一般来说,青少年、儿童类装饰用纺织品的配色多具有活泼感,而庄重感的色彩适合于中老年或男性装饰用纺织品,以显示其成熟、干练的特征,如图5-7所示。

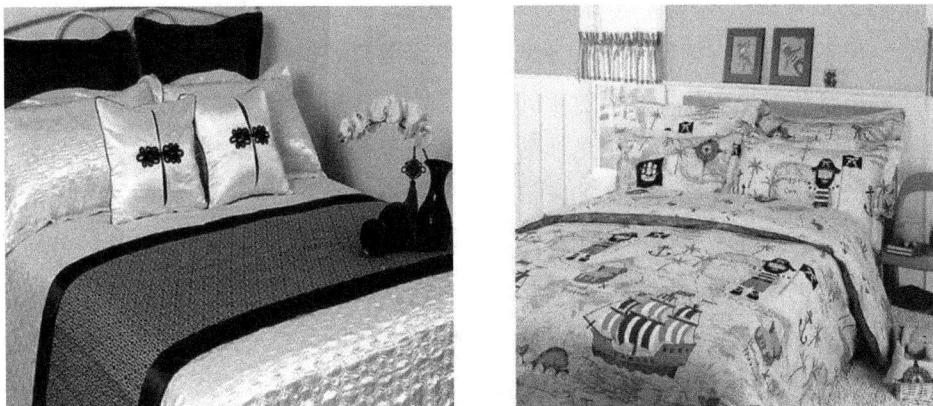

图5-7　色彩的庄重与活泼

6.色彩的兴奋感与沉静感

这是由色彩引起的人生理上的反应。色彩对于人的生理上的影响是由色彩的明度、纯度、色相综合作用而产生的。明亮、艳丽、温暖的色彩能使人的血压升高，血液循环加速，因而使人兴奋；深暗、混浊、寒冷的色彩，能降低人的血压，减慢血液循环，掌握色彩对人的生理的不同作用，我们在装饰用纺织品色彩的选用和搭配时，就能做到有的放矢。根据不同的场合和需要，进行不同的面料配色，这样才能收到预期的效果，或唤起热情，或使人保持清醒的头脑。

（二）装饰用纺织品的色彩配套设计

现代环境的室内装饰用纺织品覆盖面大，能够直接影响室内环境的色调和总体气氛。因此，产品的色彩作用有时比墙、家具等更能影响室内的色彩效果，在很大程度上起着调节室内色调的作用。为了平衡室内错综复杂的色彩关系，可以从同类色、邻近色、对比色及有彩色系和无彩色系的协调配置方式上寻求其组合规律。装饰用纺织品色彩配套设计的形式有以下几种。

1.同类色或类似色配置

此种设计方法是指用相近或类似的色彩搭配，使装饰用纺织品的色调保持一致，从而体现或冷或暖、或凝重或飘逸、或古朴或时尚等风格。但总的原则是以色彩明度和色相相近的依次递进关系产生渐变、和谐、柔和的视觉效果，来营造空间气氛。同类色配置可指纺织品套件之间的色彩调和关系，也可指纹样中各套色之间的调和以及纺织品与家具等的配色关系，如图5-8所示。在与家具等物品的色彩配置时，可以采用色相协调的方法；也可以采用相距较远的邻近色做对比，起到点缀装饰的作用，获得绚丽、悦目的效果。此种配色方案常用于卧室和客厅的色彩设计中。

图5-8 同类色配色

2.对比色配置

大跨度的色彩对比可以给人以热烈、躁动、刺激的心理感受，在室内整体设计时不宜过多采用，但若需打破室内空间冷漠单调的感觉，以对比色处理的纺织品就显出很大的作用。色彩的对比与调和是相对的，对其把握的尺度不同，设计的风格就不同。比较简单的设计方法是让窗帘和沙发布等居室用纺织品的色彩、图案相同，也可将同系列甚至对比色加以运用，比如窗帘为白底红花，沙发布则为红底白花；窗帘为淡紫底粉红花，沙发布则为粉红底淡紫花等，这样布置会使室内气氛更加典雅、活泼。与同类色配置类似，对比色配置也包括纺织品套件之间的色彩对比，纹样中各套色之间的对比以及纺织品与家具等的配色关系。此外，儿童房色彩设计中常使用对比色配置，如图5-9所示，鲜艳而跳跃的色彩表现出儿童活泼好动、富有幻想的特点。

现代科学技术的发明与创新，给色彩的运用带来了新的变化。环境风格和织物色彩又是与流行紧密联系在一起的。20 世纪 60 年代，人类征服月球，登上太空，几乎同时在当代纺织品中出现了流行一时的模仿月球太空的环境布局和太空色彩。色彩的总体印象由无彩色系中的白色、银色、灰色综合而成，构造出柔中带刚、刚柔结合的复合闪光织物，表现出对神秘太空的向往。

从总体上说，装饰用纺织品色彩以协调、衬托室内总体环境色调为准则。在室内色调确立的基础上，根据环境的特点和需要，将它们做空间位置上的布局，达到色彩视觉化语言的空间构成，用以美化空间，柔化空间。

（三）影响装饰用纺织品色彩整体设计的因素

各种色调，诸如宁静的灰色系、愉快的粉色系、艳丽的对比色系、明亮的冷色系、强烈的暖色系等系列纺织品，都需根据不同的对象、不同的空间来选择采用，才能得到理想的效果。影响装饰用纺织品色彩效果的因素有许多，综合起来主要有以下三个方面。

1. 纺织品功能

功能不同的装饰用纺织品应体现其使用的部位和功能，根据其所处的位置与功能特点来设计色彩，这样就能使装饰用纺织品的色彩与使用功能有机地结合起来，人们在使用时就会感到舒适、惬意，心情愉悦。一般情况下，在室内屋顶与墙面大面积使用的贴饰类织物，如各种墙布、壁挂等，宜采用淡雅的色调，这种色彩可使人产生空间开阔感，而铺于地面的地毯则宜采用深色调的色彩，如紫红、墨绿、深驼、咖啡等色，这些色彩给人一种稳重、脚踏实地之感，如图 5-10 所示。小面积铺设的地毯，如在沙发前或茶几下铺设的小幅地毯，则不受上面所述的限制，可采用色彩鲜艳、对比强烈的颜色，它可以起到画龙点睛、活跃室内气氛或分隔空间的作用。床上用品，如床罩、盖被等，大多采用色调淡雅、柔和的色彩，采用这样的色调，可使卧室内充满舒适、温馨的氛围。而餐厨用纺织品，如图 5-11 所示，常采用明度和纯度较低的色彩，如奶白、淡黄、浅绿、浅蓝等色，这些色彩可产生干净、整洁的效果，使人心情平静，增加食欲。

图 5-9　对比色配色儿童房

图 5-10　淡雅的墙布与深色地毯的搭配

图 5-11　明度和纯度较低的餐布效果

2.室内环境

装饰用纺织品的功能之一是对特定的室内环境起到装饰作用，因此，装饰用纺织品的色彩应与它所处的环境氛围统一，并起到烘托作用。比如教室、会议空间，人的心理及视觉功能要求纺织品的选择应该使用明度、彩度较低的产品；娱乐空间欢快刺激，宜用鲜艳明亮对比色的纺织品；客厅是接待客人或家人聚会的场所，一般应采用华丽热烈的色彩，给人一种热情、宾至如归的感觉，如图5-12所示；书房要求稳定、安静，便于人们学习与阅读，因此其装饰用纺织品宜采用一些纯度较低的色彩，给人一种宁静感；卧室是人们生活中比较私密的环境，装饰用纺织品的色彩或清新淡雅，或雅致、柔和，当然也有采用暖色调的，给人以温馨感。

前面所说的环境是指不同功能的小环境，而人们对装饰用纺织品色彩的偏好也受大环境的影响，其作用同样不可小视。一般来说，在冬季或寒冷地区，人们喜欢热烈的暖色调，它可使人产生温暖感，使室内充满温馨的气氛；而在夏季或炎热地区，人们喜好淡雅的冷色调织物，它可使人产生凉爽感。现在的大城市中，晚上是闪烁的霓虹灯，白天映入眼帘的是五颜六色的广告牌，生活在这种环境中的人们往往偏好于淡雅、柔和的色彩，这实际上是人们为了减轻视觉疲劳的潜意识所为，由色彩杂乱的室外进入色调雅致、柔和的室内，产生宁静和归属感。而在远离大城市的乡村，上是蓝天白云，下是广阔大地，在这种色彩相对单调的环境中，人们就喜爱用色彩鲜艳而强烈的装饰用纺织品来装饰室内环境，如图5-13所示。

3.审美习惯

装饰用纺织品的最终消费者是不同的个体，人们对同一事物的审美习惯与价值虽有相同点，但是不同的人由于经历、宗教信仰、年龄、性别、职业、社会、地理和文化背景等的不同，他们的审美情趣是有很大差别的，在进行装饰用纺织品色彩设计时就必须认真考虑这些因素。例如，在我国，人们在办婚庆喜事时，喜欢张灯结彩，偏爱用红色调的织物装饰室内环境，象征着生活美满幸福，日子红红火火；而在办丧事时，则采用黑、白色织物装点环境，寓意对故去之人的怀念和哀悼。西方国家的人们普遍偏好有序、和谐的用色习惯，色彩的对比程度相对小些，即使有对比关系也呈弱对比，从整体上看，主色调突出；亚太地区人们发散式的思维方式和生活习俗，导致了与西方迥异的用色习惯，他们对色彩对比程度大的纺织品情有独钟。

图5-12 客厅采用华丽、热烈的色彩给人热情、宾至如归的感觉

图5-13 蒙古包内色彩鲜艳而强烈的纺织品

第二节　装饰用纺织品图案设计

各类装饰用纺织品因质地性能不同而显示出不同的装饰个性。花纹图案则是体现这种个性的最具体形象的因素。纤维原料的选择，织物组织结构的配置表达了装饰纺织品的内涵与气质，图案纹样决定了纺织装饰品的外观与形象。内涵与外观的结合形成了织物的整体装饰风格。

一、装饰用纺织品图案构成形式

装饰用纺织品图案构图因织物种类不同而异。有单独纹样、适合纹样、二方连续、四方连续多种格局。现分别介绍如下。

（一）单独纹样及其在装饰用纺织品中的应用

单独纹样图案是具有比较完整而相对独立的纹样形式。它没有外轮廓，不受任何形状的制约。它的优势是能够独立应用于各种装饰之中，单独纹样又是组成连续纹样形式的基本单位，因此是学习图案设计基础的训练。

单独纹样的构成分对称式和均衡式两种。

1. 对称式

对称式又称均齐式。其特点是以一条竖直线为中轴线，两侧等形等量的纹样组织形式，如图5-14所示。对称式纹样结构整齐大方，庄重而严肃。在设计时，要注重以色彩的变化来调节其呆板与平淡之感。

2. 均衡式

均衡式也称不对称式。其特点是在中轴线两侧上下左右采取等量不等形的纹样组织形式。其形与空间的安排，一般通过纹样结构方向与位置来控制重心，利用视错觉，使纹样在分量上有稳定的心理感受，从而达到视觉上的平衡，如图5-15所示。均衡式单独纹样组织形式和结构变化比较丰富，形象较为生动。均衡式的设计，只要纹样不失重心，可不拘一格地自由调配构图空间与形象，取得灵动的艺术效果。

单独纹样的应用范围很广泛，在装饰用纺织品中单独纹样适宜用于单件的纺织品，如独幅被面、织毯、床单、台布、包头巾、枕套、毛巾、手帕上。随着社会文明程度的日趋提高、工业产品的日益丰富，单独纹样的应用会使人们的精神与物质生活更有光彩，更具魅力。

图5-14　对称式单独纹样

图5-15　均衡式单独纹样

（二）适合纹样及其在装饰用纺织品中的应用

适合纹样图案是具有几何形外轮廓限制的纹样形式。轮廓内的形象刻画要力求适合所设定的外轮廓，当去掉外轮廓时，形象仍保持围合的状态。常见外轮廓有方形、圆形、三角形、菱形、椭圆形等。适合纹样形式分对称式和均衡式两类。

1. 对称式

对称式是有规则的组织形式，以中轴或中心点划分几个相等区域。先设计好一个纹样作为基本单元，依次移入其他单元区域。设计时注意区域与区域间衔接处纹样刻画，骨骼显而不露、藏而意连。对称式有三种形式：直立式、放射式和旋转式，如图 5-16 所示。

2. 均衡式

均衡式是一种不规则的自由格式。纹样安排异形同量，设计纹样布局匀称、疏密穿插、虚实照应、形态生动。保持平衡状态并强调韵律，才能收到优美的艺术效果，如图 5-17 所示。

适合纹样本身也是独立完整的纹样，但要适合一定形状特点的纺织品，如现代室内的地毯、床单、桌布及各种帘等。如图 5-18 所示"对鸟"是台布一角的图案设计，属于三角形对称式适合纹样，造型古朴、典雅。

图 5-16 对称式适合纹样

图 5-17 均衡式适合纹样

（三）二方连续图案及其在装饰用纺织品中的应用

二方连续图案是将一个"单独纹样"作为基本单元，有规律地反复排列在特定骨骼内，具有连续性的纹样形式叫做二方连续图案。自上而下反复连续叫纵式二方连续，从左至右反复连续叫横式二方连续。不论哪种形式的设计，首先要了解的是骨骼的构成，下面分别进行讲解。

图 5-18 台布一角的"对鸟"适合纹样

1. 圆点式

以点（花头）为基本单元，间隔或不间隔作反复连续排列的纹样形式。花头形象多为俯视，没有一定方向，只要在设计中把花头自身形象刻画得富于变化，并大小有节奏地配置，都能取得左顾右盼的连续效果，且庄重而大方，如图 5-19 所示。

2. 直立式

基本单元具有垂直向上的特点，但也可向下或上下交替排列。直立式有稳定感，给人安静、肃穆的感觉。设计时注意基本单元的左右呼应关系，以免缺乏连续性，如图 5-19 所示。

3. 倾斜式

骨骼呈倾斜线，形象纳入骨骼线。倾斜式挺进有力、动感较强。设计倾斜式二方连续，倾斜角上端不宜分量过重，以免失去重心，如图5-19所示。

4.波浪式

以曲线组成上下波动状的骨骼。设计时注意波长短的结合。为增强丰富效果，可设计双波线。填入纹样注意顺韵而行笔，避免破坏骨骼韵律美。波浪式形式柔美流畅、富于变幻，如图5-19所示。

5.综合式

综合以上两种或多种骨骼特点，组成丰富变化、动静于一体的骨骼形式。设计时注意形象与骨骼的造型统一，避免造成画面的混乱，如图5-19所示。

二方连续通常应用在花边或纺织品的边缘上，也可把四周边缘都连接起来。又如机印的被面花布，左右按布的门幅设计，不必连续，但上下则要符合滚筒印花的需要，按滚筒的圆周尺寸连续起来，所以是较大型的二方连续，图5-20为绣有二方连续纹样的窗帘花边。

（四）四方连续图案及其在装饰用纺织品中的应用

四方连续图案是由一个或几个纹样为基本单位组成的，在一定空间内上下、左右四方循环连续构成的纹样形式。在装饰用纺织品中主要适用于印花布、印花绸、织花绸等。四方连续组织形式又分散点连续、几何连续、重叠连续三种，其中散点连续是四方连续中最基本的组织形式，也是学习的重点。

1.散点连续

散点连续的基本单位纹样是由一个或几个点纹样组成，特点是每个点纹样排列是散开的，即纹样间不直接连在一起。因此散点式主题突出，散而有序，有疏朗、清晰的艺术效果。散点骨骼排列常用1~6个点，如图5-21所示。

散点连接方法：在单位纹样中，设计时沿对角线一分为二剪开，作上下左右的连接，这种方法叫开刀法。纹样连接简便，可随时检验纹样对接后的效果，如图5-22所示。

设计要点：一般大花型选择1或2个点，

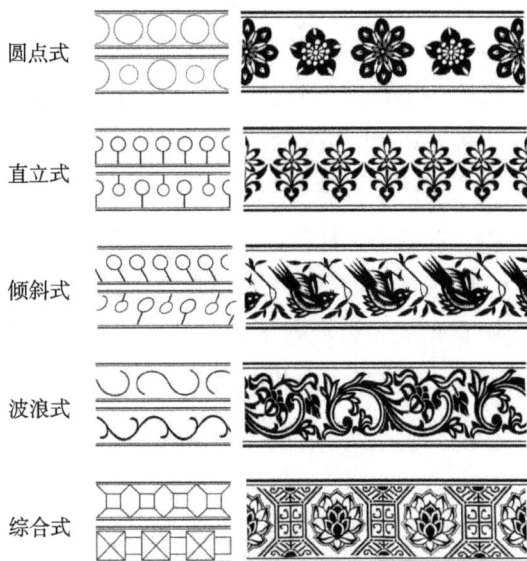

圆点式
直立式
倾斜式
波浪式
综合式

图 5-19　二方连续骨骼构成

图 5-20　二方连续窗帘花边

图 5-21　散点骨骼排列

中花型选择 3 或 4 个点，略小花型可选择 5 或 6 个点。设计要严格按照骨骼点去排列，避免出现横档、直条，切忌花头、花尾相对。一般呈"丁"字形构成，兼顾四个方向，有利于图案应用于纺织品正、反、斜不同方向的裁剪。

2. 几何连续

几何连续是以一个或几个不同的几何形组成的基本单位纹样，向上下、左右循环连续的组织形式。形与形之间形成网状骨骼，其形象纳入骨骼并相互吻合，产生极有规律的节奏感。

几何连续骨骼有 90°横、竖线交织骨骼，斜线交织骨骼，弧线交织骨骼，综合交织骨骼。

图 5-22　散点连接方法

（1）90°横、竖线交织骨骼。90°横、竖线骨骼交织用直角尺先做成若干相同的方格底纹。再任意选用一个固定形象，如"工"字、"井"字、"山"字等纹样，去其内线，再做上下、左右或顺序颠倒的相互嵌入排列。中国传统几何纹样中，以风车几何纹样最有特色，如图 5-23 所示。

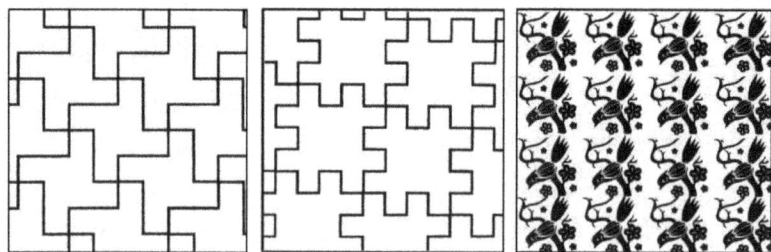

图 5-23　90°横、竖线交织骨骼

（2）斜线交织骨骼。斜线交织骨骼是以一种相同斜线或两种不同斜线交织而构成的。60°双向交织为标准菱形，也可以用重复或镶嵌方法取形，如图 5-24 所示，构成富于变化。

图 5-24　斜线交织骨骼

（3）弧线交织骨骼。弧线交织骨骼是以圆和相切圆相交构成。一般相切是以圆心部位确定，有 90°、45°、60°、30°，如图 5-25 所示，也可以圆中套小圆、重叠多种手段形成弧线骨骼。中国传统古钱纹就是在圆基本形上，以周边 1/4 处重叠切圆取得的，如图 5-26 所示，弧线骨骼具有柔和、饱满的造型特点。

（4）综合交织骨骼。综合交织骨骼是由弧线与横、竖、斜线结合而成的。这类骨骼与弧线骨骼相同，变化时采取弧线局部与横、竖或斜线并存交织，所形成骨骼具有刚中有柔、动静兼得的综合艺术特征，如图 5-27 所示。

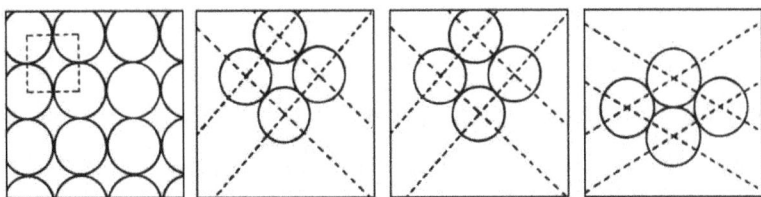

图 5-25　弧线交织骨骼（一）

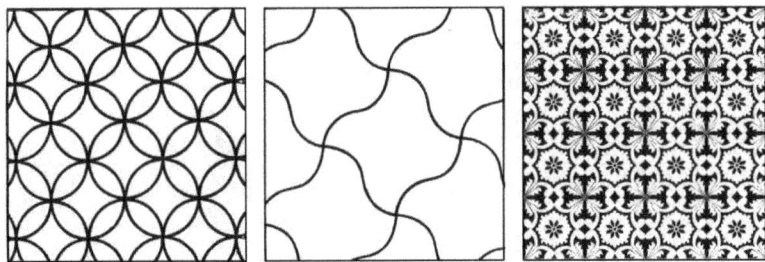

图 5-26　弧线交织骨骼（二）

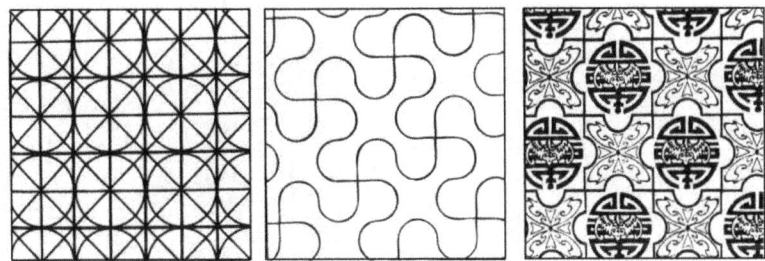

图 5-27　综合交织骨骼

3. 重叠连续

重叠连续是指底纹与浮纹重叠构成的纹样形式。其特点是底纹起衬托作用，浮纹作主花，形成层次分明、相互辉映的视觉艺术。

重叠连续图案一般以几何连续做底纹，与上面散点组织的浮纹相重叠构成。几何纹有严谨、抽象之美，花卉散点有活泼、自然之美，重叠连续把这种矛盾的形象统一在一起，有虚实相生、丰富多变的艺术魅力。

设计重叠连续，主题多样，动物、人物、花卉、景物皆可运用；还可以上下层用一个题材而手法不同，使设计主题得到强化，以致深入表现思想内涵，达到形式、内容兼得，增强艺术的感染力。

设计要点：几何连续设计既要突出骨骼，又要强化形象之美。根据主题需要，有些设计可以虚化骨骼线，甚至利用形象间隔假设骨骼的存在，使人感到虚实相间，耐人寻味。

二、装饰用纺织品图案设计的纹样风格流派

每个成功的图案设计，都是在特定的历史背景、技术限制和市场需求下，准确地传达了一种人文的情调、艺术的品位、时尚的概念，反映出消费者的不同需求。因而对于中外各种类型装饰用纺织品图案的认真研读和深入了解，认识其产生的源流、发展变化的趋向，不但有利于通过经典作品的学习、吸收并与时尚潮流相结合，原创性地设计开发出具有视觉美感的产品，而且更有利于通过各种图案本身和内涵的个性特征，取得与消费者精神、情感的互动交流，敏锐、准确地把握产品的市场定位。

任何艺术设计风格的建立都受到诸多因素的影响，不同的民族、阶层、地域以及生活方式、风俗习惯、不同的时代等都会对设计风格产生或多或少的影响。装饰用纺织品纹样设计亦是如此，其风格大致可分为以下几种。

（一）古典风格

1. 中国纹样风格

装饰用纺织品中，中国图案纹样的来源主要有以下几种。

（1）花、草、叶、果纹样，特别是花，从古至今应用最多。花的形美、色美、姿态美，一向被人们作为幸福的象征，如莲花，在宗教中代表圣洁高贵，不染纤尘，凌驾于红尘之上；柳枝，因是观音菩萨手中的生命象征，用来寄托人们对旺盛的力量的向往，取其生生不息、兴旺发达之意。牡丹、月季、菊花、莲花、柳枝等也常被作为装饰用纺织品的图案，如图 5-28 所示。

图 5-28 牡丹花纹样桌旗

（2）动物纹样，如龙凤、麒麟、狮、虎、孔雀、鸟类、家禽等作为主题的纹样在古代织物上最为常见；现代的印花布也常用鸟、龙凤、鹤、鱼、鹿、马等作为主题。鹿象征长寿；马象征事业有成，取一马当先之意；鱼为富足美满，取连年有余之意；鸟主要是燕子、喜鹊、凤凰、孔雀等，取美丽高贵之意；龙，为中国人的图腾，取其飞腾之意，象征飞黄腾达。如图 5-29 所示龙凤图案应用在丝织物上较多，以之作为吉庆的象征。

（3）天文现象，如日、月、星、云纹（图5-30）、水、雪花等也是纹样的题材。云锦上大量采用云纹，蜀锦上大量采用水纹，在印花布上采用雪花纹，且往往与其他纹样相配合。

（4）吉祥寓意的传统纹样，是以某些自然物

图 5-29 龙纹抱枕

象的寓意、谐音及吉祥文字等来表达人们对幸福
生活、吉祥如意的憧憬和追求，如图 5-31 所示。

团花图案被广泛应用于装饰纺织品的节日和
喜庆用品中，用团花图案来寄托自己幸福美满、
团圆喜庆之意。图案本身的吉祥象征与团圆之意
结合，加大了吉祥语祝福的内涵，比如祥云做出
团云图案，不仅有吉祥如意的祝福，同时也有团
圆美满之意。团花图案不仅是植物，还有动物，
比如团龙图案、团凤图案等。

书法图案在家居纺织品中的应用，取吉祥祝
福的书法文字作为图案应用，比如福、寿、松、
竹、梅、龙、马等，取其字面的意义，直接表达
吉祥与祝福之意，书法变化无穷，使书法图案也
是变化无穷，灵动而又充满生机，结合其他图案
应用更是使其象征意义大增，比如"福"书法可
以做成团花图案等。

还有一种以莲花与枝叶连接，可以上下左右
延伸组成图案，叫缠枝莲，也称宝相花，是传统
的纹样，如图 5-32 所示。这些纹样在民间织物
上应用较多。

（5）以文物、生活用品、建筑物等组成的
器物纹样，如花瓶、花篮、景泰蓝、扇子和亭台
楼阁、车船飞机等都能作为图案题材。

（6）几何纹样。是点、条、格等通过不同
的排列，产生渐变、发射、对比、特异、聚散、
密集、层次等多种效果组成的图案。几何图案以
其单纯、简洁、明了的特点符合现代审美情趣，
体现强弱、虚实、近远、起伏等视觉效果。

图 5-30　云纹领带

图 5-31　文字纹样抱枕

图 5-32　宝相花纹样桌旗

2. 巴洛克风格纹样

初期巴洛克纹样的题材，采用自然界生长的花卉、编结的花环、丰收的水果、奇特的贝壳
等，用流畅的曲线进行艺术性变形，在剧情化的构图里，表现有动感的图案，并且渐次地沿对
角线方向倾斜。但在巴洛克后期，从莲花、棕榈叶形成流畅涡卷开始转向园林拱门小道、亭台
楼阁、庭园、花圃、中国神仙、翅膀天使、孔雀尾形、弯曲的贝壳、厚重的莨苕叶形装饰纹
样，进行穿插组合而创造新颖的设计。例如，在莨苕叶形装饰纹样的组合中，涡卷式地点缀着
怪兽、狮子、猪及龙等形象。

巴洛克纹样的最大特点就是贝壳形与海豚尾巴形曲线的应用，贝壳一直是欧洲古代艺术中

装饰纹样重要的因素，这种仿生学的曲线和古老莨苕叶状的装饰风格，使巴洛克纹样区别于以往欧洲的染织纹样而大放异彩。巴洛克纹样由于路易十四的去世而告终，历时一百多年。在以后的两百多年历史中，巴洛克纹样曾多次重新流行，在装饰用纺织品中作为传统风格纹样而经久不衰地受到人们的钟爱，如图 5-33 和图 5-34 所示。

3. 洛可可风格纹样

"洛可可"（Rococo）是从法语 rocalle 转化而来的，原意是"贝壳装饰"或"岩状装饰"。洛可可纹样由于充溢着东方特别是中国的情调，以致有人将它称为"中国纹样"。

洛可可艺术是一种高度技巧性的装饰艺术，表现为纤巧、华丽和精美，多采用 S 形、C 形和旋涡形的曲线，如图 5-35 所示。表现在印花图案上，洛可可纹样采用大量的自然花卉的主题，所以有人称这个时期法国的印花织物为"花的帝国"。当时主要采用蔷薇和兰花，且蔷薇用得更多一些。在处理上采用写实的花卉，再用茎蔓把花卉相互连接起来，就像中国的折枝花卉，有时配上各种鸟类纹样，这种纹样图案明显受中国花鸟画的影响。

洛可可风格追求视觉快感和舒适实用，曾在欧洲风靡一时，持续了将近一个世纪，直至今日，我们在日常的装饰用纺织品中仍可看到洛可可艺术的影子，如图 5-36 所示。

4. 维多利亚风格纹样

19 世纪中期到 20 世纪初期，维多利亚女王统治时英国的代称为"维多利亚时代"，在此期间的染织产品也以"维多利亚印花棉布"而为人们所熟知。如果用一句话来概括维多利亚王朝印花棉布的纹样特点，可以这样说："自然真实地描绘花与鸟，从写实主义开始，到写实主义结束。"初期题材以模仿印度花布的异国花卉为主，逐渐变为描绘欧洲本土的花卉形象，比如蔷薇、

图 5-33　巴洛克纹样窗帘

图 5-34　巴洛克纹样抱枕组

图 5-35　洛可可纹样地毯

图 5-36　洛可可纹样布艺沙发组

紫丁香、绣球、茉莉等娇艳的花朵，也有羊齿草叶、常春藤枝蔓等枝叶形象，如图5-37所示。这些花卉形象有时构成满地花型，有时构成上下垂直连续的竖条花型，图案之中穿插着写实的鸟类形象。当时的花布图案大部分是这种"写实花卉"和"花卉加鸟"类型。

图5-37　维多利亚风格纹样手工地毯

（二）民族纹样风格

民族纹样风格是一个民族的象征，由历代沿传下来的图案，具有独特而鲜明的民族艺术风格。

1.波斯纹样

古代波斯图案纹样有以自由的动、植物为题材的，也有以伊斯兰寺院为题材的，还有以表现狩猎场面和田园风光为题材的。表现方法是以东方的观察方法创造了"非立体"的世界，巧妙地运用多层次、多视点、多侧面、多姿态的装饰语言，成功地表现出具有三维空间感的"平面世界"，产生了异彩纷呈的艺术效果，寓和谐于对比之中，形成了纹样精细、构图严谨、色彩丰富且协调的"波斯风格"。

波斯纹样较多地取材于植物图案，蔷薇花、玫瑰花、百合花、五瓣花、串花、棕榈花、菠萝、石榴等都是主要题材。波斯纹样带有浓烈伊斯兰教风格，现代的设计家们常在伊斯兰清真寺内的壁画或室内装饰中寻找主题与色彩。

波斯纹样有别于其他纹样的最显著特点，是在排列结构式上的特殊性：其一是波形连缀骨式；其二是圆形连缀骨式；其三是在区划性的框架中安排对称纹样式构成。

波形连缀骨式体现出波斯纹样的第一特征，纹样以波形曲线分切图案，呈交错排列状，并且在曲线所分划的各自区域之中嵌入了蔷薇、玫瑰、百合等图案，直至今天，这种传统的排列仍是典型的波斯图案的代表，如图5-38所示。圆形连续的排列一般被称作联珠纹、球路纹或二连璧纹。据说，这种联珠象征着太阳、世界、丰硕的谷物、生命和佛教的念珠。联珠图案是在圆形的结构外边用联珠围成圆框，在连续的连珠纹中嵌入象征着威武的狮子、雄鹿、鹰、犬以及各种花鸟图案。另一种是在区划形的框架内，由鸟兽夹着一株左右对称的生命之树，树木选择了垂直的线条，使画面呈现安定与和谐之感，如图5-39所示。波斯纹样排列骨式的特点使画面独具结构缜密、空间均衡、生动精巧、繁简有序的布局效果。

图5-38　波斯波形连缀纹样地毯

2.印度纹样

印度纹样精致丰富、线条变化多样，色彩含蓄、典雅而强烈，造型对比强烈，独具韵味和律动，这些独特的风格特点使印度纹样在世界装饰用纺织品中占有重要的地位。

典型的印度传统纹样大约分为两大类：一类是起源于对生命之树的信仰，另一类则是出于印度教故事与传说。前一种多取材于植物图案，如石榴、百合、蔷薇、菠萝、风信子、椰子、玫瑰和菖蒲等。这些题材经过高度提炼和概括使之图案化，再用卷枝或折枝的形式把图案连接起来。后一种主题带有浓烈的宗教色彩和明显的伊斯兰装饰艺术风格。这类纹样有着明快的轮廓和装饰性，在拱门形的框架结构中安排代表生命之树的丝杉树和印度教传统的人物故事以及动物形象，图案有着稳定对称的效果。

传统的印度图案以土耳其红、靛蓝、米黄、棕色和黑色为主，如图 5-40 所示。

3.佩兹利纹样

佩兹利纹样发祥于克什米尔地区，故又称"克什米尔纹样"。据说源于对生命之树的信仰。有人认为它是圣树菩提叶子的造型，也有人认为是由无花果断面的启示而产生的。伊斯兰教把这种图案当作幸福美好的象征。18 世纪初期，苏格兰西南部城市佩兹利的毛织行业用大机器生产的方式，大量采用这种纹样织成羊毛披肩、头巾、围巾销售到世界各地。世人就此将克什米尔纹样误称为佩兹利纹样。涡线处理的构图变化无穷，美妙无比，隽美而又蕴涵智慧。因此，最适合于表现古典、华贵的皇家贵族风格。

图 5-39　波斯树形纹样地毯

图 5-40　印度纹样手工地毯

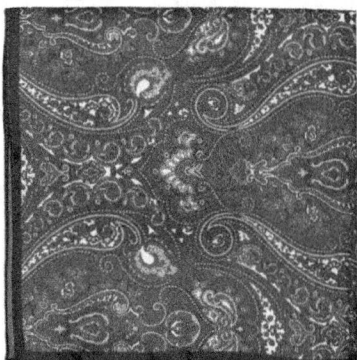

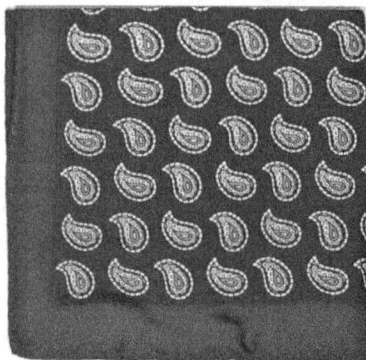

20 世纪 70 年代复古思潮冲击了整个西方世界，佩兹利纹样的风格以其适合于表现古典、华贵的形式而备受推崇。时至今日，仍是室内纺织品设计中古典风格的代表作。佩兹利纹样有着很强的适合性和适应性，在边缘纹样、角花纹样或复合纹样中都可取得良好的视觉效果，如图 5-41 所示。

图 5-41　佩兹利纹样

4.埃及纹样

埃及文明是世界最古老的文明之一，埃及可能是世界上最早产生纺织工艺与印染技术的国家之一。至20世纪70年代起，作为具有典型东方风格、在世界范围内流行的埃及花样，其实并不是埃及染织图案的原型，而是以埃及的绘画与雕塑为基础演变而成的。因此，研究埃及花样必须研究埃及的绘画与雕塑艺术。不了解这一点，就无法理解埃及花样的实质。

古代埃及的绘画与雕塑艺术都遵循着相同的表现和类似的题材。在表现人物上，头部为正侧面，身体为正面。下肢为侧面，这种非视觉常规的造型形成了埃及纹样的艺术特色。古埃及人相信人死后灵魂不死，在另一个永恒的世界去生活，因此，在他们的陵墓里有大量的浮雕与壁画都是描绘世俗生活的场景，这种宗教信仰与世俗生活相互渗透的古代埃及艺术是现代埃及染织花样的主要内容之一。埃及是世界上使用象形文字最早的国家，每个词都是一个绘画形象，在埃及人的心目中，象形文字是神的语言，它比语法、拼写重要得多，在他们墓室的壁画与浮雕中充满了这类象形文字的铭文，所以象形文字也是埃及纹样的一个重要组成部分。古埃及人出于对圣兽的崇拜，常将人和动物形象进行异物同构，因此，它的神灵形象大多数都是动物的头部、人的身体，这些都成了埃及染织纹样不可分割的组成部分。而埃及典型的植物纹样是莲花纹和纸草纹。近期流行的埃及纹样主要采用揸金印花，在装饰用纺织品中运用防拔染印花及织花等方法，如图5-42和图5-43所示。

图5-42　埃及壁画纹样抱枕

图5-43　埃及纹样挂毯

（三）现代纹样风格

1.野兽派的杜飞纹样

杜飞应用印象派和野兽派的写意手法，吸取马蒂斯绘画的装饰风格，线条质朴简洁，花卉图案形象夸张变形，人物动物相互交错，豪放粗犷，流畅自然，具有创造性、装饰性，后人把这种写意花卉图案称为杜飞纹样。利用杜飞纹样设计的产品体现了一种自然美、野性美，利用流畅飘逸的线条结合装饰用品的造型，生动而鲜活地突显出产品的独特魅力。劳尔·杜飞是20世纪现代艺术的旗手，也是以亨利·马蒂斯为代表的"野兽派"成员。他的艺术创作除了绘画之外，更扩展到挂毯、壁画、布料图案设计及陶瓷制作。

杜飞设计的风景新颖、色彩丰富，是典型的野兽派情调，给人以华丽、振奋的印象，他在织物设计领域所起到的革命性作用，在于"野兽派"旗手使用的原色色彩，从另外一层意义上讲，也让人们感到甚至连杜飞的单色调设计，也喷涌出五彩缤纷的感觉，如图5-44所示。

杜飞纹样以自然随意、浪漫洒脱的情趣，夸张粗犷、奔放舒畅的描绘，不断演绎着"野兽派"的情结，成为当今装饰用纺织品设计中的主要风格之一。

2. 立体派纹样

立体主义开始于 1906 年，由乔治·布拉克与帕布洛·毕加索所建立。立体主义的艺术家追求碎裂、解析、重新组合的形式，形成分离的画面——以许多组合的碎片形态为艺术家们所要展现的目标。它追求一种几何形体的美，追求形式的排列组合所产生的美感，探索画面结构、空间、色彩和节奏的相互关系，在造型和表现上突破了时空限制。

立体派纹样应用于面料的印花设计中，使平面的布料仿佛具有立体感，赋予装饰品独特的美感，采用这些图案设计的装饰织物大有毕加索之风。随着 1914 年第一次世界大战的爆发，这种风格还继续作为一种影响而存在于此后的装饰艺术和织物图案中。由于立体派画家把自然界概括为各种富有装饰性的几何体，因此立体派的静物、风景画几乎都可以拿来作为印花布纹样或织花纹样。立体派图案作为现代图案，经常出现世界性的流行，在现代装饰用纺织品上影响甚大，如图 5-45 所示。

3. 欧普纹样

欧普纹样来源于欧普艺术（optical art），又称为光效应艺术、视幻艺术或视觉艺术，在 20 世纪 60 年代流行于欧美。欧普艺术就是要通过绘画达到一种视知觉的运动感和闪烁感，使视神经在与画面图形的接触过程中产生令人眩晕的光效应现象与视幻效果。

欧普艺术家以此来探索视觉艺术与知觉心理之间的关系，试图证明用严谨的科学设计也能激活视觉神经，通过视觉作用唤起并组合成视觉形象，以达到与传统绘画同样动人的艺术体验。出于这一目的，欧普艺术作品摒弃了传统绘画中的一切自然再现，而是在作品中使用黑白对比或强烈色彩的几何抽象，在纯粹色彩或几何形态中以强烈的刺激来冲击人们的视觉，令视觉产生错视效果或空间变形，使其作品有波动和变化之感。

60 年代以前，布料上的织纹图案仅限于苏格兰格纹、千鸟纹和人字纹等传统织纹。随着纺织和印染技术水平有所提高，再加上欧普纹样比较便于拷贝和复制，使得欧普纹样广泛应用于服饰品设计，掀起时尚界的革命。在现代装饰用纺织产品中，一些以黑白或单色几何形构成的纹样总能给人以耳目一新的感觉，这些令视觉受到刺激、冲动，甚至产生幻觉的纹样图案，常

图 5-44　杜飞作品《红色的小提琴》

图 5-45　毕加索作品抱枕

被称为"欧普纹样"。

　　欧普艺术影响下的纺织面料，按照一定的规律形成视觉上的动感，黑白棋盘格纹、不断延伸重复的圆形、方形几何图案和条纹是欧普艺术运用到装饰用纺织品图案设计中最常见的手法，深受都市"新兴贵族"的喜爱，如图5-46所示。

图5-46　欧普纹样头巾

☞思考题

　　1.影响装饰用纺织品色彩整体设计的因素有哪些？试举例分析。

　　2.用同类色或类似色、对比色两套色彩，以传统纹样为素材设计床上用品两幅。要求：

　　（1）一幅采用色彩明度和色相相近的依次递进关系产生渐变、和谐、柔和的视觉效果，另一幅采用给人以热烈、躁动感受的大跨度对比色彩。

　　（2）图案纹样结构明确，动态自然，大方，整体效果符合形式美规律。

　　（3）素材选用中国或外国的传统纹样。如中国吉祥纹样、外国佩兹利纹样等。

　　（4）尺寸长64cm，宽53cm。另附模拟效果图。

　　3.设计现代风格纹样的床上用品纹样一幅。要求：

　　（1）图案纹样简洁、大方，符合现代风格视觉美感。

　　（2）素材参照现代艺术风格流派，如抽象表现主义等，注意点、线、面及色彩等设计图案的关系处理。

　　（3）尺寸长64cm，宽53cm，另附模拟效果图。

第六章 机织物设计及其加工技术

本章知识点

1. 常用机织物组织。

2. 棉及棉型白坯产品的设计及生产。

3. 色织物产品的设计及生产。

4. 装饰用大提花织物的设计及生产。

装饰用织物的加工方法有机织、针织、非织造、编织等多种技术。一般情况下，床上用品、蒙罩类用品及厚型窗帘宜用机织物，薄型窗纱、帷幔类宜用针织物。随着非织造布加工技术的不断发展及其市场应用领域的不断拓展，目前，非织造织物在装饰用纺织品中已有大量应用，具有广阔的发展前景。

装饰用纺织品中大多数为机织物，机织物是由经纬纱按一定的规律在织机上交织而成的。根据使用的原料、组合方式的不同以及所要求的织物风格、功能的不同，采用不同的设计及生产工艺。

第一节 常用机织物组织

一、原组织

平纹、斜纹和缎纹组织统称为三原组织。三原组织是各种组织的基础，广泛应用于各类装饰织物中。

1.平纹组织

由经纱和纬纱一上一下相互交织而成的组织称为平纹组织，如图6-1所示。

平纹组织的特点是浮长最短，织物的断裂强度大，正反面基本相同，布面平整、挺括，手感发硬，光泽略显暗淡。

平纹织物品种很多，利用不同原料、纱线细度、捻向、捻度、经纬密度、花色纱线等，可产生不同风格的平纹织物。平纹组织在装饰织物

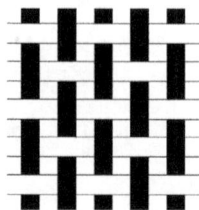

图6-1　平纹组织

中的应用非常广泛。

2. 斜纹组织

经组织点（或纬组织点）连续成斜线的组织称为斜纹组织。斜纹组织最少有三根经纬纱才能构成一个组织循环。斜向有左右之分。如图 6-2 所示，表示方法为分式加箭头。例如 $\frac{3}{1}$ ↗，其分子表示在一个循环中每根经纱上的经组织点数为 3，分母表示在一个循环中每根经纱上的纬组织点数为 1，"↗" 代表右斜纹。

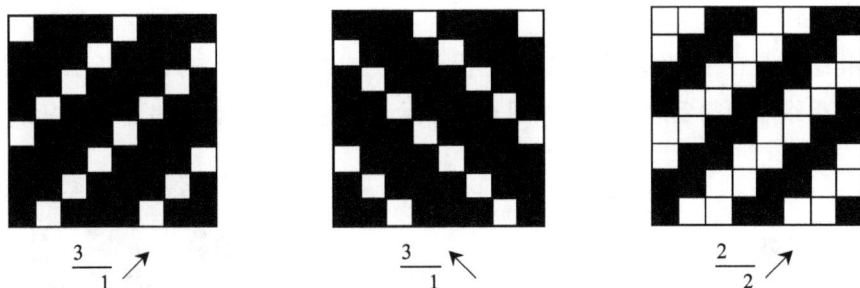

$$\frac{3}{1} ↗ \qquad \frac{3}{1} ↖ \qquad \frac{2}{2} ↗$$

图 6-2　斜纹组织

斜纹组织的特点是交错次数较平纹少、浮线较长，光泽较好；同条件下强力和挺括度不如平纹织物，织物经纬密可比平纹的高，织物正反面不同。斜纹组织在装饰织物中应用非常广泛，可以单独使用，也可以与其他组织联合应用。

3. 缎纹组织

缎纹组织在一个完全组织中的每根经（纬）纱上都只有一个单独组织点。其相邻两根经纱上的单独组织点间距较远，独立且互不连续，并按照一定的顺序排列。有经面缎纹和纬面缎纹两种。

缎纹组织的一个完全组织中最少有五根经纬线数，它也可以用分数表示，其中分子表示组织循环数，分母表示组织点飞数。如图 6-3 所示，$\frac{5}{3}$ 纬面缎纹读作 5 枚 3 飞纬面缎纹，$\frac{8}{3}$ 经面缎纹，读作 8 枚 3 飞经面缎纹，$\frac{8}{3}$ 纬面缎纹读作 8 枚 3 飞纬面缎纹。

缎纹织物的浮长线较长，坚牢度也最差，但质地柔软，绸面光滑，光泽也好，最为富贵华

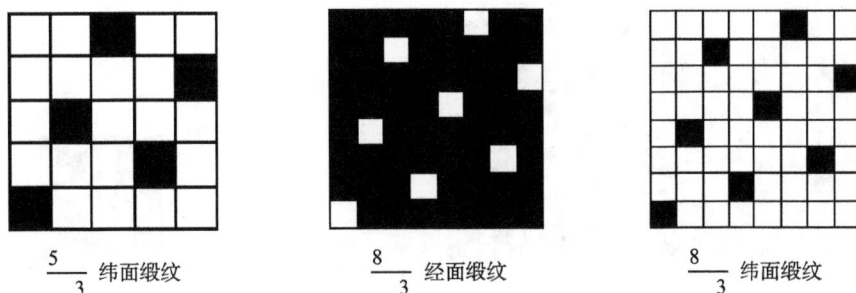

$$\frac{5}{3} \text{纬面缎纹} \qquad \frac{8}{3} \text{经面缎纹} \qquad \frac{8}{3} \text{纬面缎纹}$$

图 6-3　缎纹组织

丽，故在装饰织物中应用很广。如棉织物中的直贡缎、横贡缎，丝织物中的素软缎、花软缎、金玉缎、织锦缎和古香缎等。

二、变化组织

变化组织是在原组织的基础上，变化组织点的浮长、飞数、排列斜纹线的方向及纱线循环数等因素中的一个或多个而得到的各种组织。主要有平纹变化组织、斜纹变化组织及缎纹变化组织三类。

（一）平纹变化组织

平纹变化组织是在平纹组织的基础上，沿着经（或纬）纱一个方向延长组织点或经纬两个方向同时延长组织点而得到的组织。如图6-4所示，有经重平组织、纬重平组织和方平组织。

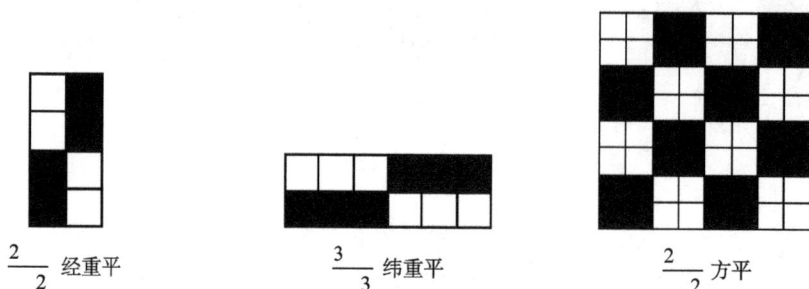

$\frac{2}{2}$ 经重平　　　　$\frac{3}{3}$ 纬重平　　　　$\frac{2}{2}$ 方平

图6-4　平纹变化组织

经重平组织的外观有横向凸纹，纬重平组织的外观有纵向凸纹。主要用于装饰用织物的布边组织，毛巾组织的基础组织等。

方平组织外观平整，光泽好，有均匀的颗粒状花型，肌理感强，常用作装饰织物的组织。

（二）斜纹变化组织

斜纹变化组织是在原组织斜纹的基础上改变浮长线、飞数、增加斜纹线条数或兼用这几种方法得到的组织。可分为加强斜纹、复合斜纹、角度斜纹、曲线斜纹、山形斜纹、破斜纹、菱形斜纹、锯齿形斜纹、芦席斜纹、螺旋斜纹、飞断斜纹、夹花斜纹、阴影斜纹等，图6-5是部分斜纹变化组织。变化斜纹在装饰织物中应用非常广泛，可以单独使用，也可以与其他组织联合应用。

（1）山形斜纹　　　　　　　（2）$\frac{2}{1}\frac{3}{2}$ 复合斜纹

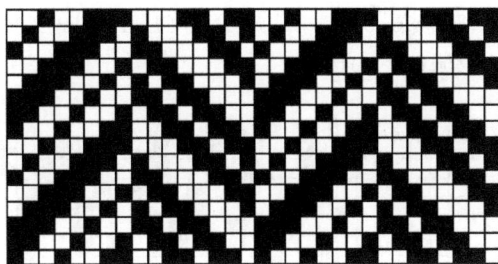

（3）锯齿形斜纹 （4）破斜纹

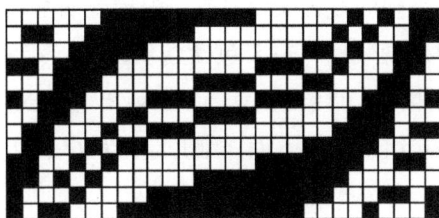

（5）菱形斜纹 （6）曲线斜纹

图 6–5 斜纹变化组织

（三）缎纹变化组织

缎纹变化组织是在缎纹组织的基础上，增加经或纬组织点、变化组织点飞数等方法构成的。主要有加强缎纹、变则缎纹、重缎纹、阴影缎纹等。如图 6-6 所示，加强缎纹的特点是保持缎纹的基本特征，增加了纱线的交织次数，提高了牢度，获得新的组织和外观。常用于毛、棉、丝及起绒织物。

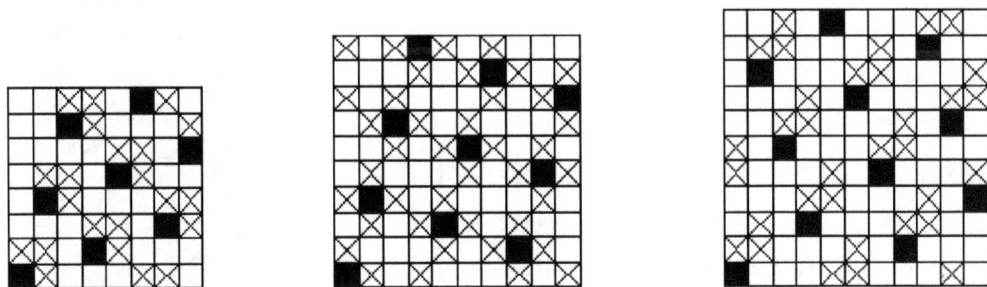

图 6-6 加强缎纹

如图 6-7 所示，变则缎纹的原理是改变飞数，使组织点均匀分布，保持缎纹织物外观。

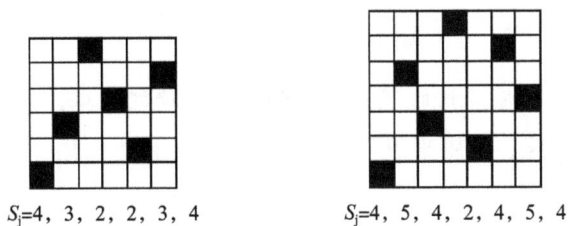

$S_j = 4, 3, 2, 2, 3, 4$ $S_j = 4, 5, 4, 2, 4, 5, 4$

图 6-7 变则缎纹

如图 6-8 所示的阴影缎纹是由纬面过渡到经面，也可以是经面过渡到纬面。阴影缎纹在装饰织物中广泛应用。

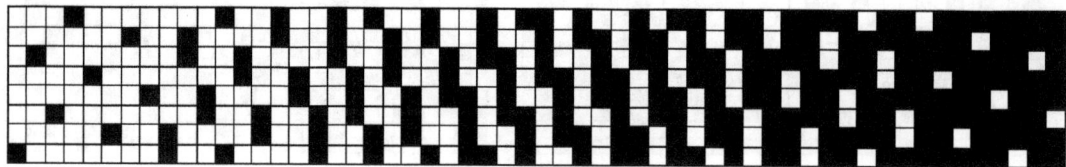

图 6-8　阴影缎纹

三、联合组织

联合组织是由两种及两种以上的原组织或变化组织，运用不同的方法联合而成，织物表面呈现几何形状或小花纹等外观效果。主要包括条格组织、绉组织、蜂巢组织、透孔组织、凸条组织、浮松组织、凹凸组织、网目组织、小提花组织等。下面详细介绍几种联合组织。

1. 条格组织

条格组织是两种或两种以上组织并列配置，在织物表面呈现纵条、横条、方格外观。分纵条纹组织、横条纹组织、方格组织。也可结合色织，形成彩条或彩格效果，如图 6-9 所示。

条格组织广泛用于床单、被套、沙发布、窗帘布、手帕等。

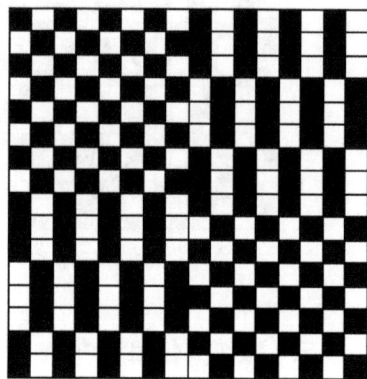

图 6-9　条格组织

2. 绉组织

产生绉效应的方法有后整理、不同经纱张力、不同捻向强捻纱交替配置以及改变组织结构。如图 6-10 所示，用绉组织使织物起绉，主要是由织物组织中不同长度的经、纬浮线，在纵横方向错综排列，则结构较松的长浮组织点受结构较紧的短浮组织点的作用，而在织物中轻轻凸起，织物表面形成满布分散且规律不明显的微微扭曲的细小颗粒状，形如起绉。绉组织织物较平纹织物手感柔软，厚实，弹性好，表面反光柔和。主要应用于沙发罩、窗帘布等。

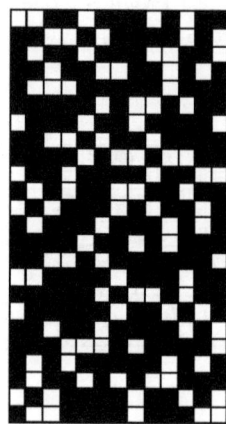

图 6-10　小提花绉组织

3. 蜂巢组织

织物表面呈四周高中间低的规则四方形凹凸花纹，状如蜂巢，如图 6-11 所示。织物立体感强、松厚柔软、吸水性强，常用来织制餐巾、围巾、床毯等。用作装饰织物时，常设计成如图 6-12 所示的变化蜂巢组织。

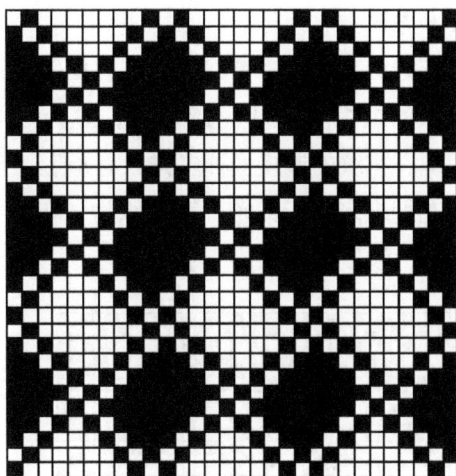

| 图 6-11　蜂巢组织 | 图 6-12　变化蜂巢组织 |

4. 透孔组织

透孔组织的织物表面具有均匀分布的小孔。如图 6-13 所示,透孔组织的设计要求浮长线长,这样才能使孔眼大,结构松软,经纬密度不宜过大,否则孔眼不明显。透孔组织通常棉、麻、丝等轻薄型织物应用较多。装饰织物常用于窗帘、帷幔和蒙罩类等。

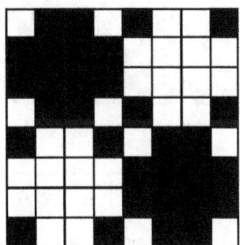

| （1）$\frac{4}{4}$ 重平与变化平纹构成的透孔组织 | （2）$\frac{5}{5}$ 重平与平纹构成的透孔组织 |

图 6-13　透孔组织

5. 凸条组织

凸条组织是由浮长线较长的基础组织和固结组织联合而成。织物表面形成纵向、横向或斜向的凸起条纹,而反面则为纬纱或经纱的浮长线。其中固结组织起固结浮长线的作用,并形成织物的正面。基础组织较长的浮长线下机后收缩,使织物正面的固结组织凸起形成凸条,如固结纬重平的浮长线,则得到纵凸条纹;固结经重平的浮长线,则得到横凸条纹。其浮线长度决定着凸条的宽度。其中固结组织常采用平纹或三枚斜纹（结构紧密）,基础组织采用重平组织。

固结组织应具有足够的密度,如图 6-14 所示,是加入平纹的凸条组织,可以加强凸条的效果。在丝织的素织物中,以横凸条较为多见。此组织结构紧密,耐磨,常用于坐垫类织物。

图 6-14　加入平纹的凸条组织

6. 小提花组织

小提花组织是利用多臂机织造，在织物表面运用两种或两种以上织物组织的变化，而形成各种小花纹的组织。如图 6-15 所示，可分为平纹地小提花组织、斜纹地小提花组织、缎纹地小提花组织。花纹的形式多种多样，有条形、散点、菱形、山形、曲线形、不规则几何形等。

小提花组织多用于细密、轻薄织物，花纹细致、精巧、外观美观。在装饰织物中主要用于窗帘、床罩、沙发布、靠垫、餐巾布等。

平纹地纬浮长小提花组织

平纹地经浮长小提花组织

斜纹地小提花组织

缎纹地小提花组织

图 6-15　小提花组织

四、复杂组织

如图 6-16 所示，构成织物的经纱和纬纱中，至少有一种由两个或两个以上系统的纱线组成，这种组织叫复杂组织。复杂组织的种类有重组织（重经组织、重纬组织）、双层组织（管状组织、双幅组织、表里换层组织、接结双层组织）或多层组织、

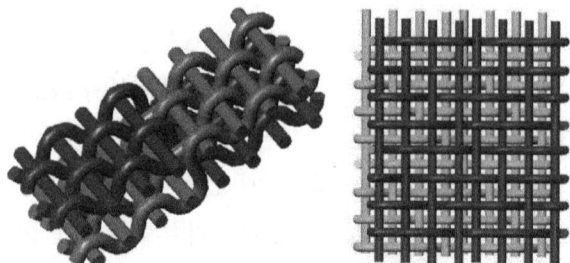
图 6-16　复杂组织

起毛组织（经起毛组织、纬起毛组织）、毛巾组织、纱罗组织。下面介绍一些在装饰织物中常用的组织。

（一）重经组织

重经组织是由两组或两组以上的经纱与一组纬纱交织而成的经纱重叠组织。这种组织是经线的重叠，表经为织物的主要支持面。重经组织分为经二重组织、经起花组织、经多重组织。经二重组织在精梳毛织物、中厚型丝织物中应用较多。在棉织物中，以局部采用经二重的经起花织物应用最广。经多重组织则由于受到织造条件的限制而应用不广。

1. 经二重组织

由两个系统的经纱（表经和里经）和一个系统的纬纱构成，两组经纱形成良好的重叠，其设计原则为表组织多数是经面组织，反面组织也是经面组织，因此里组织必是纬面组织；表里组织循环相等或成约数、倍数关系，里经经组织点配置在表经浮长线的中央且最好在相邻两表经浮长线之间。这种组织的正反面颜色、质地差别较大。

2. 经起花组织

在织物设计中，织物表面局部采用经二重组织，使之形成一定的花型，叫做经起花组织，如图6-17所示。

（二）重纬组织

重纬组织根据选用纬纱组数的多少，可分为纬二重、纬三重、纬四重、纬多重组织及纬起花组织。重纬组织由于受织造条件的影响较少，因此，一般采用增加纬纱组数来增加织物表面的色彩与层次，重纬组织在装饰织物中应用非常广泛。如织造毛毯、棉毯、丝毯、锦缎被面、窗帘、靠垫等。

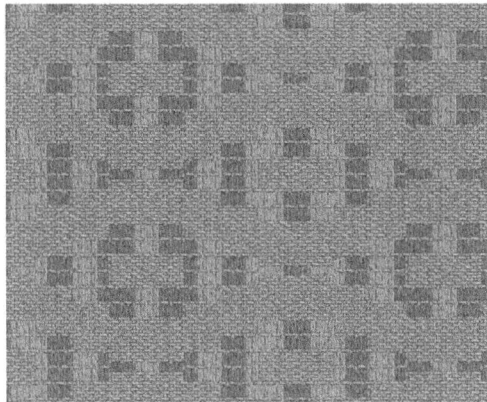

图6-17 经起花织物

1. 纬二重组织

由两个系统的纬纱（即表纬和里纬）和一个系统的经纱构成，两组纬纱形成良好的重叠。在同一重组中，里纬纬组织点处，表纬必须是纬组织点；里纬经组织点处，表纬必须是经组织点，以形成良好的重叠。在一个组织循环内的同一重组中，表纬纬浮长大于里纬浮长，才能较好遮盖里纬（表组织—纬面组织；里组织—经面组织）。表里组织循环必须相等或成约数、倍数关系才能保证重叠效果好，不增加重组织的组织循环数。

2. 纬三重组织

由三个系统的纬纱（即表纬、中纬和里纬）和一个系统的经纱重叠交织而成。纬三重组织的构成原理与纬二重相同，必须考虑纬纱的相互遮盖。

3. 纬起花组织

织物表面局部采用纬二重组织，使织物表面形成花纹。花型活泼，可以是小朵花、点子花、仿结子线、断丝线等。起花部位由两个系统的纬纱与一个系统的经纱交织，纬浮长线形成花纹，如图6-18所示。

（三）双层与多层组织

由两组或两组以上的经纱与两组或两组以上的纬纱分别交织形成相互重叠的上、下两层或多层织物的组织。表经表纬形成织物上层；里经里纬形成织物下层。双层与多层组织的种类有管状组织；双幅与多幅组织；表、里接结双层组织；表、里换层双层组织；多层组织。装饰织物中常用的是以下两种组织。

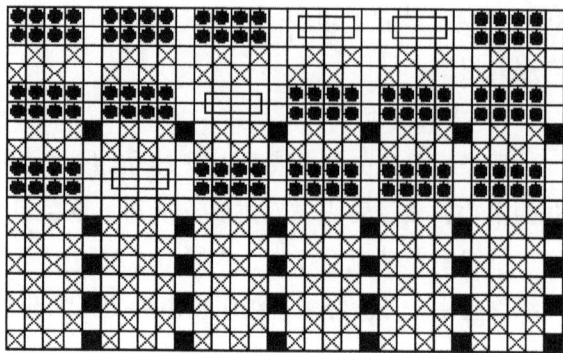

图6-18　纬起花组织

1. 表、里换层双层组织

利用不同色泽的表经与里经、表纬与里纬沿着织物的花纹轮廓交换表里两层的位置，使织物两面利用色纱交替形成花纹，并将双层织物连成一整体。

表里换层组织，要用颜色来区别表经与里经、表纬与里纬。配合得当，可得到各种花式的装饰织物。可用来制作床罩、床单、沙发布、靠垫、窗帘、台毯等。

2. 表、里接结双层组织

双层组织的表里两层紧密地连接在一起的组织。该组织是由两组经纱和两组纬纱相互交织而形成的两层结构，织物结构紧密，厚实，色彩及组织层数多，可用来织制如沙发布、靠垫、台毯等各种装饰用纺织品。

（四）起绒组织

起绒组织有纬起绒组织和经起绒组织两种。

1. 纬起绒组织

由一个系统的经纱与两个系统的纬纱交织而成。形成毛绒的方法有以下两种：

（1）开毛法：割毛机割断绒纬的浮长线，退尽捻度（如灯芯绒和纬平绒）。

（2）拉绒法：拉绒滚筒将绒纬中的纤维拉断（如拷花呢织物）。

纬起毛织物的特点是耐磨、耐脏、手感柔软、光泽柔和、保暖性好。常用于沙发布、靠垫、抱枕等。

2. 经起绒组织

该组织是由两个系统的经纱（绒经、地经）与一个系统的纬纱交织而成的。经起绒织物形成毛绒的方法有浮长通割法、单层起毛杆制织法及双层分割法。双层分割法是利用接结经接结双层组织的结构原理，使毛经像接结经一样往返交织于具有一定间距的上下两层之间，织物织成后将连接两层的绒经割开，即成上下两幅经起绒织物。经起绒织物的特点是毛绒丰满平整，光泽柔和，手感柔软，弹性好，不起绉，保暖性好。由于毛绒与外界接触，故耐磨性好。常用作幕布、坐垫、沙发、地毯等。

（五）毛巾组织

毛巾组织是由两组经纱和一组纬纱交织而成的，其中毛经和纬纱交织形成毛圈组织，地经与纬纱交织成地组织，毛圈组织与地组织配合后，再通过织机特殊的长短打纬装置即可织造出完整的毛巾织物来。毛巾织物表面的毛圈是由织物组织的正确配置、长短打纬运动、送经运动三者协调配合而形成的。要使毛、地组织的配合良好，应满足三个要求：一是打纬阻力要小，二是对毛经夹持牢固，三是纬纱不易反拨。

从毛圈形成（组织）分可分为三纬毛巾和四纬毛巾。

三纬毛巾。每三纬起一个毛圈（地组织为 $\frac{2}{1}$ 变化经重平）。

四纬毛巾。每四纬起一个毛圈（地组织为 $\frac{3}{1}$、$\frac{2}{2}$ 经重平）。

从外观上分可分为单面毛巾、双面毛巾及花式毛巾。

如图6-19所示为三纬毛巾毛圈的形成：二次短打纬，一次长打纬。

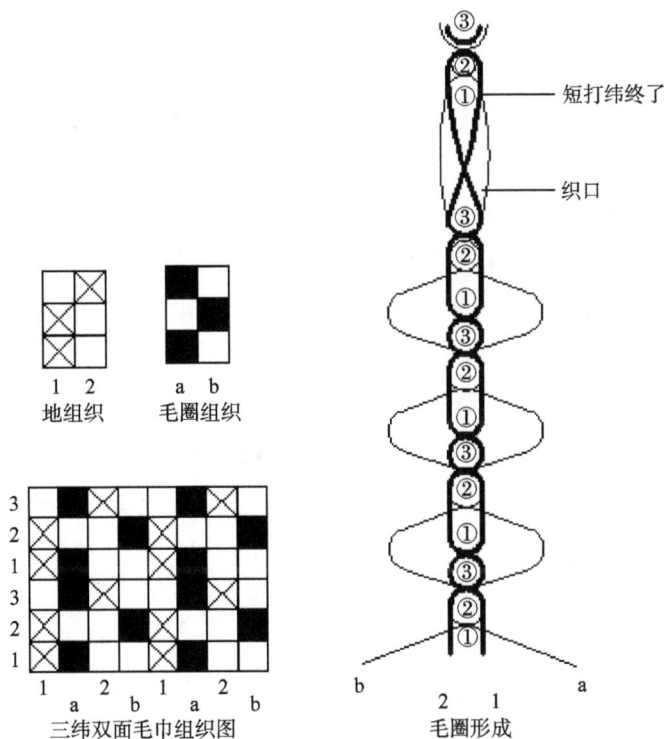

图6-19 三纬毛巾毛圈的形成

（六）纱罗组织

纱罗组织是两组经线（绞经与地经）相互扭绞地与纬线交织。地经不动，绞经时而在地经的右方，时而在地经的左方与纬线交织，当绞经从地经的一方转到另一方时，绞、地两经相互扭绞一次，使扭绞处经线间的空隙增大，形成纱孔。纱罗组织分纱组织和罗组织两种。凡每织一根纬纱或共口的数根纬纱后，绞经与地经相互扭绞一次的称为纱组织。纱组织与平纹组织沿纵向或横向联合，使织物表面呈现纵向或横向纱孔条的组织称为罗组织，有直罗和横罗之分。纱罗组织织物的特点是表面呈现清晰均匀分布的纱孔，经纬密小，质地轻薄，且组织结构稳定，透气性好。常用于窗纱、蚊帐等。

五、大提花组织

大提花组织多以一种组织为基础组织（地组织），而以另一种或数种不同组织在其上显现花纹图案，如平纹地、缎纹花。有时亦可利用不同颜色的经纬纱，使织物呈现彩色的大花纹。亦可配用不同的纤维种类、纱线线密度和不同的经纬密度，制成各种风格的提花织物。大提花织物也称为纹织物，是用提花机织成的大型花纹组织，其完全组织的经纱数少则几百根，多则数千根。织物图案精美、立体感强且色彩层次分明。在装饰用纺织品中，30%的产品为大提花织物，其产品风格多变，形态万千，且上档次。大提花组织的应用甚为广泛，如用于床上用品、窗帘、毛毯、工艺饰品等纺织品中。如图6-20所示为大提花织物的床品。

图6-20 大提花织物

大提花设计中，对于组织的设计也是多种多样的，有最基本的三原组织（平纹、斜纹、缎纹）以及各种变化的组织（重纬组织、重经组织、加强组织、双重组织、多层组织等），不同的组织设计所织出的织物效果也是不同的。而复杂组织在大提花织物的设计中使用较多的是重组织（重经组织和重纬组织）。由于在重组织中，经纱或纬纱组数的增加，不但能增加织物的厚度且表面更加细致、美观，而且织物的坚牢度、耐磨性和柔软性也有所增加，更加符合人们的需求。按照组织结构分大提花织物主要有以下几种。

1. 单层纹织物

单层纹织物由一组经纱和一组纬纱交织而成，织纹色彩变化单一，但织物经纬向紧度均匀，布面平整，光泽柔和，是结构最简单的大提花织物。组织配置分为花地两组，常采用正反配置，地组织以平纹、斜纹、缎纹为主，花组织以不同浮长的组织通过反衬地组织来表现织纹效果，花地组织数在10种以下，织物正反面组织呈经纬互补效应。

2. 重纬纹织物

重纬纹织物是指由一组经纱与多组纬纱重叠交织而成的复杂大提花织物，有纬二重、纬三重、纬四重结构。纬重的结构越多，则纹织物的组织层次和色彩的变化就越多，并且纬纱的重叠结构，使花纹部分有了背衬的纬纱，从而增加了花纹牢度和立体感。重纬纹织物的品种和花色变化在纹织物中最丰富，因此重纬纹织物在装饰纹织物中得到广泛的运用。

3. 重经纹织物

重经纹织物是由两组及以上的经纱与一组纬纱交织而成，织物以经起花来表现织纹效果，纬纱只起到固结经纱的作用。通过变化经纱在织物的浮长和经纱组合应用方式，形成各种经纱混色的织纹效果。常用的设计方式是用两组经、三组经来构成经二重、经三重的组织结构，由于新型生产设备对生产过程中经纱张力的均匀度要求较高，所以高档提花装饰织物中的重经纹织物又以经二重结构为主，这种结构有利于开发具有双面装饰效果的装饰织物。

重经纹织物的纬密一般比经密要小，因此生产效率比重纬纹织物要高。但重经纹织物改换花色品种首先要更换经轴、装造，成本较大，所以它不像重纬纹织物那样品种繁多、花色变换迅速。

4.双层（或多层）纹织物

双层（或多层）纹织物是由两组及以上的经纱分别与两组及以上的纬纱交织而成，在织物结构上可以分成表、里两个层面或多个层面。织物表面效果由表经、表纬交织而成，里经、里纬则交织成织物的里层，也就是织物反面效果。在设计上常通过变化表里经纬纱的组合方式、表里经纬纱的浮长和织物表里层的接结方法来形成各种混色织纹效果。

在组织结构上，由于是双层（或多层）组织结构，经纬纱的交织方法复杂，所以在产品设计上难度较大，在高档提花装饰织物中，双层结构的设计常采用表里换层和表里自身接结的组织结构，组织结构较紧密，组织种类不多，以各种经纬纱依次组合来形成织物的表面效果，因此，织物的经纬纱组数越多，织物的表面效果越丰富。

5.起绒纹织物

起绒纹织物是在简单组织和变化组织的地组织上起着毛绒或毛圈的花纹，或在绒地组织上形成其他各种组织的花纹。毛绒或毛圈可由经纱（绒经）形成，也可由纬纱（绒纬）形成。起绒纹织物质地丰满厚实，手感弹性良好，绒毛或绒圈具有很强的抗压力。起绒纹织物可用来制作沙发面料、窗帘及幕布等。如图6-21所示是用起绒纹织物制作的窗帘。

6.纱罗纹织物

凡是用提花机制织的，以纱罗组织结构为基础，配合其他组织使织物表面呈现出大花纹的织物，可以称为纱罗纹织物。纱罗纹织物以它轻薄透明的质地而深受人们的喜爱，在装饰织物中主要作蚊帐、窗帘等装饰之用。由于制织纱罗纹织物需要采用特殊的纹综装置、特殊的穿综方法，需要具有较高技术的装造工人和挡车工人。因此纱罗纹织物只能在少数厂家制织，其成本也较高。用透孔组织代替纱罗组织，不仅能获得与纱罗纹织物相似的外观和质地，而且上机装造简单，对工人技术水平的要求不高，一般厂家都可制织。

图6-21　起绒纹织物

第二节　棉及棉型白坯产品的设计及生产

凡由本色纱线织成，未经漂染、印花的织物统称为本色织物（或白坯织物）。它包括本色棉布、棉型化纤混纺、纯纺、交织布及中长白坯织物等。主要品种有平布、府绸、斜纹布、华达呢、哔叽、卡其、贡缎、麻纱、绒布坯九类。棉型织物是床上用品的主要材料。

一、原料的选配

棉纤维对棉纱及织物性能有很大的影响。纤维越细，长度越长，则成纱条干越均匀，光泽越佳。棉型织物中应用的化纤主要有涤纶、维纶、丙纶及黏胶纤维等。在设计织物时，应根据用途合理采用混纺或交织，以发挥各种纤维的优良性能。

二、纱线设计

1. 纱线线密度设计

纱线线密度的确定是织物设计的主要内容之一，应根据织物不同的特点与用途，选用适宜的纱线线密度。如细布、府绸等织物要求细薄光洁，布身柔软，一般采用21tex以下的细号纱。

2. 纱线捻度和捻向设计

捻度的大小与织物外观、坚牢度都有关系。应根据织物风格、服用性能、原料品质、用作经纱或纬纱等合理地选择捻度。织物中经、纬纱线捻向的配合对织物的手感、厚度、光泽、纹路等都有一定的影响。采用不同捻向的经、纬纱交织的织物，纹路清晰，手感较松厚而柔软，且在印染过程中吸色较好，染色均匀。当经、纬纱捻向相同时则效果正好相反。

三、织物组织设计

白坯织物的组织有平纹组织、斜纹组织、缎纹组织、变化重平组织、变化方平组织和素地小提花组织等。设计时既要考虑市场流行的需要，又要考虑工厂的设备情况。设计组织如果是小提花组织，则提花部分和地组织的配合不但与组织有关，而且与所用经纱原料、机械性能亦有关。

四、棉及棉型织物规格设计

1. 织物密度与紧度的确定

织物经纬密度的大小和经纬密度之间的相对关系，是影响织物结构最主要的因素之一，它直接影响织物的风格、力学性能。经纬密度大，织物紧密、厚实、硬挺、耐磨、坚牢。密度小，则织物稀薄、松软、透通性好。而经密与纬密的比值对织物性能影响也很大，经纬密的比值不同，则织物风格也不同。如平布与府绸；斜纹布、哔叽与华达呢等织物的不同，主要区别在于经纬密度比值的不同。

2. 织物匹长与幅宽的确定

织物匹长一般在25～40m之间，常采用联匹的形式，一般厚织物采用2～3联匹，中等厚织物采用3～4联匹，薄织物采用4～6联匹。

织物幅宽以cm为单位，以0.5cm的整数倍确定。公称幅宽即工艺设计的标准幅宽。幅宽与织物的产量、织机最大穿筘幅度及织物的用途有关。

五、棉及棉型织物织造加工工艺设计

织造加工工艺设计主要包括工艺流程的制订、设备的配备及工艺参数的选择等内容。

1. 生产工艺流程的选择

本色纯棉织物的基本生产工艺流程：

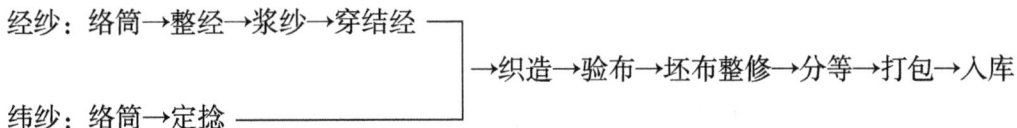

经纱：络筒→整经→浆纱→穿结经 ┐

　　　　　　　　　　　　　　　└──→织造→验布→坯布整修→分等→打包→入库

纬纱：络筒→定捻 ────────────┘

不同的地区工艺流程稍有不同，例如，南方地区比较潮湿，为了防止产品在储存及流通过程中发霉，一般需要在打包入库前进行烘布，而在北方干燥地区则不需要烘布工序。

棉/化纤织物的生产工艺流程与本色棉织物大致相同。略微不同的是，根据品种的需要，有时需要经过蒸纱工序，利用化纤的热塑性使纱线定型。

2. 生产设备的选择

合理选择设备可以保证产品生产的顺利进行，保证充分利用设备，避免高档设备生产低档产品或者设备无法满足产品生产的需要。目前，纺织设备型号众多，每种设备都有其独特的使用特点，设计过程中应根据产品并结合成本进行选择。

3. 正确选择生产工艺参数与设备参数

织造工艺参数分固定工艺参数和可变工艺参数两种。固定工艺参数是设计织机时根据其用途制订的一些参数。生产中一般不做调整，如胸梁高度、筘座高度、筘座摆动动程、有梭织机的梭道角度等。可变工艺参数又称上机工艺参数。根据织制品种的不同，可变工艺参数应在上机前加以确定，上机时统一调整。主要有经位置线、梭口高度、综平时间、投梭时间、投梭力、上机张力、打纬角等。

合理的工艺参数应达到下列要求：

（1）使织物得到最佳的力学性能。

（2）使织物的外观效应充分体现出织物的风格特征。

（3）减少断头率，提高生产效率。

（4）减少织疵，提高下机质量。

（5）降低机物料消耗。

工艺参数的确定需要一定的工作经验。对于同一种机型，生产不同的产品要选择不同的工艺参数。例如，织制打纬阻力较大的织物，应抬高后梁，利于打纬；容易呈现筘痕的织物应抬高后梁，以求布面丰满；为使布面组织点突出成颗粒状，应当使用较高后梁的不等张力梭口；易开口不清的织物，后梁不宜太高；织造斜纹类织物时，适当降低后梁高度，以减小经纱张力差异，可获得梭口清晰、断头少、效率高的效果；原纱条干不匀，经纱强力也较差时，后梁可低一些，以减小断头率；使用多臂开口机构时，后梁位置应比使用踏盘开口机构时适当降低。

六、典型织物的设计实例

此处以装饰用纯棉绉纹呢织物的设计为例。

1. 织物的风格特征

利用织物组织中经、纬纱不等长的浮线，从纵横方向错综排列，使布面呈现出细密有序、凹凸不平的起绉效应。外观紧密细致、手感柔软。可用于高档餐巾、围裙、高级台布等。

2. 织物的主要规格

经纬纱：原料为纯棉纱，27.8tex；

组织结构：绉组织；

经纬纱密度：340×252 根 /10cm；

匹长：40m × 2=80m，二联匹；

幅宽：122cm；

边组织：采用方平组织。

3. 技术设计和计算

（1）初选经、纬纱织缩率。参照本色棉布织造缩率参考表，取经纱织缩率为 6.5%，纬纱织缩率为 5.5%。

（2）确定总经根数。边经根数为 64 根（32×2），地经每筘齿穿入 3 根，边经每筘齿穿入 4 根，故，

$$总经根数 = 340 \times \frac{122}{10} + 64\left(1 - \frac{3}{4}\right) = 4164 \ 根$$

（3）确定筘号。

$$筘号 = \frac{340}{3}(1 - 5.5\%) = 107.1 \approx 107 齿/10cm$$

（4）确定筘幅。

$$筘幅 = \frac{4164 - 64 \times \left(1 - \frac{3}{4}\right)}{3 \times 107} \times 10 = 129.22cm$$

（5）计算 1m² 棉布无浆干重。

$$27.8tex棉纱的纺出标准干燥重量 = \frac{27.8 \times 10}{100 + 8.5} \approx 2.562g / m^2$$

$$1m^2经纱成布无浆干燥重量 = \frac{340 \times 10 \times 2.562 \times (1 - 0.6\%)}{(1 - 6.5\%)(1 + 1.20\%) \times 100} = 91.51g$$

$$1m^2纬纱无浆干燥重量 = \frac{252 \times 10 \times 2.562}{(1 - 5.5\%) \times 100} = 68.32g$$

（6）计算经、纬向紧度。

$$经向紧度 = 340 \times 0.037\% \times \sqrt{27.8} = 66.3\%$$

$$纬向紧度 = 252 \times 0.037\% \times \sqrt{27.8} = 49.2\%$$

（7）计算织物的经纬向断裂强度。本织物系绉组织，根据组织和紧度，本织物的强力利用系数与纱哔叽类似。经纱强力利用系数为 1.13，纬纱强力利用系数 1.10，则：

$$经向断裂强度 = \frac{11.4 \times 340 \times 1.13 \times 27.8}{2 \times 100} = 608.8N$$

$$纬向断裂强度 = \frac{11.4 \times 252 \times 1.10 \times 27.8}{2 \times 100} = 439.2N$$

（8）浆纱墨印长度。

$$浆纱墨印长度 = \frac{织物公称匹长}{1-经纱织缩率} = \frac{80/2}{1-6.9\%} = 43m$$

上式中织造缩率取 6.9%，比前面的 6.5% 略大些，这是由于墨印长度包括了织物加放长度。

（9）绉纹呢织物工艺上机图如图 6-22 所示。

4. 各工序生产工艺

（1）络筒。采用 Autoconer-338 型自动络筒机，该设备采用单锭伺服电机直接驱动槽筒，配备有可调节的气圈控制器、张力传感器和电磁式张力盘，对纱线从退绕到卷绕的全过程进行监控和调节，从而使生产效率及卷装质量达到新的水平。络筒速度为 1000m/min 左右。

（2）整经。采用瑞士贝宁格 ZC-L-180 高速整经机，车速 450m/min，GE 型大 V 型筒子架，液压无极高速直接传动和液压制动，张力棒、自停钩、夹纱器控制张力。

（3）浆纱。该品种头份较多，织物紧度较大，需要采用双浆槽浆纱机，故采用德国祖克 S432 型浆纱机。原料为特数 27.8tex 的纯棉纱，浆纱必须在起到贴伏纱线毛羽作用的同时兼顾提高纱线强力。故采取"高上浆、重被覆、保弹性、减伸长"的原则。主浆料采用高性能变性淀粉 75%、PVA 浆料 25% 的混合浆料。该工序的具体工艺参数见表 6-1。

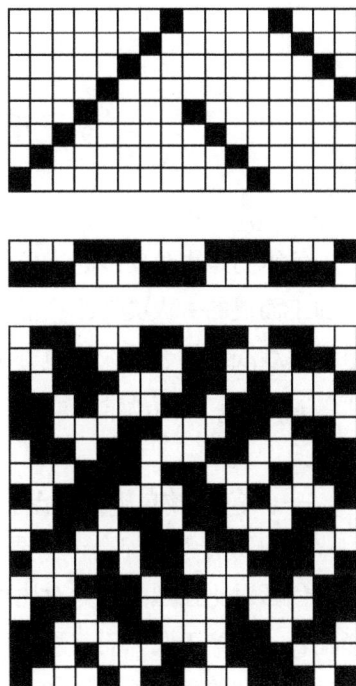

图 6-22　绉纹呢上机图

表 6-1　浆纱工序的工艺参数

项目	数据	项目	数据
浆桶含固量（%）	10.5	车速（m/min）	35 ~ 45
上浆率（%）	10 ~ 11	后上蜡（%）	3
回潮率（%）	10 ± 0.5	压浆辊形式	双浸双压
伸长率（%）	≤ 1.3	第一压浆辊压力（kN）	10
浆槽温度（℃）	≥ 90	第二压浆辊压力（kN）	低 10，高 24
浆液黏度（s）	5.5 ~ 6.0	卷绕张力（N）	2500

（4）织造工序。本织物系绞组织，传统的有梭织机和凸轮开口无法满足生产，故采用具有多臂开口机构的 Gamma 型剑杆织机。织机的主要工艺参数见表 6–2。

表 6–2　织机主要工艺参数

项目	数据	项目	数据
车速（r/min）	460	开口时间	315°
后梁位置（mm）	高低 +2 前后 3	停经架位置（mm）	高低 +2 前后 5
张力重锤（kg）	3.6		

第三节　色织物产品的设计及生产

色织物是用色纺纱、染色纱、花式纱和漂白纱等，按照一定的组织结构经织造、印染后处理加工而成的一大类纺织产品。色织物产品可通过改变纤维原料、经纬纱支、经纬密度、织物组织、纱线结构、纱线染色方法、织物后整理方法，形成或平整精致或凹凸粗犷、或轻薄透明或厚实丰满、或清新淡雅或色彩斑斓等不同外观特征、不同风格的色织面料。

一、色织物的色彩配合

色织物的色彩配合，主要表现为色纱的运用，其实质为各种色纱所形成的色彩对比与变化。色彩对比强烈的称为对比配色；色彩对比缓和的称为调和配色。一般来说，服用织物的色彩配合，宜偏于调和而兼顾对比；装饰织物的色彩配合，宜偏于对比而兼顾调和，但也不过于刺激。调和的色彩配合，能产生文静而朴素的效果。对比的色彩配合，鲜艳夺目，立体感强，使色彩纹理具有鲜明的效果。

色织物的色彩配合首先要明确用途和当前的流行色，其次要有主次。一般主色的面积最大，不能用量相等，要有层次变化。在条格配色上尤应注意，使其富有立体感。每种组织花纹可配有若干色调的套色。

如图 6–23 所示，从天空中的彩虹得到启迪，通过模仿彩虹的颜色、结构和形态等特征来设计和制备织物组织。经纱采用深绿、白色、紫红、粉色、翠绿等随机排列组合。织物组织轻盈舒展，织纹清晰，色彩淡雅、协调，整体效果柔和雅丽。

图 6–23　仰望天空
第 35 届"唯尔佳"优秀新产品获奖作品
（烟台南山学院学生张娟、臧芸设计）

二、色织物的图案及纹理设计

色织物多采用多臂开口机构生产，其图案及纹理设计因而受到设备的限制，设计时要考虑花型的优美、布局的合理、色彩的搭配和生产的可能性等。

1.织物的图案类型

（1）几何图案。采用小提花组织、配色模纹组织、重组织或表里换层双层组织，由浮长线或色纱在织物表面形成各种形状的简单几何图形。图案造型有呈散点排列的局部提花，也有满地提花。

（2）条格图案。包括条型图案、格型图案两类。条型图案是织物中的经纬纱中有一个系统由两种或两种以上的颜色构成，可形成纵条、横条、阔条、窄条、嵌条提花条等形状。格型图案适用于各种织物，其经纬两个系统均由不同颜色的纱线组成。可形成方格、彩格、隐格、提花格和花式格等。格型可以通过格子的结构、颜色、组织、点缀提花以及各种组合进行变化。

（3）写实纹样。色织物较少采用写实纹样来表现花型图案，一般是将写实纹样进行艺术加工，形成半抽象图案，使图案更加美观、活泼，富有变化。如花、鸟、鱼、虫、飞禽走兽等美丽图案。

2.色织物图案及纹理的设计方法

色织物的图案以条格为主，一般采用两种以上的色彩进行搭配。合理地运用原料、纱线、色彩、织物组织、工艺变化等，可以增加花色品种，提高产品档次。

（1）原料的选用。棉、毛、丝、麻、各种化纤及混纺纱线都可以作为色织物的原料。其中真丝、天丝等纤维光泽自然、柔和，纱线条干均匀，是织物中的高档产品。

（2）纱线的运用。选用不同颜色的纱线沿经纱或纬纱一个方向或两个方向，按一定的间隔排列，可形成条型或格型图案。为使织物绚丽多彩，还可以织入少量金银丝。间隔采用不同捻度和粗细的纱线，也可以形成条格效果。运用花式纱线的各种特殊结构和色彩，可以丰富产品的色彩和花型。

（3）织物结构的应用。织物组织的运用主要通过织物表面不同的花纹、色彩、光泽来变化织物的风格。如同一种纤维缎纹组织的反射光最强，其次是斜纹、平纹，绉组织的反射光最弱。采用不同经纬密度进行织物设计，也可以得到条格外观，其色彩的明度和纯度随密度的变化而变化。

（4）织染工艺的运用。为了获得更加独特的外观和风格，可以采用织造和染整工艺相结合的方法。例如，对色织条格织物进行印花整理。

（5）纹理的运用。色织物的纹理设计主要体现为纺织原料和织物组织的设计。不同的原料，显示织物的质地不同，再结合织物组织，可以得到不同的纹理效果。如丝织物配以平纹、缎纹组织，纹理细腻，织物更显飘逸、高贵。利用后整理工艺，也可以形成不同的布面纹理，如起毛、磨绒、植绒和各种印花整理等。

如图 6-24 所示。设计思路来源于绿色环保。经纱采用精纺高支毛纱，强力、弹性较好，并且采用不同颜色的毛纱纯色、混色搭配，颜色均采用浅、暖色系的色纱（孔雀绿 28 根、浅蓝 28 根、浅蓝与孔雀绿混色 28 根、浅绿 28 根、浅绿与浅蓝混色 28 根、浅黄 28 根、浅蓝 28 根）。为突出健康、积极、绿色、环保的特点，纬纱采用玉米苞叶，既是一种创新，所用原料又为一种环保材料，可废物利用，与设计思路中的绿色生活相呼应。毛与叶的结合既新颖又环保，彰显近年来倡导健康环保的特色。毛纱形成的组织结构织纹光洁优雅，苞叶自身卷曲，显出天然的迂回感，别具风格。可应用于窗帘、壁纸、装饰品等各种装饰用纺织品。

图 6-24　绿色生活，从叶开始
第 35 届"唯尔佳"优秀新产品获奖作品
（烟台南山学院学生李敏、杨奉伟设计）

三、色织物工艺流程设计

1. 筒子纱染色的色织物工艺流程

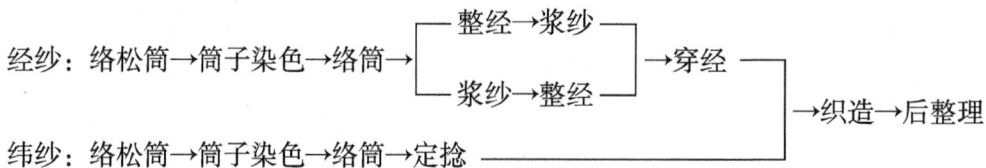

经纱：络松筒→筒子染色→络筒→┌ 整经→浆纱 ┐→穿经 ┐
　　　　　　　　　　　　　　└ 浆纱→整经 ┘　　　├→织造→后整理
纬纱：络松筒→筒子染色→络筒→定捻 ──────────┘

2. 绞纱染色的色织物工艺流程

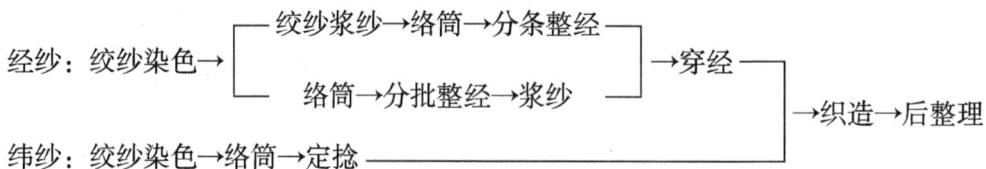

经纱：绞纱染色→┌ 绞纱浆纱→络筒→分条整经 ┐→穿经 ┐
　　　　　　　└ 络筒→分批整经→浆纱 ┘　　　├→织造→后整理
纬纱：绞纱染色→络筒→定捻 ─────────────┘

四、劈花和排花

根据产品设计的花型和配色要求及实际生产的可能性，决定产品经纬纱排列的方式叫排花；确定经纱配色循环排列起止点的位置称为劈花。合理的排花能够起到提高产品服用性能、改善产品加工条件的作用。

（一）劈花

（1）劈花的目的。保证产品达到拼幅与拼花的要求，并有利于浆纱、织造和整理的加工生产。

（2）劈花的原则。劈花的位置一般选择在颜色浅、色纱根数较多、组织比较紧密的地方。提花、缎条、泡泡纱区、剪花织物等松软组织的花区不能作为每花的起点；劈花时要距离布边一般 2cm 左右；格型、花型完整性较高的品种，最好为整数花。劈花要注意各组织穿筘的要求，如透孔组织要求一束经纱穿入一个筘齿内。

（二）排花

分条整经排花工艺比较简单，分批整经则比较复杂，下面重点讲解分批整经的排花工艺。

1. 整经轴的确定与经纱的分配原则

（1）整经轴的确定。

整经轴数 = 总经根数 / 筒子架的最大容量

最终确定整经轴数还要考虑排花情况，实际轴数要大于初算轴数。

（2）色织物整经经纱分配原则。

①色泽近似、不易区分的经纱，不应配置在同一经轴上，必须分色分轴整经，上浆并轴后，应穿分色绞线以便于区分色纱。

②经纱粗细不一，必须分轴整经，便于分轴调节经纱张力。上浆时，还要根据纱线粗细、单纱或股线，分浆槽上浆。

③经纱织缩率差异大时（不需双轴织造），不宜混合同轴整经，必须分轴整经，便于分轴调节经纱张力。上浆并轴后，应穿区分绞线以便于穿综。

2. 分批整经排花工艺

（1）分色（或分特数）分层法。将经纱区分色泽或特数分轴整经，不需要排花型。经纱经上浆分绞后，纱片呈分色泽或分粗细分层的状态。

适用于双色细条形间隔排列、多色细条均匀间隔排列、同底色异色嵌条排列、粗细纱结合相间排列等色织物。并轴时，应将纱线根数少的经轴放在上层，纱线根数多的经轴放在下层。在整经根数相近时，应将深色经轴放在上层，浅色经轴放在下层。

实例1： 某色织物色纱排列：特白6根、湖蓝6根，每花经纱12根，总经根数4552根，边纱（特白）24×2=48根，筒子架容纱量为504，制订分批整经排花工艺。

全幅花数：（4552−48）/12=4504/12=375个花……余4根，所以全幅375花，加头4根（特白）。

湖蓝纱线根数：375×6=2250（根）；特白纱线根数：375×6+4+48=2302（根）。

具体分轴配置如下：

①湖蓝纱线轴数：2250/504=4.46，所以湖蓝纱线卷绕轴数为5个轴；湖蓝纱线每轴根数：2250/5=450（根）；湖蓝纱线轴数分配：1、2、3、4、5轴为450根。

②特白纱线轴数：2302/504=4.57，所以特白纱线卷绕轴数为5个轴；特白纱线每轴根数：2302/5=460（根）……余2根；特白纱线轴数分配：6、7、8轴为460根，9、10轴为461根。

总计10个轴。

本产品同色经纱条形较窄，条子间隔不超过10根，浆纱时可不用排花型，浆轴在落轴时，在5、6轴之间放分色绞线，以利于穿综时分层认色、分头穿综。若条子间隔超过10根，为提高浆轴质量、避免织机上经纱绞头，浆纱时可分头排列花型。

（2）分条分层法（成型法）：分条时将经纱按色纱条形均匀分配到各经轴上，分轴整经。整经轴经上浆分绞后，呈现分条形分层的状态。浆纱需按色纱排列条形，分层分头均匀排花型。

色纱排列适用于：双色或多色阔条形（20mm 以上）排列的色织物。各整经轴的经纱根数应接近，以保证经轴并轴后，纱片条形复合整齐。

实例 2： 某色织物色纱排列：特白 62 根、湖蓝 48 根、淡紫 32 根、湖蓝 48 根，每花经纱 190 根，总经根数 4794 根，边纱（特白）20×2=40 根，筒子架容纱量为 504，制订分批整经排花工艺。

全幅花数：4794–40/190=25 余 4，所以全幅 25 花，加头 4 根（特白）。

整经轴数：4794/504=9.5，所以整经分为 10 个轴。

劈花在特白条形里。具体分轴排花见表 6–3。

（3）分区分层法（分色分条结合法）：将若干个相邻的经轴分成一组，作为一个区，然后将条形中的经纱，根据颜色的不同分别均匀分配到不同组的经轴上。经轴上浆分绞后，虽然分区分层部分的纱片呈分色分层状态，但对于整个花型中的经纱，浆纱时还需按色纱排列条形分头排花型。

表 6–3　各色经纱在各经轴中的分配

轴数	左边	加头	特白	湖蓝	淡紫	湖蓝	特白	右边	整经根数
	20	4	40	48	32	48	22	20	
1	2	1	4	5	3	5	2	2	480
2	2	1	4	5	3	5	2	2	480
3	2	1	4	5	3	5	2	2	480
4	2	1	4	5	3	5	2	2	480
5	2		4	5	3	5	2	2	479
6	2		4	5	3	5	2	2	479
7	2		4	4	3	5	3	2	479
8	2		4	4	3	5	3	2	479
9	2		4	5	4	4	2	2	479
10	2		4	5	4	4	2	2	479

注　全幅 25 花，每轴重复 25 次。

该法适用于条形较宽或某一色泽经纱根数少而地经根数又很多的品种。对根数很多的地经采用分色分层法，而对根数较少的花经可与部分地经合并采用分条分层法。

实例 3： 某经起花织物，花经与地经采用双轴织造。总经根数为 3930 根，边纱（特白）32×2=64 根，整经轴数 9 个。

经纱排列：

特白　　粉红　　特白　　粉红　　特白

4 根　　<u>1 根　　2 根</u>　　1 根　　60 根

3 次

每花经纱特白 70 根，粉红 4 根，总计 74 根。

全幅花数：3930–64=3866/74=52 个花……余 18 根，所以全幅 52 花，加头 18 根（2 根粉红，16 根特白）。

粉红纱线根数：4 × 52+2=210（根）；特白纱线根数：3930–210=3720（根）。

9 个整经轴，具体分轴配置如下：

①第 1、2、3 号轴用于卷绕花经，经纱根数根据织物组织要求确定为 364 根，均为特白纱。由于织物组织、织缩率不同，整经后这三个轴需要单独上浆。

②第 4 号经纱根数：210（粉红）+260（特白）+6（特白边纱）=476（根），第 4 号轴采用分条分层法，经纱排列顺序为：

特白	粉红	特白	粉红	特白
3 根	4 根	5 根	4 根	3 次

52 次

③第 5、6、7 号轴经纱根数为 472 根，均为特白纱。

④第 8、9 号轴经纱根数为 473 根，均为特白纱。

为了便于穿经操作，第 4 号轴落轴时，要求打一根绞线，将色纱压在下面。

在实际生产中色织物的经纱色条排列复杂多变，色泽繁多，兼有组织变化、纱线粗细变化及花式线的应用等，往往一种花型不是简单地采用某种单一的排花方法就能满足生产要求的，需要熟练掌握，灵活运用。

五、典型产品的设计实例

实例 4：如图 6–25 所示，纯棉色织床上用品"简约"。

1. 设计要点

作为高档纯棉色织纺织品，此作品"简约"无论从原料使用、纱线结构、还是整套床上用品的色彩和图案搭配，都是当今纯棉高档色织纺织品中的精品，迎合了现代人对家用奢侈品的需求。面料采用长绒棉纺制的紧密纺高支纱，光洁度特别好，平纹组织的设计使得面料手感更加滑爽、细腻，达到高端消费者对纯棉高档床上用品的需求。

沉稳的浅棕黄色作为底色，配以简单大方的黑白格子，中间嵌以红色及白色线条进行分割，花型和色彩与目前潮流相呼应，尽显大气时尚的创作理念。六件套以色织格子与相对应颜色的青年布进行搭配使用，内外呼应，相互映衬，如行云流水般展现了整个床上用品的内涵。

图 6–25　纯棉色织床上用品"简约"

2. 规格说明

经纬纱：采用紧密纺精梳长绒棉低特（高支）纱 JMCJ11.7tex。

经纬纱：四色，浅棕黄、深红、黑色、增白。

经纱密度：成品 563 根 /10cm，坯布 523.5 根 /10cm。

纬纱密度：成品、坯布 334.5 根 /10cm。

成品幅宽：248cm，坯布幅宽：266.7cm。

经纱根数：双织轴织造，6980×2 根；边纱：8×2 根。

基本组织：平纹组织。

布边：平纹同地组织。

3. 工艺流程

（1）染色生产线。经纬纱：松筒→高温高压染色→烘干→络筒

（2）织造生产线。色经纱：高速整经→浆纱→穿结经 ┐

　　　　　　　　　　　　　　　　　　　　　　　→织造→验布→打包→制品

　　　　色纬纱：─────────────────┘

4. 各工序生产工艺

（1）染色。国产松筒机 HS-101C，密度 0.4g/cm³。香港产立信 CCS-120 高温高压松筒染色机，染色温度 95℃，采用活性染料。

（2）络筒。采用 Autoconer-338 型自动络筒机，该设备采用单锭伺服电机直接驱动槽筒，配备有可调节的气圈控制器、张力传感器和电磁式张力盘，对纱线从退绕到卷绕全过程进行监控和调节，从而使生产效率及卷装质量达到新的水平。络筒卷绕速度为 1000m/min 左右。

（3）整经。采用瑞士贝宁格 ZC-L-1800 高速整经机，车速 600m/min，GE 型大 V 型筒子架，液压无极高速直接传动和液压制动，张力棒、自停钩、夹纱器控制张力。

（4）浆纱。采用德国祖克 S432-180 高速浆纱机，本产品采用的是长绒棉纺制的紧密纺高支纱，属于细特高密品种。为了提高经纱的可织性，要求浆膜薄而坚韧，富有弹性，耐磨性好，能适应织造开口过程中的拉伸和反复负荷作用，能承受综丝、钢箔及引纬过程的摩擦。对于细特紧密纺的纱线，由于单纱强力低，纱体纤维排列紧密，纱体内空间少，上浆时纱线吸浆率小，不宜上浆，故采用双浸双压的方式，以加强浸压效果。主浆料采用高性能变性淀粉 48%、PVA 浆料 35%、丙烯酸浆料 15%、蜡片 2% 的混合浆料。该工序的具体工艺参数见表 6-4。

表 6-4　浆纱工序的工艺参数

项目	数据	项目	数据
浆桶含固量（%）	10.5	车速（m/min）	50
上浆率（%）	10 ~ 13	压浆辊形式	双浸双压
回潮率（%）	7.5 ± 0.5	第一压浆辊压力（kN）	20
伸长率（%）	≤ 1.2	第二压浆辊压力（kN）	12
浆槽温度（℃）	≥ 95	卷绕张力（N）	2500
浆液黏度（s）	5.5 ~ 7.0		

（5）织造工序。采用日本丰田 JAT-710-280 踏盘开口机构的喷气织机。织机的主要工艺参数见表 6-5。

表 6-5　织造主要工艺参数

项目	工艺参数	项目	工艺参数
织机型号	JAT-710-280	闭口时间	300°
车速（r/min）	457	开口角度	30°~32°
后梁位置（mm）	+1	开口量（mm）	75~121
停经架位置（mm）	0	筘号（齿/10cm）	254
综丝穿法	1.2.3.4	筘穿入数	2入/筘，边纱4入/筘
停经片穿法	1.2.3.4.5.6	筘幅（cm）	272.6
布边组织	平纹组织	绞边组织	纱罗组织

实例 5：色织天丝灰色小提花绉布

随着装饰用纺织品的迅猛发展，家纺产品也在紧随世界纺织业的流行趋势，逐步趋向高档化。目前，高档色织天丝制品，由于色织生产开发难度较大，市场上还比较少，这款采用特宽幅、高密度的色织天丝灰色小提花绉布设计的床上用品体现了时尚感、个性化及较高的内在品质。

1. 天丝纤维简介

天丝纤维是英国 Acocdis 公司生产的 Lyocell 纤维的商标名称，在我国注册中文名为"天丝"，该纤维是以木浆为原料经溶剂纺丝方法生产的一种崭新的纤维。因溶剂可以回收，对生态无害，又被称为 21 世纪绿色纤维。天丝纤维的主要特点是湿强度高（比棉纤维还要高），湿模量也比棉纤维高。天丝织物尺寸稳定性较好，水洗缩率较小，织物柔软，有丝绸般光泽，有天然纤维一样的舒适性。

2. 规格说明

经纬纱：采用天丝纱 RS9.7tex。

经纬纱：灰色与浅灰色。

经纱密度：成品 732 根/10cm，坯布 681 根/10cm。

纬纱密度：成品、坯布 472.5 根/10cm。

成品幅宽：288cm，坯布幅宽：309.9cm，布边：左右各 1cm。

经纱根数：双织轴织造，10550×2 根，边纱：80×2 根。

基本组织：绉布组织。

3. 工艺流程

（1）染色生产线。经纬纱：松筒→高温高压染色→烘干→络筒

（2）织造生产线。色经纱：高速整经→浆纱→穿结经 ┐

　　　　　　　　　　　　　　　　　　　　　　　　　→织造→验布→打包→制品

色纬纱：　　　　　　　　　　　　　　　　　　┘

4. 各工序生产工艺

（1）染色。国产松筒机 HS-101C，密度 0.35g/cm³。香港产立信 CCS-120 高温高压松筒染色机，染色温度 95℃，采用活性染料。

（2）整经工序。采用瑞士贝宁格 ZC-L-180 高速整经机，车速 450m/min，GE 型大 V 型筒子架，液压无极高速直接传动和液压制动，张力棒、自停钩、夹纱器控制张力。

（3）浆纱工序：采用德国祖克 S432-180 高速浆纱机，该品种高密、低特，且采用喷气织机织造，故要求纱线内在质量好，对上浆的要求也较高。浆纱必须在起到贴伏纱线毛羽作用的同时兼顾提高纱线强力。天丝纤维具有吸水膨胀及原纤化缺点，遇水后横向膨胀率较高，在浆槽中纱线遇水膨胀后，使纱线之间排列密度增大，纱线的吸浆条件降低，毛羽不能很好地贴伏。即使毛羽贴伏了，如果浆液浸透少，则浆膜的附着基础差，在织造时经不起过多的摩擦，浆膜容易脱落。所以天丝上浆要浸透与被覆并重。主浆料采用高性能变性淀粉 90%、PVA205MB5%、丙烯酸浆料 5% 的混合浆料。工艺路线采用小张力、中车速、单浸双压、上浆辊压力前轻后重、上浆率控制适宜等措施。该工序的具体工艺参数见表 6-6。

（4）织造工序。采用日本丰田 JAT-710 配备多臂机构的喷气织机。织机的主要工艺参数见表 6-7。图 6-26 为小提花绉布纹版图。

1 2 3 4 5 6 7 8 9 10 11 12 13

图 6-26　小提花绉布纹版图

表 6-6　浆纱工序的工艺参数

项目	数据	项目	数据
高性能变性淀粉（%）	90	PVA205MB（%）	5
丙烯酸浆料（%）	5	浆桶固含量（%）	10.5
上浆率（%）	8 ~ 10	车速（m/min）	35
回潮率（%）	11 ± 0.5	压浆辊形式	单浸双压
伸长率（%）	≤ 1.5	第一压浆辊压力（kN）	8
浆槽温度（℃）	≥ 90	第二压浆辊压力（kN）	15
浆液黏度（s）	5.5 ~ 6.0		

表 6-7　织造主要工艺参数

项目	工艺参数	项目	工艺参数
织机型号	JAT-710	闭口时间	300°
车速（r/min）	457	后梁位置（mm）	+1
停经架位置（mm）	0	筘号（齿/10cm）	164.5

项目	工艺参数	项目	工艺参数
综丝页数	地组织 13 页综，边 2 页综	筘穿入数	4 入 / 筘，边纱 6 入 / 筘
综丝穿法	顺穿	停经片穿法	1.2.3.4.5.6
布边组织	方平组织	筘幅（cm）	318
绞边组织	纱罗组织		

第四节　大提花织物的设计及生产

大提花织物又称大花纹织物，是用提花机织成的大型花纹组织，其完全纹样组织的经纱数少则几百根，多则数千根。大提花多以一种组织为基础（地组织），而以另一种或数种不同组织在其上显现花纹图案，如平纹地、缎纹花。有时亦可利用不同颜色的经纬纱，使织物呈现彩色的大花纹。亦可配用不同的纤维种类、纱线线密度和不同的经纬密度，制成各种风格的提花织物。大提花织物外观华丽，立体感强，在装饰用纺织品中应用甚为广泛，如用于床上用品、窗帘、毛毯、沙发及供装饰和欣赏用的室内工艺品等。

一、大提花织物的设计过程

1. 品种设计

品种设计包括纤维原料的选用、织物结构的安排，纺织机械的选择、工艺流程的确定等技术因素。也包括市场流行趋势、消费价格档次等非技术因素。因此，品种设计是综合各方面因素，完成织物设计文案。

2. 纹样设计

根据流行趋势、产品销售对象、用途和设计思路，结合品种的组织结构、原料与规格特点，配置纹样、配色，再通过手绘、扫描及摄像等步骤制作出纹样。

3. 绘制意匠图

绘制意匠图是手工轧制纹版前的重要工序。意匠图是纹版轧孔的依据。意匠图形的大小用一个花纹循环所需要的纵、横格数表示。意匠图上涂绘的颜色只代表织物中不同的组织结构，并不代表花纹的色彩，也不必与纹样色彩一致，只要求用色醒目、花界分明，便于识图和纹版轧孔。

用意匠纸绘制意匠图的步骤是：

（1）纹样放大。用铅笔将纹样轮廓按比例放大到已计算好的意匠纸面积内，要求保持纹样原作的姿态风格特征。

（2）勾边。用水粉画笔将放大的铅笔轮廓改画成由意匠格子形成的阶梯状轮廓线。勾边是根据花纹各个部分的组织以及各组织接界配合的要求，并结合上机条件进行的，有自由勾边、平纹勾边及变化勾边三种方法。

（3）涂色。在勾边的花纹范围内，用勾边色彩均匀涂满，代表某种组织。

（4）点绘间丝点。在涂色后的花纹范围内点绘经纬的交织点，以控制花纹中经、纬的浮长，并增加织物牢度和花纹画意。点绘间丝方法一般有两种，一种是采用有规律的组织，如斜纹、缎纹或其他变化组织点绘；二是根据花叶脉络的自然形态点绘，这种点绘法能使花纹姿态生动活泼、增添纹样艺术效果，常用于纬起花的花纹。

提花织物的地组织一般较为简单，意匠图上可用空格表示，另附地组织图供纹版轧孔。当地组织较为复杂时，其组织点就必须全部或局部点出。也可用已雕刻好组织点的样卡版刷印。

4. 纹版制作

根据意匠图所表示的花纹和组织，在纹版上进行轧孔以控制纹针运动。在轧纹版前，必须明确意匠图每一横格所代表的纬纱数、各组纬纱的投纬顺序、装造类型以及织物正反织等情况，确定各类纹针的位置。织物织造时，纹版上轧孔代表经纱提升，不轧孔代表经纱不提升。

先进的电子提花龙头，可以省去制作纹板和安排一堆纹板运转的麻烦。同时从设计到开车的时间大大缩短，还便于修改，效率有很大提高，但设备投入要高很多，往往是普通提花机的10倍或更多。

5. 装造设计

装造设计是纹织物生产特有的设计内容之一。装造就是提花机控制经纱所进行的一系列工作，包括提花龙头的调整，重锤、综丝、通丝的准备，穿目板、挂通丝、吊综丝、穿综、穿筘等工作。由于纹织物的组织结构不同，花型不同，装造工作也就有所不同。装造设计是一项十分复杂细致的工作，必须弄清各构件的作用原理及相互之间的联系，在产品设计时应充分利用原有的装造或采用最佳的装造方案，以利于提高生产效率，减少浪费，提高产品质量。

6. 试织

在完成纹版制作和提花机装造工作后，必须经过试织来检查纹织物在意匠规格和纹样表现之间的配合是否达到了预期效果。若发现错误，应及时进行原因查找和调整，使产品得以完善，从而确定该纹织物的工艺参数，为大批量生产提供必要的技术资料。

随着电子技术的发展，纺织 CAD（Computer Aided Design）及 CAM（Computer Aided Manufacturing）得以广泛使用。纹织 CAD 这种以计算机为主并集机电一体化于一身的高新技术，使花型设计从原来的手工方式设计、画图、冲板变为采用交互式的屏幕作图和自动冲板，实现了纹织工艺自动化。随着计算机人工智能化的发展，纺织品 CAD 将具有模拟人脑进行推理、分析的能力，实现综合判断，提出最优的设计和工艺方案。现阶段一些 CAD 系统已经能够提供与纺织机械的接口，使纺织品 CAD 中的设计结果直接用于控制生产，比如电子提花。随着 CAD 技术的不断成熟，这种设计、生产集成化的程度日益增高，为快速设计新品种提供了现代化的技术手段。

现代纺织技术的设计与生产系统如下所示：

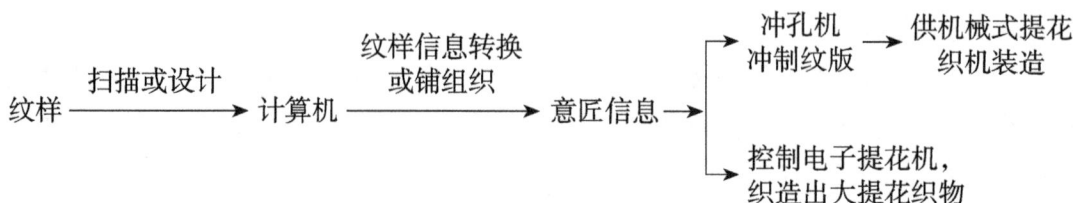

纹样 ——扫描或设计→ 计算机 ——纹样信息转换或铺组织→ 意匠信息 → ┌ 冲孔机冲制纹版 → 供机械式提花织机装造
└ 控制电子提花机，织造出大提花织物

二、大提花织物的设计内容

1. 原料设计

原料是纺织品设计的重要考虑因素，它与产品性能、成本有很大关系。传统上，装饰织物所用纤维原料以短纤维为主，有棉纱、毛纱、纯涤纶纱、涤/棉、涤/黏纱等。随着合成纤维，尤其是合成纤维变形丝的发展，变形丝在装饰织物中得到了大量的应用。

目前应用较多的有涤纶网络丝、涤纶 DTY 丝、黏胶丝、丙纶 FDY 丝、丙纶 BCF 丝等。这些纱线强力较强，防霉抗蛀，可做经纱或纬线，也可以与棉纱、毛纱、黏胶纱等纬线进行交织，以弥补其手感、吸湿性、舒适性较差的缺陷。

2. 线型设计

根据设计意图，恰当、合理、充分地发挥和利用各种原料的性能，来进行经、纬线型设计，做到搭配合理、低消耗、高效益，使企业获得最好的经济效益。

（1）线型结构形成的工艺条件。在织制提花织物时，一般要经过络筒、并纱、加捻、整经、浆纱等工序。其中，与线型结构及具体现织物风格有紧密联系的工序是并纱和加捻。

①并纱是将两根及以上纱线并和成一股的过程。并纱的作用是使并和后的纱线达到某种外观及质量要求，改善纱线的均匀度，使其具有一定的强力，并达到一定的重量要求。

②加捻是将纱（丝）线经捻线机加上捻度的过程。根据不同的设计要求，捻向可分为 Z 捻和 S 捻。加捻可以增加纱线或丝线的强力和耐磨性；调整织物表面的光泽；增强绉效应；可以改善织物透气性；改善织物的手感和弹性。此外，对丝线适当的加捻，还可以得到高花、隐条、隐格及疙瘩等效果。

（2）线型结构与织物视觉、触觉的关系。装饰织物在设计时，较重要的因素是外观、手感、使用性能和成本。而视觉和触觉方面的性能通常是织物设计的基础。

①线型结构与织物视觉的关系。织物的外观主要取决于颜色和表面结构及其相互作用，而线型结构对织物视觉美感的作用主要由纱线表面的几何结构所表现。如纤维的取向，纤维的聚集密度，加捻后产生的波纹，纱线的毛羽以及花式线的结节等结构特征，在一定程度上综合地表现出织物的质地、柔软度、光泽、平滑性及身骨。

②线型结构与织物触觉的关系。织物触觉的美感是指织物的手感，而手感的确切定义是依靠触摸纺织材料得出的感觉。包括柔软、滑爽、厚实、硬挺、粗糙、凉、暖及干燥等。一般用来衡量织物手感特征的指标为织物的弯曲度、可压缩性、回弹性、蓬松性、摩擦性、悬垂性及剪切刚度等。从根本上讲，线型结构对织物触觉的影响是通过其表面几何结构而表现出来的。

（3）常见纹织物的经纬纱线型设计、组合及搭配。

①棉纱 × 棉纱。经纬纱采用棉纱织制的纹织物。织造时用经纬组织结构变化、经纱和纬纱相互交织沉浮构成不同的图案。特数越小织出的布越薄，特数越大织出的布越厚。低特高密提花纯棉织物的经纬密度特别大，织法变化丰富，因此面料手感厚实，耐用性能好，布面光洁度高，是纯棉面料中较为高级的一种。

②蚕丝 × 蚕丝。经纬纱采用纯蚕丝，并以各种组织织制的纹织物。白厂丝是由优质蚕茧直接缫制成的长丝，条干均匀，弹性好，是制作真丝绸的优质原料。常用的规格有

14.4/16.7dtex（13/15 旦 ）、22.2/24.4dtex（20/22 旦 ）、31/33dtex（28/30 旦 ）44.4/48.9dtex（40/44 旦）等。绢丝是利用下脚茧和缫丝中的下脚料经精梳加工纺制而成的天然丝短纤维纱，有单、双股之分，质地柔软，光泽、强度和条干较好，但色泽呈淡黄色，织物易泛旧。常用的规格有 47.6dtex×2（210 公支 /2）、71.4dtex×2（140 公支 /2）、83.3dtex×2（120 公支 /2）、125dtex×2（80 公支 /2）、166.7dtex×2（60 公支 /2）等。

丝线加捻后能使织物外观和内在质量都有较大改善，可增加丝线的强力和耐磨性，增强绉效应，减弱织物表面的光泽，改善织物的弹性与手感，减少织物的破裂现象。根据丝线的加捻程度可分为强捻（20 ～ 30 捻 /cm）、中捻（10 ～ 20 捻 /cm）、弱捻（10 捻 /cm 以内）。

③混纺。常用涤 / 棉、毛 / 涤、涤 / 黏等混纺纱线作为经纬原料，这类纹织物以仿毛外观多见。装饰用织物中经常采用混纺比为 65/35 的涤 / 棉纱。

④交织。经纱用一种原料，纬纱用另一种原料织制的纹织物。常见的有桑蚕丝与人造丝、涤纶与涤 / 黏纱、涤纶与锦纶、人造丝与棉纱等交织纹织物。长丝与短纤维纱交织一般选质量好的长丝作经纱，短纤维作纬纱。蚕丝与人造丝交织时，蚕丝作经纱，人造丝作纬纱。这是因为，提花织物的花部组织多呈纬面效应，在地部上起纬浮花，组织浮长差异大，从而使得花部与地部的对比明显，效果分明。

3. 组织结构设计

纹织物的花纹效果用不同组织对比来表现，如亮度的对比、色彩的对比及风格的对比。运用这些对比可得到地部暗淡、花部明亮，地部色彩素雅、花部色彩鲜艳，以及地部平整、花部凸起等外观效果，如图 6-27 所示。

（1）单层纹织物花、地组织的配合。地暗花明是提花织物组织常见的设计手法。单层纹织物的花、地组织多选用相反效果的组织设计。例如，地组织用经面缎纹、花组织用纬面缎纹；地组织用纬面斜纹、花组织用经面斜纹等。不同组织的浮长不同，对光的反射也不同，浮长越长反光越亮，反之，则反光越暗。所以，缎纹组织最亮，斜纹组织与变化组织较暗，平纹组织最暗。因此，提花织物的主花多采用反光较强的缎纹组织，暗花则选用浮长比主花浮长短一些的同效应或相反效应组织或平纹组织。

（2）重经、重纬纹织物花、地组织的配合。运用重组织的原理，采用两组以上的经纱与一组纬纱或两组以上的纬纱与一组经纱重叠交织，可使织物表面呈现出多种层次和色彩的花纹。由于重纬组织织物可以根据花纹色彩的要求而随意换纬纱，所以在纹织物中应用较为广泛。重纬纹织物一般花部为纬花，以充分显示多组色纬的花纹，其地部可用经面组织或平纹组织。

（3）双层纹织物花、地组织的配合。在此类纹织物中，最常用的是平纹空心袋组织。花纹主要靠表里换层组织来实现，而地部多用自身接结法，将表里两层接结在一起。此类织物的基础

图 6-27 纹织物

组织一般多采用简单组织。

（4）高花纹织物的设计。高花纹织物多用于较高档的装饰用纺织品。高花纹织物分经高花、纬高花、双层高花三种。花纹具有浮雕立体感，花地织纹凹凸饱满，对比明显。

经高花地部一般以结构紧密的组织为主，花部表组织用经面缎纹组织、经面斜纹组织或其他组织，背衬平纹或变化组织；纬高花织物地部一般以结构紧密的组织为主，花部多用纬花，背衬平纹或变化组织；双层高花纹织物多以袋织高花为主，为使花地形成对比，其地部需要接结，而花部用空心袋组织有时为使高花效果明显，可在花部两层之间织入一组较粗的芯线。

各种纹织物的花、地组织的配合，必须考虑大提花机装造类型织造。地部为平纹组织的单层纹织物不能用双造制织，否则会因纹版上轧孔过多，而缩短纹版的使用寿命；单造多把吊造类型也因为经丝穿法的不同，而限制了织物花、地组织的使用。

4. 纹样设计

纹样设计是纹织物的设计灵魂，一般根据织物的用途、品种规格、原料的特性、组织结构、经纬色彩组合、提花机装造和织造工艺等因素进行设计。它是纹织物外观和组织结构两者配合后的体现，在纹织物生产中占有极其重要的地位。

（1）纹样的尺寸计算。纹样是纹织物的花纹图案，在工厂里一般称为小样或纹样。纹样的尺寸与纹织物成品的花纹图案尺寸相等。其宽度是根据品种规定的纹针数和经纱密度而确定，而长度则是根据品种要求及图案风格来确定的。具体计算方法如下所示：

$$纹样宽度 = \frac{成品内幅}{花数} = \frac{纹针数}{经密} \times 把吊数$$

$$纹样长度 = \frac{一花纬线数}{成品纬密}$$

例如：已知某提花织物成品宽度为248cm，全幅8花，纬纱密度为614根/10cm，一花纬线数为2149根，则纹样宽度=248/8=31cm，纹样长度=2149/614×10=35cm。

（2）色彩与图案设计。色彩设计是按照纹样设计意图，结合市场需求、流行趋势和产品的整体效果，确定经纬纱色纱的排列情况。如果该成品是两种颜色，那么纹样就设定两色，如果是多种颜色那么纹样就设定多种颜色。如图6-28所示，其纹样就设定三种颜色。

图案设计是把生活中的自然现象，经过艺术加工，使其造型、色彩、构图等适合于实用和审美目的的一种设计图样或装饰纹样。大提花织物的纹样题材十分广泛，主要有自然对象图案纹样、中国传统图案纹样、外国传统图案纹样、几何图案纹样、器物造型图案纹样及文字图案纹样等。具体的色彩与图案设计可参考第五章装饰用纺织品色彩与图案设计。

图6-28　三种颜色的纹织物

5. 大提花织物生产工艺流程设计

纺织品从原料到成品，不同的产品工艺流程不同。有的装饰用大提花织物为生织，有的装饰用大提花织物为熟织，还有的装饰用大提花织物是半熟织，因此要根据不同品种、原料及生产加工制订生产工艺流程。

（1）一般生织产品工艺流程。

原料准备→织造→煮练→印花→后整理

（2）熟织产品工艺流程。

原料准备→染纱→织造→简单后整理（坯布即为成品）

（3）半熟织产品工艺流程。

原料准备→染纱→织造→练漂→染色→印花→后整理

有的装饰用大提花织物除了经过常规的工艺过程以外，还要经过特种工艺整理。例如，起绒织物要精心割绒、烧毛等。

三、大提花织物产品设计实例

实例 6：如图 6-29 所示纯棉紧密纺多色纬大提花织物。

1. 设计要点

（1）精梳紧密纺纱技术的应用。精梳紧密纺纱作为一项十分成熟的新型纺纱技术，目前正广泛应用在纯棉低特（高支）纱上，纱线结构具有紧密、毛羽少、棉结小、强力高的特点，织成的坯布较之环锭纺纱更加坚牢、耐磨、光洁、平滑、抗皱、透气。

图 6-29　纯棉紧密纺多色纬大提花织物

（2）电子提花技术、纹织 CAD 及喷气织机多色纬的应用。

2. 技术规格与工艺设计

经纬纱：采用纯棉高支紧密纺纱 JMCJ 9.7tex（含 70% 长绒棉）。

经纱：一色，浅米黄色。

纬纱：四色，纬 1：茄紫色；纬 2：橘黄色；纬 3：深红色；纬 4：金黄色。

一花纬线数：15020 纱。

纹样长度：244.7cm。

四色纬各自根数：纬 1：纬 2：纬 3：纬 4=10080：2430：2140：370

四色纬所占比例：纬 1：纬 2：纬 3：纬 4=67.5：16：14：2.5

经纱密度：成品 732 根 /10cm，坯布 681 根 /10cm。

纬纱密度：成品、坯布 614 根 /10cm。

幅宽：成品幅宽：248cm；坯布幅宽：266.7cm。

布边：左右各 1cm。

经纱根数：双织轴织造，9012×2 根；边纱：80×2 根。

基本组织：$\dfrac{5}{3}$ 经面缎纹；$\dfrac{8}{5}$ 经面缎纹；8 枚变化组织；$\dfrac{5}{2}$ 纬面缎纹及由组织构成的各种十字、菱形、锯齿、花边等形状。

3. 工艺流程

花型设计：CAD 设计软件、变色龙设计软件及其他设计软件系统，转化为 JC5。

染色生产线：经纬纱：松筒→高温高压染色→烘干→络筒

织造生产线：色经纱：整经→浆纱→结经

→织造→验布→打包→制品

色纬纱：

4. 各工序生产工艺

（1）染色。采用国产松筒机 HS-101C，密度 0.4g/cm³。香港产立信 CCS-120 高温高压松筒染色机，染色温度 95℃，采用活性染料。

（2）整经工序。采用瑞士贝宁格 ZC-L-200 高速整经机。车速 650m/min，GE 型大 V 型筒子架，液压无极高速直接传动和液压制动，张力棒、自停钩、夹纱器控制张力。

（3）浆纱工序。采用日本津田驹 HS40-280 高速浆纱机。本产品采用的是纯棉高支紧密纺纱，纱线较细，织造时易断头，所以浆纱质量的好坏对织造生产有着举足轻重的作用。经纱上浆后，要求浆膜薄而坚韧，富有弹性，耐磨性好，能适应织造开口过程中的拉伸和反复负荷作用，能承受综丝、钢箔和引纬过程的摩擦。本产品主浆料采用变性淀粉 51%，国产 PVA32%，进口 PVA205MB10%，丙烯酸浆料 5%，蜡片 2%。该工序的具体工艺参数见表 6-8。

表 6-8　浆纱工序的工艺参数

项目	数据	项目	数据
浆桶固含量（%）	10	浆液黏度（s）	6.0 ~ 7.0
上浆率（%）	10 ~ 13	压浆辊形式	双浸双压
回潮率（%）	7.5 ± 0.5	第一压浆辊压力（kN）	16
伸长率（%）	≤ 1.2	第二压浆辊压力（kN）	10
车速（m/min）	50	卷绕张力（N）	2500
浆槽温度（℃）	≥ 95		

（4）织造工序。本织物系大提花组织，传统的有梭织机和多臂开口机构无法满足生产，故采用如图 6-30 所示的日本丰田 JAT-710 大提花喷气织机。本织机采用纬向 4 色提花；提花部分为法国史陶比尔大提花。织机装造的主要工艺参数见表 6-9。织造工艺参数见表 6-10。

图 6-30　丰田大提花喷气织机

表 6-9　织机装造主要工艺参数

项目	工艺参数	项目	工艺参数
开口机构类型	LX1600B	纹针数	主纹针 2520，边针 20×2
目板规格	16cm×50cm，3520 眼 / 目板	目板到综眼距离（cm）	47.5
目板穿法	1～16 列顺穿		

表 6-10　织造主要工艺参数

项目	工艺参数	项目	工艺参数
织机型号	JAT-710-280	闭口时间	300°
车速（r/min）	457	开口角度（°）	30～32
后梁位置（mm）	0	开口量（mm）	75～121
停经架位置（mm）	-3	筘号（齿 /10cm）	164.75
综丝穿法	1～16 顺穿	筘穿入数	4 入 / 筘，边纱 4 入 / 筘
停经片穿法	1.2.3.4.5.6	筘幅（cm）	273.4
布边组织	纱罗组织		

☞思考题

1. 什么是原组织？各自的特点是什么？

2. 变化组织有哪些？各自的特点是什么？

3. 简述联合组织的特点与应用。

4. 简述复杂组织的特点与应用。

5. 大提花组织的特点是什么？

6. 简述棉及棉型白坯产品的设计过程。

7. 色织物采用分批整经时，各轴上经纱的分配原则是什么？

8. 简述劈花的目的与原则。

9. 色织物采用分批整经时，整经排花工艺有哪些？分别适用于哪些色织物？

10. 试述装饰用大提花织物的设计过程及设计内容。

第七章　针织物及其加工技术

针织是利用织针将纱线弯曲成线圈，并将其相互串套起来形成织物的一门工艺技术。在加工工艺、布面结构、织物特性、成品用途等方面，都有自己独特的特色。装饰用针织物以其图案精美、质地考究、适应各种风格及营造居室温馨浪漫等特点，广泛应用在窗帘、帷幔、床罩、台布、沙发布、地毯等方面。近年来，装饰用针织面料以原料适应范围广、投资少、见效快、利润大、消耗低、生产流程短、适合小批量生产等特点，使其制品呈现更加广阔的发展前景。

针织物按生产方式的不同，分纬编针织物和经编针织物两类。

第一节　装饰用纺织品常用纬编针织物

一、纬编针织物定义

纬编针织物是用纬编针织机编织，将纱线由纬向喂入针织机的工作针上，使纱线顺序地弯曲成圈，并相互穿套而形成的圆筒形或平幅形针织物。在基本组织基础上可以变化穿套的方向或穿入不同的线圈，就形成了多种结构、不同外观性能的织物。

根据纱线喂入是单向还是双向，纬编又可以分为两种。一种是纱线沿一个方向喂，编织成圈，形成织物的是圆机编织；另一种是纱线沿正、反两个方向变换编织成圈，形成织物的是横机编织。

二、纬编针织物的生产工艺流程

纬编针织物的生产工艺流程根据出厂产品的不同而有所不同。常用的工艺流程有如下两种：

（1）纱线→织造→染整→裁剪缝制→成品

（2）纱线→织造→全成形产品

三、常用纬编组织及其特性

组成针织物的结构单元（线圈、悬弧、浮线）以及附加纱线或纤维集合体的配置、排列、组合与连接的方式，决定了针织物的外观和性质。针织物组织包括基本组织、变化组织、花色组织三类。

（一）纬编针织物基本组织

由线圈最简单的方式组合而成，是针织物各种组织的基础。纬编基本组织包括平针组织、罗纹组织和双反面组织。

1. 平针组织

平针组织又称纬平针组织，由连续的单元线圈向一个方向穿套而成，是单面纬编针织物中的基本组织。如图 7-1 所示，由于圈弧比圈柱对光线有较大的漫反射作用，因而针织物的反面较正面阴暗。又由于在成圈过程中，新线圈是从旧线圈的反面穿向正面，因而纱线上的结头、棉结杂质容易被旧线圈所阻挡而停留在针织物的反面，所以正面一般较为光洁。

2. 罗纹组织

罗纹组织由正面线圈纵行和反面线圈纵行以一定的组合相间配置而成的双面纬编基本组织。罗纹组织的种类很多，取决于正反面线圈纵行数不同的配置。配置数不同，形成不同的外观风格与性能的罗纹。通常用数字代表其正反面线圈纵行数的组合，如 1+1、2+2、5+3 罗纹等。如图 7-2 所示是 1+1 罗纹组织的结构图。罗纹组织具有很好的弹性和较大的延伸性。

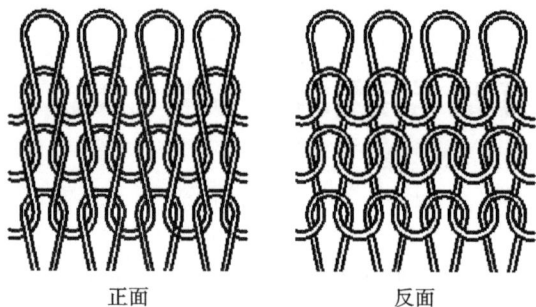

正面   反面

图 7-1　纬平针组织

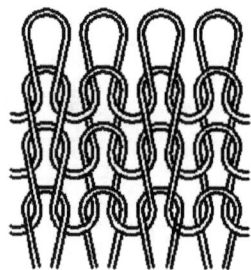

图 7-2　1+1 罗纹组织

3. 双罗纹组织

双罗纹组织是由两个罗纹组织彼此复合而成，由于织物两面都只能看到正面线圈，因此也称为双正面组织。如图 7-3 所示，双罗纹组织与罗纹组织相似，根据不同的织针配置方式，可以编制各种不同的双罗纹织物，如 1+1、2+2、2+3 等双罗纹组织。在纱线细度和织物结构参数相同的情况下，双罗纹织物比平针和罗纹织物要紧密厚实，还具有尺寸比较稳定的特点。

根据双罗纹组织的编织特点，采用色纱经适当的上机工艺，可以编织出彩横条、彩纵条、彩色小方格等花色双罗纹织物，俗称花色棉毛布。另外，在上针盘或下针筒上某些针槽中不插入针，可形成各种纵向凹凸条纹，俗称抽条棉毛布。

4. 双反面组织

由正反面线圈横列交替排列而形成。由于纱线弹力的作用，线圈在纵向倾斜，使织物收缩，致使圈弧突出在织物的表面，故有织物反面的外观，如图7-4所示。

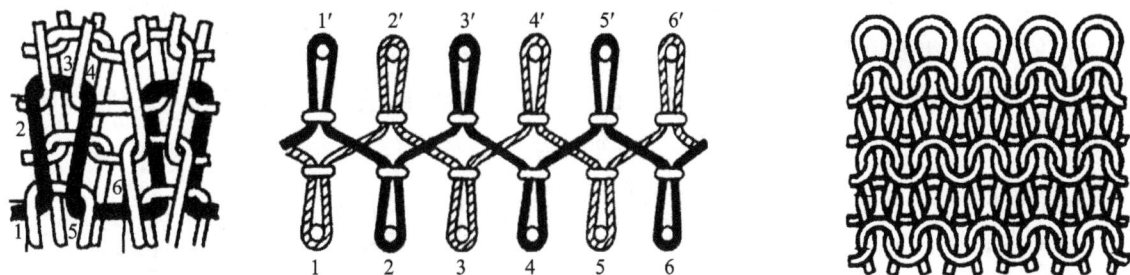

图7-3　双罗纹组织

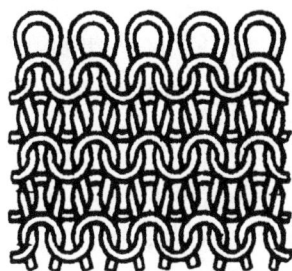

图7-4　双反面组织

（二）纬编针织物变化组织

变化组织由两个或两个以上的原组织复合而成。即在一个原组织的相邻纵行之间，配置另一个或另几个原组织，以改变原来组织的结构和性能。

1. 变化平针组织

变化平针组织是由两个平针组织纵行相间配置而成。使用两种色纱则可形成两色纵条纹织物，两色条纹的宽度因两平针线圈纵行相间的列数的多少而异。

2. 变化罗纹组织

变化罗纹组织是在罗纹组织的基础上加以变化，如用两个1+1罗纹形成外观似2+2罗纹的变化罗纹；用一个2+2罗纹加一个1+1罗纹相间排列形成外观好似3+3罗纹的变化罗纹。

（三）纬编针织物花色组织

花色组织是在基本组织或变化组织的基础上，利用线圈结构的改变，或者另编入一种色纱、辅助纱线或其他纺织原料，以形成具有显著花色效应和不同性能的花色针织物。在装饰用纺织品中广泛应用的有提花组织、集圈组织、毛圈组织、长毛绒组织及复合组织等。

1. 提花组织

提花组织是将纱线垫放在按花纹要求所选择的某些织针上编织成圈，而未垫放纱线的织针不成圈，纱线呈浮线状配置在这些不参与编织的织针后面所形成的一种花色组织。分单面提花组织和双面提花组织两类。

（1）单面提花组织。由两根或两根以上的不同颜色的纱线相间排列形成一个横列的组织。如图7-5所示的是双色单面均匀提花组织。

（2）双面提花组织。双面提花组织的花纹可在织物的一面形成，也可同时在织物的两面形成。一般采用织物的正面提花，没有提花的一面作为织物的反面。提花组织的反面花纹一般为直条纹、横条纹、小芝麻点以及大芝麻点等。

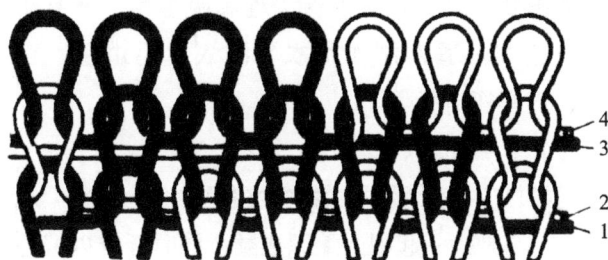

图7-5　双色单面均匀提花组织

在使用提花组织时,主要应用它容易形成花纹图案以及多种纱线交织的特点。可用于沙发布、座椅外套等。

2. 集圈组织

集圈组织是一种在针织物的某些线圈上,除套有一个封闭的旧线圈外,还有一个或几个悬弧的花色组织。集圈组织可分为单面集圈组织和双面集圈组织两类。

(1)单面集圈组织。单面集圈组织是在平针组织的基础上进行集圈编织而形成的一种组织。利用集圈单元在平针中的排列可形成各种结构花色,如斜纹、芝麻点及图案效应、凹凸小孔效应、色彩花纹效应。

(2)双面集圈组织。双面集圈组织是在罗纹组织和双罗纹组织的基础上进行集圈编织而形成的。利用集圈可形成多种花色效应,如色彩效应、网眼、凹凸、闪色效应等。

图 7-6 为具有凹凸小孔效应的集圈组织,其中图 7-6(2)的小孔凹凸效应要比图 7-6(1)的明显。

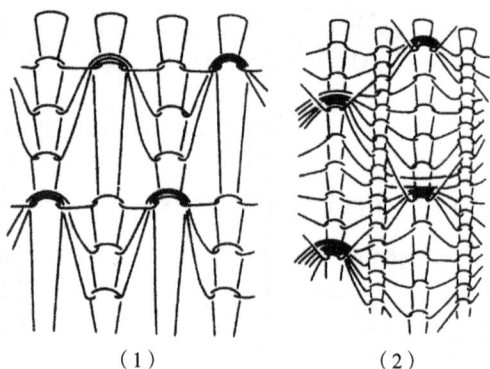

(1)   (2)

图 7-6 具有凹凸小孔效应的集圈组织

3. 毛圈组织

毛圈组织是由平针线圈和带有拉长沉降弧的毛圈线圈组合而成的一种花色组织。毛圈组织一般由两根或三根纱线编织而成,一根编织地组织线圈,另一根或两根编织带有毛圈的线圈。毛圈组织可分为普通毛圈和花式毛圈两类。

(1)普通毛圈组织。每一只毛圈线圈的沉降弧都被拉长形成毛圈。如图 7-7 所示为普通毛圈组织,其地组织为平针组织。

(2)花式毛圈组织。通过毛圈形成花纹图案和效应的毛圈组织。可分为提花毛圈组织、浮雕花纹毛圈组织、高度不同的毛圈组织等。

毛圈组织经剪毛和起绒后可形成天鹅绒与双面绒织物。具有良好的保暖性和吸湿性,产品柔软、厚实。适合制作睡衣、浴衣、毛巾毯、窗帘、汽车座椅套等。

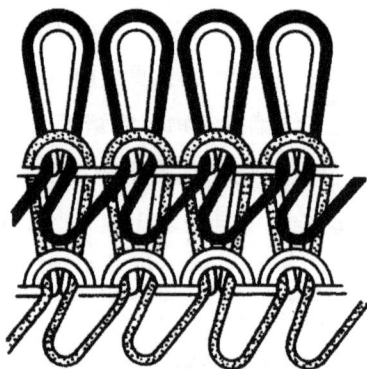

图 7-7 普通毛圈组织

4. 长毛绒组织

如图 7-8 所示,在编织过程中,纤维束(或毛纱)与地纱一起喂入编织成圈,同时纤维以绒毛状附在针织物表面的组织,称为长毛绒组织。长毛

图 7-8 长毛绒组织

绒组织可分为普通长毛绒和提花长毛绒两种。手感柔软，保暖性和耐磨性好，可仿制各种天然毛皮，单位面积重量比天然毛皮轻，而且不会虫蛀。常用于装饰织物。

第二节　装饰用纺织品常用经编针织物

一、经编针织物的定义

经编针织物是用经编针织机编织，采用一组或几组经向平行排列的纱线，在经编机的所有工作针上同时进行成圈而形成的平幅形或圆筒形针织物。

与纬编针织物一样，经编针织物的基本结构单元也是线圈。经编针织物与纬编针织物的结构差别在于：一般纬编针织物中每一根纱线上的线圈沿着横向分布，而经编针织物中每一根纱线上的线圈沿着纵向分布；纬编针织物的每一个线圈排列是由一根或几根纱线的线圈组成，而经编针织物的每一个线圈排列是由一组（一排）或几组纱线的线圈组成。

生产经编织物所用的机器主要有经编机（单针床经编机、双针床经编机）、缝编机、花边机等。在装饰用纺织品中经编针织物的比重大于纬编针织物。

二、经编织物的形成

经编的成圈过程，其基本原理与纬编编结法成圈相似，也分为退圈、垫纱、闭口、套圈、弯纱、脱圈、成圈和牵拉几个阶段。图 7-9 显示了经编针织物的形成方法。在经编机上，平行排列的经纱从经轴引出后穿过各根导纱针，一排导纱针组成了一把导纱梳栉。梳栉带动导纱针在织针间的前后摆动和针前与针后的横移，将纱线分别垫绕到各根织针上，成圈后形成了线圈横列。

经编针织物与纬编针织物形成方法的差别在于：纬编是在一个成圈系统由一根或几根纱线沿着横向垫入各枚织针，顺序成圈；而经编是由一组或几组平行排列的纱线沿着纵向垫入一排织针，同步成圈。

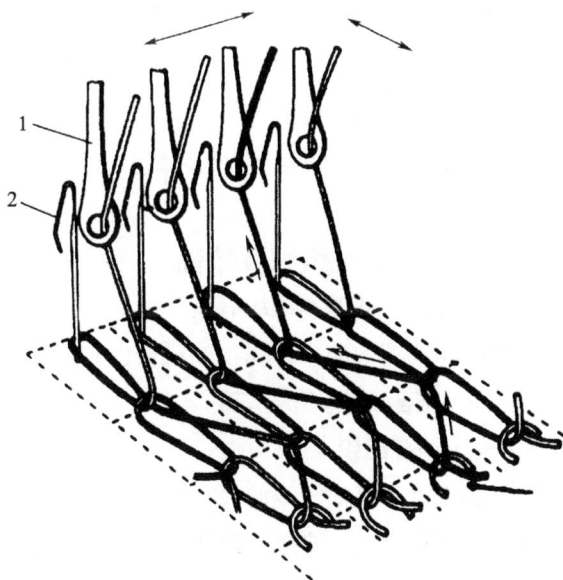

三、经编针织物生产的工艺流程

（一）工艺流程

原料进厂→检验→整经（经轴）→针织（毛坯布）→检验→染整（染色、水洗、定型、印花等）→成品检验→裁剪或包装→入库

图 7-9　经编针织物形成方法
1—导纱针　2—织针

（二）整经

1. 整经的目的与要求

（1）整经的目的。将筒子纱按照经编工艺所要求的经纱根数和长度，在相同的张力下，平行、等速、整齐地卷绕成经轴，以供经编机使用。

（2）对整经工序的要求。各根经纱张力均匀一致、大小适中；经轴成型良好（表面平整）、密度适宜；整经的根数和长度符合要求，同时了机，减少浪费；改善经纱的编织性能（给油、上蜡等）；同一经轴要使用同一批号的纱线，尽量避免各批原料混合使用；整经车间温湿度要求：温度 20 ~ 26℃，相对湿度 60% ~ 70%，且要四季恒定。

2. 整经的方法

（1）分段整经。将一把梳栉所需的纱线分成几份，分别整到分段经轴上，再将几个分段经轴组装成经编机上的一个经轴。

特点：生产效率高，运输和操作方便，比较经济，能适应多品种、多色纱的要求，是目前使用最广泛的方法。

（2）轴经整经（分批整经）。将经编机一把梳栉所用的经纱，同时且全部卷绕到一个经轴上。该整经方法适用于经纱总根数不多的花色纱线的整经，不适宜于幅宽大的地组织经纱整经。如花边机上有几十把梳栉，每把梳栉的空穿率都很大，所需的纱线根数少，所以可以使用轴经整经方法。

（3）分条整经。将经编机梳栉上所需的全部经纱根数分成若干条，再将经纱按所需的长度，逐条卷绕到大滚筒上，最后一起退绕到织轴上。

特点：生产效率低，操作麻烦，很少采用。

（三）针织过程

针织物在针织机上的针织过程可以分为给纱、成圈及卷取三个阶段。

（1）给纱。纱线以一定的张力输送到针织机的成圈编织区域，这阶段称为给纱。

（2）成圈。纱线在纺织区域，按照各种不同的成圈方法，形成针织物或形成一定形状的针织品，这阶段称为成圈。

（3）卷取。将针织物从成圈区域引出，或卷绕成一定形式的卷装，这阶段称为牵拉卷取阶段。

四、常用经编组织及特性

经编针织物的基本组织有编链组织、经平组织、经缎组织等。这些都是单梳经编组织。单梳经编组织花纹效应少，织物的覆盖性和稳定性差，加之线圈产生歪斜，故很少单独使用，它是双梳和多梳经编组织的基础。

（一）编链组织

在编织时，每根纱线始终在同一枚针上垫纱成圈形成的经编组织称为链编组织。根据导纱针不同的垫纱运动，编链组织可分为闭口编链和开口编链两种，如图 7-10 所示。

编链组织的特点：

（1）形成的线圈在纵向互不连接，因此不能单独形成织物。

（2）横向不卷边，纵向延伸性较小。

（3）常用来生产纵条纹和作为衬纬组织的连接组织。

（4）可逆编织方向脱散。

（二）经平组织和变化经平组织

1. 经平组织

每根经纱轮流在相邻两枚针上垫纱成圈（1×1经平）。可分为开口、闭口或开口与闭口相结合三种形式。经平组织的垫纱运动如图7-11所示。

经平组织特性：线圈左右倾斜；可逆编织方向脱散；纵、横向延伸性中等。

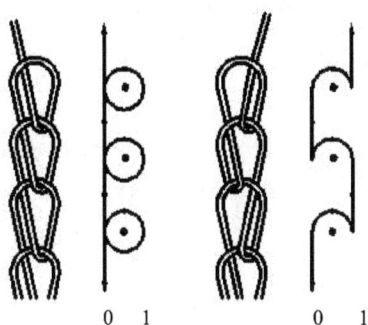

| （1）闭口编链 | （2）开口编链 |

图7-10　编链组织

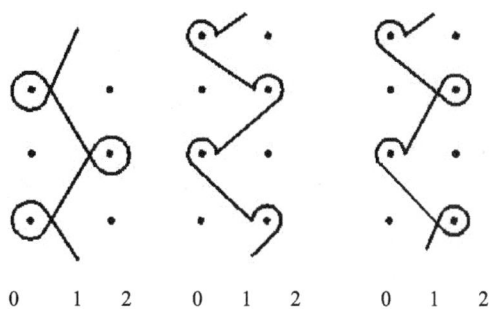

| （1）闭口 | （2）开口 | （3）开口与闭口结合 |

图7-11　经平组织垫纱运动图

2. 变化经平组织

变化经平组织指延展线跨越两个或两个以上针距的经平组织。可分为经绒组织和经斜组织。

（1）经绒组织。三针经平组织，每根经纱隔一针轮流垫纱成圈。

（2）经斜组织。四针及以上经平组织，每根经纱隔两针轮流垫纱成圈。

变化经平组织的特性（与经平比较）：反向有长的延展线（人字形），织物柔软；横向延伸性较小，纵向延伸性大；线圈更加歪斜；脱散性小；纱线断裂时不会分成两片；织物表面光滑、手感柔软；适宜于起绒。

如图7-12所示，变化经平垫纱类形成的结构图。

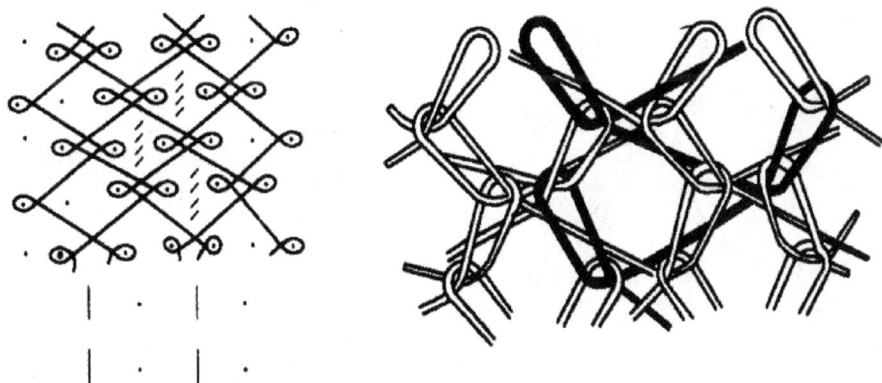

图7-12　变化经平组织的线圈结构图

（三）经缎组织和变化经缎组织

1. 经缎组织

每根经纱顺序地在三枚或三枚以上相邻的织针上垫纱成圈形成的经编组织。即每根纱线先沿一个方向顺序地在一定针数的针上成圈，后又反向顺序地在同样针数的针上成圈。一般，转向处为闭口线圈，同向处为开口线圈。如图7-13所示为四针开口经缎组织。

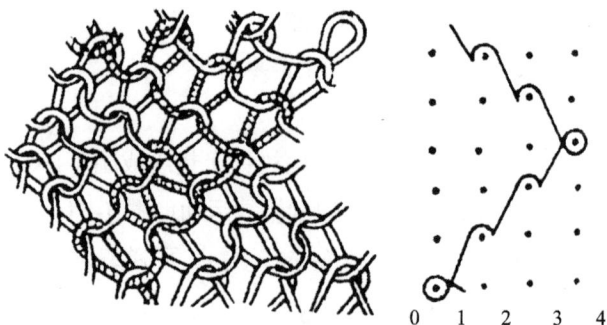

图7-13 四针开口经缎组织

经缎组织的特性：线圈倾斜，延展线呈大"之"字形；延伸性、卷边性与经平组织类似；脱散后不会分成两片；织物表面有隐横条效应（不同方向倾斜的线圈横列对光线的反射不同）；用色纱按一定规律穿纱，可形成锯齿型外观效应；织物手感较柔软。

2. 变化经缎组织

变化经缎组织是由两个或两个以上经缎组织组成的。可分为绒经缎组织（2针越针）和斜经缎组织（3针越针）。

变化经缎组织特性：针背延展线长，织物厚度较经缎组织大；双梳栉两隔两空穿形成网眼。

（四）花色经编组织

花色经编组织，是在基本组织或变化组织的基础上改变线圈结构，改变穿纱方式或者另加入一些纱线或纤维而形成的组织。如网眼组织、衬纬组织等。经编机的起花能力很强，在编织各种装饰织物方面占有很大的优势。以经缎或变化经缎组织的垫纱方式结合部分穿经形成的网眼组织，在实际生产中应用较为普遍。如图7-14所示，为经缎垫纱部分穿经形成的菱形网眼组织。

在经编织物的圈干与延展线之间，周期地衬入一根或几根不成圈的纬纱的组织称为衬纬经编组织。衬纬形式分全幅衬纬和部分衬纬两种。主要应用于窗帘、床罩等装饰织物等。如图7-15所示的衬纬经编组织由网眼地组织和花色衬纬两部分构成。

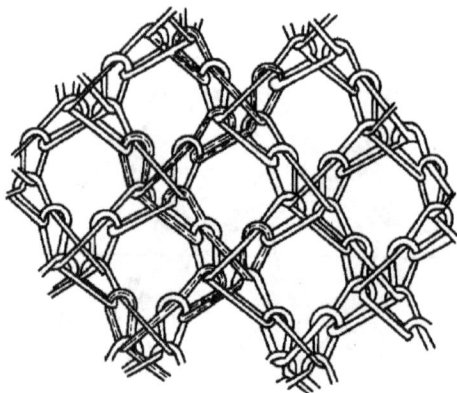

图7-14 经缎垫纱部分穿经网眼组织

图7-15 网孔衬纬经编组织

第三节　针织物在装饰用纺织品中的应用

针织面料具有质地柔软、吸湿透气、弹性及延伸性优良等特点。针织物在装饰用纺织品中的常见产品有窗帘帷幔类、床上用品类、家具覆饰类及汽车装饰类等。

一、窗帘帷幔类针织品

窗帘帷幔类纺织品广泛用于家庭、宾馆、饭店等场所。窗帘帷幔用针织品有纬编和经编之分，多种花色针织物具有良好的悬垂性、遮蔽性、美观装饰性等性能，并具有典雅风格和浪漫情调。针织物作为窗帘布所占的比例并不大，主要用作装饰和以调节日光为目的的窗纱。但绒类针织物仍被礼堂、歌厅、办公室等场所选用。

1. 针织窗帘布

用于窗帘布的面料悬垂性、装饰性要好，并要求具有遮蔽、遮光、隔离、保温等作用。一般常用印花针织面料及各种素色、提花、烫花、轧花针织绒类织物。纬编单面褶裥花纹针织面料立体感强、柔软、挺括，并具有良好的悬垂性和装饰性。

2. 针织窗纱

针织窗纱可以单独使用也可以与窗帘合并使用，起到遮光、遮挡视线及装饰作用。针织窗纱的主要品种有拉舍尔窗纱和用贾卡式提花拉舍尔经编机织制的窗纱。常用的组织为方孔网眼、六角网眼等，使用的原料主要是涤纶长丝、装饰花式线、难燃性涤纶长丝、锦纶、腈纶及棉等。

3. 幕用针织品

幕用针织品一般要求具有遮蔽、遮光、隔音、隔热、保温、保暖及装饰作用。使用的针织面料大多为各种绒类织物，如毛圈、天鹅绒、起绒、磨绒等经编与纬编面料。这种帷幕常用于豪华住宅的装饰，颜色与色调更加丰富多彩，并增加了立体花纹图案。舞台帷幕常用紫色丝绒，配上金黄的丝穗，显示神秘和庄重。电影银幕及字幕使用难燃纤维，并具有一定厚度、挺括平整的经编面料，要求不反光，以保证文字与图形的清晰。

4. 其他形式的窗帘

百叶窗、卷帘式窗帘及折叠式窗帘，均可以采用针织涂层织物制作。

二、床上用品类针织品

1. 床单、床罩、枕套

床单、床罩、枕套用面料具有保护和装饰作用，多用经斜平经编织物。该经编织物结构稳定、挺括厚实、抗起球起毛，但手感与外观稍差。也有采用两色或多色双面提花等纬编面料的。床单要求贴身、柔软、吸湿、爽身，并有良好的耐洗性。可使用棉及棉与化纤混纺纱编织。床罩可以使用多种针织面料制作，经编网眼提花类产品较多。

2. 凉席及垫类针织品

采用纬编双面提花针织面料制作的亚麻凉席、沙发靠垫、坐垫等保健产品，正成为当今的时尚产品。使用特种纤维编织或经特殊整理的双层拉舍尔间隔织物，可以制作防褥疮床垫，厚度在 3 ~ 6mm。

3. 蚊帐类针织品

蚊帐使用最多的是经编网眼蚊帐，贾卡与多梳经编蚊帐因其装饰效果好，虽然价格较高，但也有较多使用。蚊帐采用的原料有锦纶、涤纶、丙纶长丝，有的还采用经过特殊驱蚊整理的功能性纤维。

4. 毯类针织品

（1）棉毯与毛毯。采用双针床拉舍尔经编机生产的双层拉舍尔毛毯，两针床之间的距离为 20 ~ 60mm，将双层长毛绒坯布从中间剖开形成两幅长毛绒织物后，使毛绒面向外，再将两幅毛绒织物背靠背放置，用缝纫机在四周缲缝形成中空的双层毛毯。双层拉舍尔棉毯两针之间的距离较小，如为 4.5mm，用涤纶网络丝编织地组织，用精梳棉纱作毛绒层。单层拉舍尔毛毯与棉毯使用一层经编长毛绒织物制作，一面为长毛绒面并印出色彩图案，另一面则是通过起绒机起绒形成绒面，且有花纹渗透，酷似双面印花。

（2）地毯。用双针床拉舍尔经编机生产的地毯有双层割绒地毯和圈绒地毯两种。例如，RMDU6 型多功能双针床拉舍尔经编机的功能之一，是用一个正常针床、一个棒针（又称片针、无头针、无钩针）针床、6 把梳栉，生产毛圈地毯。由于毛圈很长，放松后自由捻合，成为卷捻圈地毯，别具一格。毛圈也可较短，圈根不在一个纵行上成为圈绒地毯。HDR5PLS 型双针床地毯编织机可生产平素地毯、色彩花纹地毯、凹凸花纹地毯、不同毛圈高度花纹地毯及印花地毯等。

三、家具覆饰类

家具覆饰类针织品主要用于床、沙发、座椅等家具的包覆面料，具有保护和装饰作用。家具覆饰类针织品中，经编面料有色织起绒面料、拉舍尔双层割绒面料，或与非绒面结合的凹凸花纹、绒面变化花纹、采用不同色纱排列的彩色起绒及印花、剪花等面料；纬编面料主要有双色或多色提花单面、双面织物；毛圈、天鹅绒织物等。

床面、床垫、沙发垫用织物目前流行的是在针织面料背面衬一层泡沫塑料，增加面料的挺括、平整、柔韧和保暖性，并保证其良好的弹性。沙发罩使用的织物有经编和纬编毛圈、提花、绒类针织面料。沙发巾有经编贾卡提花和钩编两大类产品。作为客厅陈设用的针织台布有方形、圆形与大小不同的规格。各种电器用防尘、装饰套罩均可使用不同品种的针织面料制作。

四、汽车装饰类

汽车装饰产品的优劣对汽车整体形象有着重要的影响。随着人们对实用性、舒适性和方便性要求的提高，汽车装饰材料得到了迅速发展，其好坏已成为影响用户购买与否的一个考虑因素。汽车内饰面料具有装饰性和功能性兼容的特点，外观和材质都有特殊的要求，因而其技术含量、生产难度都不是一般纺织品可以比拟的。针织物得到大量应用，是因为针织物的延展性和弹性都比较好，能够适应汽车内饰加工的模压工艺，而且花型变换非常丰富。纬编针织物主要用于汽车内部的座椅罩、车顶、门、搁架的衬里和覆盖物等，这些用途都充分发挥了纬编针织物的延伸性好，适于车内部件形状变化，包覆性能较佳的特性。从环境保护的角度来说，汽车报废后织物也易于回收。在针织圆机上生产的车用纬编针织物产品种类包括绒类织物和大提花织物等。另外，利用横机技术开发的全成形汽车座椅套的编织工艺去除了裁剪和缝合工序，缩短了从订货到交货的时间，降低了保修成本，提高了质量，能设计生产出更符合人体工学的汽车座椅。这项新的编织工艺为汽车市场带来了新的竞争和商机。

☞**思考题**

1. 纬编针织物组织分几类？各有何特点？

2. 常用纬编组织的花色组织包括哪些？各自的特点是什么？

3. 什么是经编针织物？经编针织物与纬编针织物的不同之处有哪些？

4. 简述经编针织物整经的目的与要求。

5. 试述经编针织物整经的方法及特点。

6. 常用经编组织结构如何分类？每种各有什么特点？

7. 针织物在装饰用纺织品中有哪些应用？

8. 阐述在装饰用纺织品中针织物的发展趋势。

第八章 非织造布及其加工技术

本章知识点

1. 非织造布的定义及分类。
2. 非织造基本原理及技术特点
3. 非织造纤维原料
4. 非织造布的加工技术
5. 装饰用非织造布的应用

非织造布又称为非织布、无纺织物或无纺布。非织造技术是一门源于纺织，但又超越纺织的材料加工技术。它结合了纺织、造纸、皮革和塑料四大柔性材料加工技术，并充分运用了诸多现代高新技术，如计算机控制、信息技术、高压射流、等离子体、红外、激光技术等。非织造技术正在成为提供新型纤维状材料的一种必不可少的重要手段，是新兴的材料工业分支，无论在航天技术、环保治理、农业技术、医用保健或是人们的日常生活等许多领域，非织造新材料已成为一种越来越广泛的重要产品。非织造产业被誉为纺织工业中的"朝阳工业"。

第一节 非织造布概述

一、非织造布的定义及分类

（一）非织造布的定义

非织造布是一种不需要纺纱织布而形成的织物。它是直接利用高聚物切片、短纤维或长丝通过各种纤网成形方法和固结技术形成的具有柔软、透气和平面结构的新型纤维制品。其加工技术突破了传统的纺织原理，具有工艺流程短、生产速度快、产量高、成本低、用途广、原料来源多等特点。

（二）非织造布的分类

根据生产工艺的不同，非织造布一般可分为以下几种。

1. 水刺非织造布

水刺工艺是将高压微细水流喷射到一层或多层纤维网上，使纤维相互缠结，从而使纤网得以加固而具备一定强力。

2. 热黏合非织造布

热黏合非织造布是指在纤网中加入纤维状或粉状热熔黏合加固材料，纤网再经过加热熔融冷却加固成布。

3. 浆粕气流成网非织造布

气流成网非织造布又可称作无尘纸非织造布、干法造纸非织造布。它是采用气流成网技术将木浆纤维板开松成单纤维状态，然后用气流方法使纤维凝集在成网帘上，纤网再加固成布。

4. 湿法非织造布

湿法非织造布是将置于水介质中的纤维原料开松成单纤维，同时使不同纤维原料混合，制成纤维悬浮浆，将纤维悬浮浆输送到成网机构，纤维在湿态下成网再加固成布。

5. 纺粘非织造布

纺粘非织造布是在聚合物已被挤出、拉伸而形成连续长丝后，长丝铺设成网，纤网再经过自身黏合、热黏合、化学黏合或机械加固方法变成非织造布。

6. 熔喷非织造布

熔喷非织造布的工艺过程为：

聚合物喂入→熔融挤出→纤维形成→纤维冷却→成网→加固成布

7. 针刺非织造布

针刺非织造布是干法非织造布的一种，针刺非织造布是利用刺针的穿刺作用，将蓬松的纤网加固成布。

8. 缝编非织造布

缝编非织造布是干法非织造布的一种，缝编法是利用经编线圈结构对纤网、纱线层、非纺织材料（例如塑料薄片、塑料薄金属箔等）或它们的组合体进行加固，以制成非织造布。

二、非织造基本原理

不同的非织造工艺技术具有各自对应的工艺原理。但从宏观上来说，非织造技术的基本原理是一致的，可用其工艺过程来描述，一般可分为四个过程：纤维准备、成网、加固及后整理。

三、非织造布的技术特点

非织造布在当今世界之所以高速度发展，是由众多因素所决定的。但是，最重要的还是非织造布具有的技术特点。归纳起来非织造布的技术特点有以下几点。

1. 原料使用范围广

非织造布使用的原料除了纺织企业常规原料外，一些在纺织设备难以加工的无机纤维、金属纤维及一些新型的化学纤维，都可以生产出各种应用性很强的非织造布产品。

2. 工艺流程短，劳动生产率高

传统的纺织工业，工艺流程繁复、冗长，而非织造工业的工艺流程简短。尤其是纺粘法非织造布，其工艺流程短很多。与传统纺织品比，非织造布产量高，产品变化快、周期短，质量控制容易，劳动生产率高。

3. 工艺变化多，产品用途广

非织造布加工方法很多，并且每种方法的工艺又可多变。各种加工方法之间还可以互相结合，组成新的生产工艺。非织造布后整理的工艺变化更多，如印花、染色、涂层、叠层、轧花等。不同性质的涂料，涂在非织造布上就会赋予非织造布不同的性能，即开发了一种新产品。除此之外，非织造布还可以和其他织物复合叠层，产生各种各样的新产品。

第二节　非织造纤维原料

一、非织造纤维的选用原则

适用于非织造布的纤维种类很多，在非织造布生产中如何选择具体的纤维品种，是一个至关重要而又非常复杂的问题，选用时一般应遵循以下原则：

（1）非织造布的性能要求。如强度、工作温度、老化性能、耐化学品性能、颜色等。

（2）工艺与设备的适应性。包括气流成网、梳理机、热黏合工艺等。另外还与纤维静电电位序列有关，静电电位差别大的纤维相混，可减少静电。（纤维静电电位序列：羊毛、聚酰胺、黏胶、棉、丝、醋酸纤维、聚乙烯醇纤维、聚酯纤维、聚丙烯腈纤维、聚氯乙烯纤维、聚乙烯纤维、聚四氟乙烯纤维）

（3）产品的成本。采用价值工程原理，以最小的成本实现产品的功能。

（4）按非织造布的用途选择纤维原料。在装饰用纺织品中，保暖絮片常选择聚酯（中空，三维卷曲）、聚丙烯腈等；人造毛皮选择聚丙烯腈等；毛毯选择羊毛、聚丙烯腈等；窗帘和墙布选择聚酯；地毯选择聚酯、聚丙烯、聚酰胺等。

二、非织造布常用纤维

1. 聚丙烯纤维

聚丙烯纤维由聚丙烯熔融纺丝制得，又称丙纶，简写为PP。用途较广，如土工合成材料、地毯、手术衣、手术罩布、婴儿尿片和妇女卫生巾包覆材料、吸油材料、过滤材料、保暖材料、隔音材料、揩布等。

2. 聚酯纤维

聚酯纤维化学名称为聚对苯二甲酸乙二酯，又称涤纶，简写为PET或PES。非织造工艺中常用截面为圆形、三角形、扁带形、中空圆形等，通常适用于绝缘材料、保暖絮片、墙布、服装衬基布、屋顶防水材料、土工合成材料等。

3. 聚酰胺纤维

通常由聚酰胺6熔融纺丝制得，又称锦纶，简写为PA。主要用于服装衬基布、造纸毛毯、地毯、合成革基布、抛光材料等。

4. 聚乙烯醇纤维

湿纺制得的聚乙烯醇缩甲醛纤维，又称维纶。与聚丙烯纤维混合后可生产土工合成材料，水溶性纤维可用于绣花基布、用即弃材料等。

5. 聚丙烯腈纤维

聚丙烯腈纤维由丙烯腈和其他单体共聚而成，湿纺或干纺成形。主要用于生产保暖絮片、人造毛皮、毛毯等。

6. 麻纤维

苎麻纤维主要用于生产地毯基布、抛光材料、衬里和建筑用隔音隔热材料等。

7. 羊毛纤维

羊毛纤维具有天然卷曲，弹性好，手感丰满，保暖性好，吸湿性强，光泽柔和，染色性好，具有独特的缩绒性，但价格高。主要用于生产高级地毯、造纸毛毯等。

8. Lyocell 纤维

Lyocell 纤维是采用溶剂法生产的一种新型的纤维素纤维，纤维素直接溶解于有机溶剂，经过滤、脱泡等工序后挤压纺丝，凝固后成为纤维素纤维，具有完整的圆形截面和光滑的表面结构，具有较高的聚合度。Lyocell 纤维既具有纤维素的优点，如吸湿性、抗静电性和染色性，又具有普通合成纤维的强力和韧性。其干强达到 4.2cN/dtex，与普通聚酯纤维相近，湿强仅比干强低 15% 左右，但仍保持较高的强度。该纤维生产时不污染环境，自身可生物降解，故可称为"绿色纤维"。

9. 椰壳纤维

椰壳纤维长度为 15 ~ 33cm，直径为 0.05 ~ 0.3mm，刚度大，弹性好。采用针刺工艺可以加工成用于沙发、汽车坐垫、弹簧软垫、厚床垫、运动垫的填料。

10. 蚕丝

蚕丝具有良好的伸长、弹性和吸湿性，细而柔软、平滑、光泽好等优点。非织造工业中仅用其丝绢下脚料生产一些特殊的湿法和水刺非织造材料。

11. 废纤维

废纤维包括棉纺厂的皮辊花、粗纱头、梳棉抄斩花、精梳落棉、短绒，毛纺厂的落毛、精梳短毛，麻纺厂的苎麻落麻以及化纤厂的废丝、再纺纤维等，还包括服装裁剪边角料与旧衣等进行布开花处理形成的废纤维。废纤维主要用于填料、包装材料、隔音隔热材料、絮垫等产品。

三、非织造用特种纤维

1. 可溶性黏结纤维

可溶性黏结纤维在热水或水蒸气中产生软化、熔融现象，干燥后使纤网内纤维之间黏合。该类纤维通常由多种聚合物共聚而成，如德国 Enka 公司的 N40 纤维为共聚酰胺，在过热蒸汽或 190℃ 干燥热风中可熔融。

2. 热熔黏结纤维

熔融纺丝制成的合成纤维均可作为热熔黏结纤维用于热黏合法非织造材料的生产。但某些纤维的熔点较高，生产能耗大，热收缩大，不适合作热熔黏结纤维。由此国内外先后开发了一些低熔点的热熔黏结纤维。

3. 双组分纤维

双组分纤维又称复合纤维，采用两种聚合物同时通过复合纺丝孔成形。常见结构形式有并列式、芯壳式、非连续纤维芯壳式、长丝芯壳式四种。

非织造工艺中使用的双组分纤维有 ES 纤维、海岛型纤维和橘瓣型纤维。ES 纤维是一种性能优异的热熔黏结纤维，在纤网中既作主体纤维，又作黏合纤维，由日本 Chisso 公司开发，国内已有生产。海岛型纤维和橘瓣型纤维经化学或机械的方法可形成超细纤维。

4. 超细纤维

超细纤维通常是指纤维线密度在 0.44dtex 以下的纤维。超细纤维的生产方法主要为：采用复合纺丝技术先制得双组分复合纤维，通常为海岛型纤维和橘瓣型纤维，然后分离双组分，形成超细纤维。

对于海岛型纤维，采用溶解法溶去"海"组分，留下的"岛"组分即为超细纤维，线密度可达到 0.0011 ~ 0.11dtex。对于橘瓣型纤维，可采用机械方法分离两组分，分离后两组分均为超细纤维，线密度可达到 0.11 ~ 0.44dtex。

5. 高性能纤维

高性能纤维即具有高性能的特种纤维，如碳纤维、芳纶等，均可以用于非织造布。

6. 功能性纤维

功能性纤维与高性能纤维不同之处是，高性能纤维强调耐高温、热稳定性以及高强度等性能，而功能性纤维强调使用功能，如导电、紫外线、抗菌、除臭、吸收太阳能等。

7. 木浆纤维

木浆纤维是来自木材的天然纤维素纤维。20 世纪 70 年代初美国首先利用木浆纤维中的绒毛浆短纤维制造一次性卫生用品，因吸湿性良好和成本较低，产量急剧上升。干法造纸和水刺非织造工艺近年来发展迅速，也采用了大量的木浆纤维。木浆纤维的原料为原木，其中含有 43% ~ 45% 的纤维素，27% ~ 30% 的半纤维素，20% ~ 28% 的木质素与 3% ~ 5% 的天然可提取物。

8. 卷曲中空纤维

轴向有管状空腔的化学纤维称为中空纤维。按卷曲特征分为二维卷曲和三维卷曲。按组分多少分为单一型中空纤维，如涤纶中空纤维和双组分复合型中空纤维，如涤 / 丙复合中空纤维。按其孔数的多少分为单孔和多孔纤维，如 4 孔、6 孔和 9 孔中空纤维。中空纤维的中空度越大，材料滞留的空气量越大，使非织造产品更轻便、更保暖。

最常用的是涤纶三维立体卷曲中空纤维，具有弹性好、蓬松、保暖、透气等优点，是保暖絮片的主要原料。

9. 聚乳酸纤维（PLA）

聚乳酸纤维是以玉米为原料，从中提取淀粉，经过酶分解得到葡萄糖，再通过乳酸菌发酵后变为乳酸，然后经过化学合成得到高纯度聚乳酸，再通过熔融纺丝等加工技术生产出纤维，再经干法或湿法成网制得非织造材料，也可由纺粘法或熔喷法直接制成非织造材料。

第三节　非织造布的加工技术

一、干法成网技术

干法成网是相对湿法成网而言的，经过干法成网所得到的非织造布称为干法非织造布，目前约占世界非织造布总产量的 50% 以上。干法成网技术包括成网前准备、纤维梳理和成网三个过程。

1. 成网前准备

非织造布是由纤维原料经过开松、除杂、混合以及经梳理机梳理后，经加固而成的产品。加固前纤网质量的优劣直接影响最后产品质量的好坏。因此，成网前准备工艺是否合理，设备配置是否恰当，均会影响纤维的开松、混合效果和纤网的均匀程度。

成网前准备工序的主要任务是：

（1）将不同性能、不同品种的纤维原料分别喂入、开松或一起喂入、开松，使纤维包中压紧的纤维通过机械打击和撕扯，而松解成小块的纤维束。

（2）将已开松的纤维经纤维仓储存，并经多仓混合，使不同性能的纤维得以充分混合。

（3）制成混合均匀的纤维层，再经梳理机梳理。

2. 纤维梳理

梳理是干法成网技术的关键工序。梳理的目的是将开松混合准备好的小束状纤维条梳理成单纤维组成的薄网，供铺叠成网，梳理的作用是彻底分梳混合的纤维原料，使之成为单纤维状态。所用设备可以是罗拉式梳理机，也可以是盖板式梳理机。国内外为了满足非织造布产量高、质量好、自动化程度高的要求，20 世纪 80 年代至今已研制出许多型号的非织造布专用梳理机。

3. 成网

单纤维（短纤或长纤）按一定方式组成纤网的过程叫成网。在干法非织造布加工中，成网是指短纤维成网。在非织造布工业，纤网经过加固就是产品，所以纤网的质量对最终产品的质量，如强度、均匀度、定量等有直接的影响。成网的方法有以下三种：

（1）机械铺叠成网。包括平行铺网、交叉折叠铺网和双帘夹持铺网。

（2）机械杂乱成网。为了改善成品纵横向强力等性能的差异，开发了各种杂乱成网技术，如交叉折叠铺网机成网、纤网杂乱牵伸机成网、气流成网及杂乱辊成网等。

（3）气流杂乱成网。气流杂乱成网通常简称为气流成网，它是利用气流将道夫上的单纤维吹（或吸）到成网帘（或尘笼）上形成纤网，其中的纤维呈杂乱排列，纵横向强力差异小，纤网的定量较大，一般在 $20 \sim 1000 \mathrm{g/m^2}$。

二、化学黏合法加固

化学黏合法加固是非织造布生产中应用历史最长、使用范围最广的一种纤网加固方法。它是将黏合剂通过浸渍、喷洒及印花等方法施加到纤网中去，经热处理使水分蒸发、黏合剂固化，从而制得非织造布的一种方法。

1. 黏合机理

（1）吸附理论。吸附理论认为，黏结力的形成首先是高分子溶液中黏合剂分子的布朗运动，使黏合剂的大分子链迁移到被粘物质表面，即表面润湿过程，然后发生纤维对黏合剂大分子的吸附作用。

（2）扩散理论。由于润湿作用的存在，使被粘纤维在溶液中产生溶胀或混溶，界面两相大分子能相互渗透扩散。扩散理论的另一个论点认为，高聚物相互间的黏附作用与其互溶性密切相关，这种互溶性基本上是由极性相似决定的。如果两个高聚物都是极性的或是非极性的，经验证明他们的粘附力较高；反之，一个极性，另一个非极性，需要获得较高的粘附力则很困难。

（3）化学键合。如果黏合剂和被粘物质之间存在化学键，即使没有很好的扩散，也能产生很强的黏合力，这就是化学键合理论。

（4）机械结合作用。机械结合作用是指黏合剂渗入被黏合材料的孔隙内部或其表面之间，固化后，被黏合材料就被固化的黏合剂通过锚钩或包覆作用结合起来而产生黏合强度。

2. 化学黏合法

按施加黏合剂的方法可分为以下几种。

（1）泡沫浸渍法。泡沫浸渍法就是利用涂刮或轧压等方式，将制备好的泡沫状黏合剂均匀地施加到纤网中的方法，待泡沫破裂后，释放出黏合剂，烘干成布。该法具有显著的节能、节水、节约化学试剂和提高产品质量等优点，近几年来发展很快。

泡沫浸渍法主要用于薄型非织造材料，与一般浸渍法相比，优点是结构蓬松、弹性好。浸渍以后，纤网含水量低，烘燥时能耗小，比全浸渍低33% ~ 40%。污染少，生产速度高（薄型产品为80m/min，厚型产品为20m/min）。

（2）喷洒黏合法。喷洒黏合法的原理是应用喷头不断向纤网喷洒黏合剂，然后进入烘房固化。主要用于制造高蓬松、多孔性的非织造布，最典型的产品就是喷胶棉。

喷洒黏合法的基本生产工艺流程为：

纤网成网→喷洒（单面或双面）→干燥与烘培→切边卷绕

（3）印花黏合法。采用花纹辊筒或圆网印花滚筒施加黏合剂的方法称为印花黏合法。该法适宜于制造20 ~ 60g/m² 的非织造布。主要用于生产用即弃产品，具有成本低廉的优点。

（4）浸渍黏合法。浸渍黏合法又称为饱和浸渍法，这是最早被采用的黏合方法。基本的工艺流程为：纤网喂入有黏合剂的浸渍槽中，浸渍后经过一对轧辊或吸液装置除去多余的黏合剂，再通过烘燥装置使纤网得到固化而成为非织造布。按轧液和吸液方式可分为浸轧式、吸液式和吸液—轧液结合式，按网帘形式可分为单网帘和双网帘形式。这种黏合法得到的非织造布的特点是手感较硬，适宜作衬布。

三、针刺法加固

针刺法是一种机械加固方法，最早应用于制毡生产中。在世界上的干法非织造布中，针刺非织造布占 40% 以上，我国占 25%，是干法非织造布中最重要的加工方法。由于针刺法具有加工流程短、设备简单、投资少、产品应用面广等特点，因此针刺技术发展很快。

1. 加固原理

利用三角截面（或其他截面）棱边带倒钩的刺针对纤网进行反复穿刺。倒钩穿过纤网时，将纤网表面和局部里层纤维强迫刺入纤网内部。由于纤维之间的摩擦作用，原来蓬松的纤网被压缩。刺针退出纤网时，刺入的纤维束脱离倒钩而留在纤网中，这样，许多纤维束纠缠住纤网使其不能再恢复原来的蓬松状态。经过许多次的针刺，相当多的纤维束被刺入纤网，使纤网中的纤维互相缠结，从而形成具有一定强力和厚度的针刺法非织造材料。

2. 针刺机的基本结构

针刺机的种类繁多，型号各异，但基本的组成部分是一致的。主要由送网机构、针刺机构、牵拉机构、花纹机构（仅花纹针刺机有）、传动和控制机构、附属机构和机架等组成。

3. 针刺深度和针刺密度对针刺非织造布性能的影响

（1）针刺深度的影响。在一定范围内，随着针刺深度的增加，三角刺针每个棱边上钩刺带动的纤维移动的距离增加，纤维之间缠结更充分，产品的强度有所提高，但刺得过深，部分移动困难的纤维在钩刺作用下发生断裂，非织造产品强度降低，结构变松。

（2）针刺密度的影响。一般来说，针刺密度越大，产品的强力越大，越硬挺。但是，如果纤网已足够紧密时，再增加针刺密度就会造成纤维的损伤或断针，反而会使产品的强力下降。

4. 装饰用纺织品典型针刺产品生产工艺流程举例

针刺地毯是众多地毯生产手段中的一种，与机织地毯、缝编地毯、经编地毯、簇绒地毯比较，针刺地毯具有生产效率高、生产成本低的特点。另外，还具有吸收噪声、保暖减震等特点，广泛用于家庭、宾馆、饭店、写字楼、汽车等地面装饰。

针刺地毯的生产流程为：

原料开松→混合→梳理→铺网→预针刺→主针刺（花刺）→浸胶→涂层→烘干

毯面可以制成平纹、平绒、毛圈形式，也可以刺成不同的花纹图案。

四、热黏合加固

1. 热黏合加固纤网的特点和基本原理

（1）特点。生产速度高，能耗低，产品的卫生性好，生产灵活性大。

（2）基本原理。利用热塑性高分子聚合物材料这一特性，使纤网受热后部分纤维或热熔粉末软化熔融，纤维间产生粘连，冷却后纤网得到加固而成为热黏合非织造布。

2. 热黏合工艺分类

（1）热轧黏合。利用一对加热钢辊对纤网进行加热，同时加以一定的压力使纤网得到热黏合加固。

（2）热熔黏合。利用烘箱加热纤网，同时在一定风压条件下使之得到熔融黏合加固。

（3）超声波黏合。一种新型的热黏合工艺技术，其将电能通过专用装置转换成高频机械振动，然后传送到纤网上，导致纤网中高分子聚合物纤维相互摩擦及纤维内部的分子运动加剧而产生热能，使纤维产生软化、熔融，从而使纤网得到黏合加固。

3. 热轧黏合工艺过程及机理

热轧黏合工艺是利用一对或两对钢辊或包有其他材料的钢辊对纤网进行加热加压，导致纤网中部分纤维熔融而产生黏结，冷却后，纤网得到加固而成为热轧法非织造布。

热轧黏合根据其作用，可分为三种加固方式：

（1）表面黏合。表面黏合热轧方式适合于生产过滤材料、合成革基布、地毯基布和其他厚重型非织造材料。轧辊温度必须达到热熔纤维的熔点，生产速度快时甚至超过纤维的熔点。一般采用钢—棉—钢三辊形式。

（2）面黏合。面黏合热轧适合于生产婴儿尿片和妇女卫生巾包覆材料、药膏基布、胶带基布及其他薄型非织造材料，面黏合热轧加固时，纤网中热熔纤维的含量必须超过50%，否则会造成产品的强力不足。

（3）点黏合。点黏合热轧时采用一对钢辊进行热轧，其中一根为刻花辊，另一根为光辊，所以热轧后纤网中仅有局部区域被黏合加固，未黏合区域仍保持纤网原来的蓬松性，因此产品的手感比面黏合要好。

4. 超声波黏合机理

超声波黏合时，被黏合的纤网或叠层材料喂入传振器和辊筒之间形成的缝隙，纤网或叠层材料在植入销钉的局部区域将受到一定的压力，在该区域内纤网中的纤维材料受到超声波的激励作用，纤维内部微结构之间由于摩擦而产生热量，最终导致纤维熔融。在压力的作用下，超声波黏合将发生和热轧黏合一样的熔融、流动、扩散及冷却等工艺过程。

五、水刺法加固

水刺法加固纤网原理与针刺工艺相似，但不用刺针，而是采用高压产生的多股微细水射流喷射纤网。水射流穿过纤网后，受托持网帘的反弹，再次穿插纤网，由此，纤网中纤维在不同方向高速水射流穿插的水力作用下，产生位移、穿插、缠结和抱合，从而使纤网得到加固。

水刺法非织造工艺流程：

（1）纤维原料→开松混合→梳理→交叉铺网→牵伸→预湿→正反水刺→后整理→烘燥→卷绕

（2）纤维原料→开松混合→梳理杂乱成网→预湿→正反水刺→后整理→烘燥→卷绕

不同成网方式影响最终产品的纵横向强力比，流程（1）对纤网纵横向强力比的调节较好，适合水刺合成革基布的生产；流程（2）适合水刺卫生材料生产。

六、缝编法机械加固

缝编法既可加工纯纱线产品也可以加工含纤网的产品。按我国对非织造布的定义，含纤网的缝编纺织品属于非织造布，它隶属于干法纤网加固法。从技术发展来看，可以认为缝编是由针织的经编派生出来的。

缝编法非织造布是对所加工的底基，如纤网、纱线层、底布等进行穿刺，类似于缝纫加工。

1. 纤网—缝编纱型缝编

这种方法是用缝编纱形成的线圈结构对纤网进行加固。这种方法是非织造布缝编工艺的一种主要方法。常用设备为马利瓦特型缝编机。纤网—缝编纱型缝编要求采用纤维交叉（横向）铺放的纤网或采用气流成网机生产的杂乱型纤网。针迹长度直接影响机台的产量和产品的强度。针迹长度越大，机台的产量越高，而产品的强度越小。

2. 纤网—无纱线缝编

这种缝编法不用缝编纱，针直接由纤网中钩取纤维来形成线圈结构而加固纤维网并形成缝编产品。这类产品全部由纤网构成，产品成本低，具有良好的经济效益。常用设备为马利伏里斯缝编机。这种缝编法要求喂入的纤网中纤维以横向排列为主，以便钩针易从纤网中钩取纤维。

缝编法除具有工艺简单、工序少、产量高、原料使用范围广、花色品种多等一般非织造布所具有的优点以外，最突出的优点是外观和产品性能接近传统的机织物和针织物。缝编非织造布在装饰方面可以用作窗帘、床罩、毛毯、台布和地毯等。

七、纺粘法非织造布

纺粘法是非织造布生产的主要方法之一，又被称为纺丝成网法或聚合物挤压成网法。纺粘法的原理是利用化纤纺丝的方法，将高聚物纺丝、牵伸、铺叠成网，最后经针刺、水刺、热轧或自身黏合等方法加固形成非织造布。

1. 纺粘法的工艺类型

纺粘法按纺丝原理可分为：熔融纺丝和溶液纺丝（干法纺丝与湿法纺丝）。目前，纺粘法以熔融纺丝为主，溶液纺丝（干法）较少，而溶液纺丝（湿法）更少。

2. 纺粘法生产流程

纺粘法生产流程如图 8-1 所示。

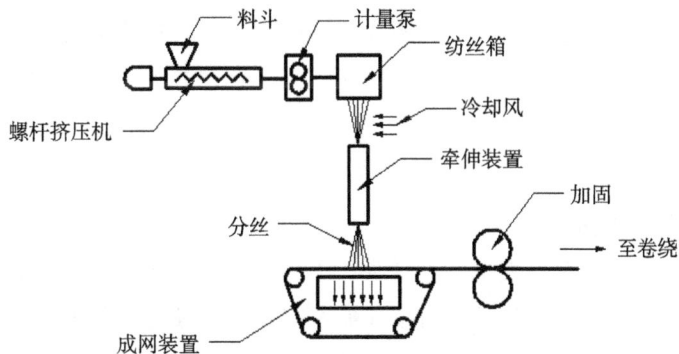

图 8-1 纺粘法生产流程图

3. 纺粘法的工艺过程

（1）切片烘干。经铸带切粒得到的高聚物切片通常都含有一定的水分，必须在纺丝前去除水分，提高结晶度和软化点。采用的烘燥设备有真空转鼓干燥设备、回转圆筒干燥设备、沸腾式干燥设备、联合式干燥设备等。

（2）熔融挤压。主要设备为螺杆挤压机。螺杆分三段：进料段、压缩段（熔融段）及计量段。切片进入螺杆后，首先在螺杆进料段被输送和预热，继而经螺杆压缩段压实、排气并逐渐熔化，然后在螺杆计量段中进一步混合塑化，并达到一定的温度，以一定的压力输送至后道工序。

（3）纺丝。切片置于料斗中，经螺杆挤压熔化后进入纺丝泵，然后从喷丝板挤出冷却成丝。如要生产有色产品或功能性产品（如抗静电、阻燃等）可在料斗中同时添加合适的母粒。喷丝板是核心部件。有圆形和矩形板（整体式或组合式）两大类，矩形板应用较多。

（4）拉伸。使大分子沿纤维轴向排列，即提高取向度，从而提高纤维的拉伸性能、耐磨性，达到所需的细度。拉伸初生纤维的方式主要有以下两种。

①机械拉伸。由拉伸辊的速度差进行拉伸。合成纤维生产中常使用机械拉伸。该法易于对纤维进行控制，拉伸程度也易于保证，但需防止丝条粘连。

②气流拉伸。利用高速气流对丝条的摩擦进行牵伸。该法影响因素多，对拉伸效果的控制复杂、困难。

纺粘法多数采用气流拉伸或气流拉伸与机械拉伸相结合的方式。

（5）分丝。所谓分丝是指将经过拉伸后的丝束分离成单丝状，以防止成网时纤维间互相粘连或缠结。常用分丝方法有以下几种。

①气流分丝法。利用空气动力学效应，气流在一定形状的管道中扩散，形成紊流达到分丝的目的。

②静电分丝法。牵伸时丝束经过高压静电场或摩擦带电，丝因带同种电荷相互排斥，达到分丝的目的。

③机械分丝法。拉伸后的丝束高速地与挡板、偏离板、振动板等撞击，变成无规则运动，达到分丝的目的。

（6）吸网。将高速下落的长丝均匀吸附在成网帘上，防止长丝和一部分气流撞击到网帘后反弹，破坏纤网的均匀度，也称为成网。图8-2为典型成网装置结构图。

由向前运动的成网帘将纤网传送到下一加固工序，通过热轧、针刺或化学加固等方法制成非织造布。

八、熔喷法非织造布

随着工业的飞速发展及对环境保护的加强，熔喷法非织造布市场越来越大。其超细纤维的特点所表现出的特性，在许多工业、民用领域被人们发现并得到广泛的应用。

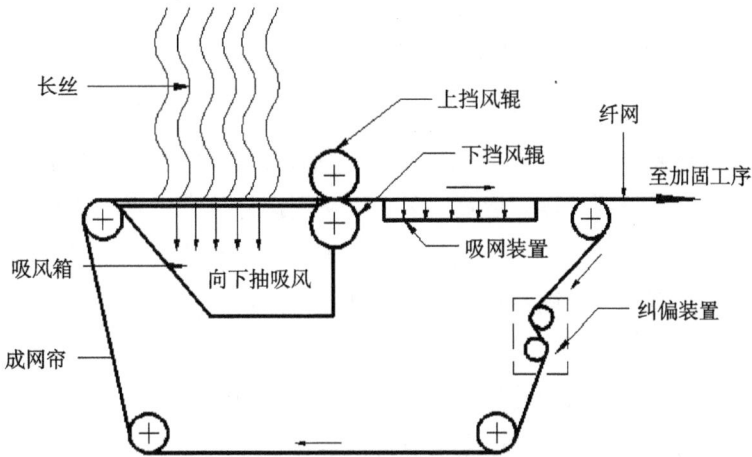

图8-2　典型成网装置结构图

1. 熔喷法非织造布工艺流程

熔喷非织造工艺是采用高速热空气（310～374℃）对模头喷丝孔挤出的聚合物熔体细流进行牵伸，由此形成超细纤维并收集在凝网帘或滚筒上，同时通过自身黏合或其他加固方法而成为熔喷法非织造布。图8-3为熔喷工艺示意图。

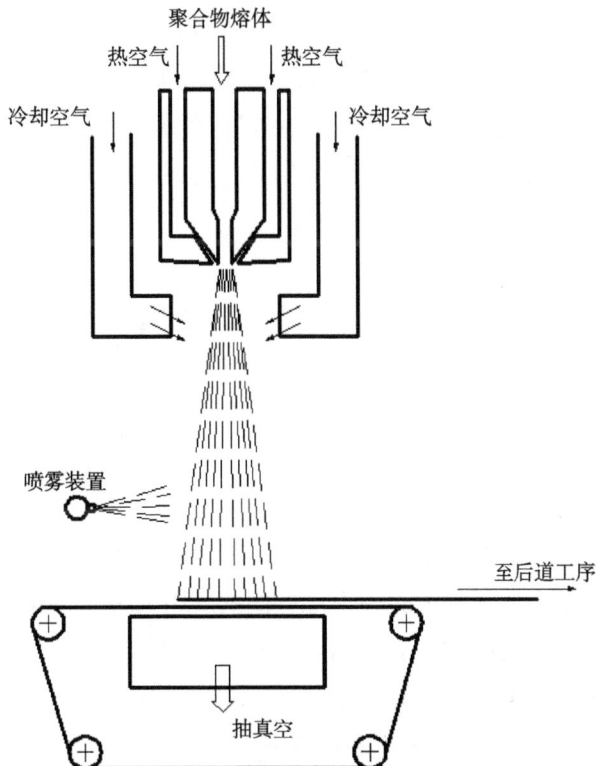

图8-3　熔喷工艺示意图

熔喷工艺流程主要为：

熔体准备→过滤→计量→熔体从喷丝孔挤出→熔体细流牵伸与冷却→成网

2.熔喷法非织造布工艺过程

（1）熔体准备。熔喷非织造工艺使用聚酯、聚酰胺等切片原料时，必须对切片进行干燥预结晶。聚丙烯切片通常不需要干燥。熔喷工艺主要采用螺杆挤出机对聚合物切片进行熔融并压送熔体。固体切片进入螺杆后，首先在螺杆进料段被输送和预热，继而经螺杆压缩段压实、排气并逐渐熔化，然后在螺杆计量段中进一步混合塑化，并达到一定的温度，以一定的压力输送到计量泵。

（2）过滤。熔喷工艺中，聚合物熔体进入模头之前，应经过过滤，以滤去杂质和聚合反应后残留的催化剂。常用过滤介质有细孔烧结金属、多层细目金属筛网、石英砂等。

（3）计量。熔喷工艺中采用齿轮计量泵进行熔体计量，高聚物熔体经准确计量后才送至熔喷模头，以精确控制纤维线密度和熔喷法非织造布的均匀度。

（4）熔体从喷丝孔挤出。熔喷工艺与传统纺丝具有相似原理，聚合物熔体从模头喷丝孔挤出的历程可分为入口区、孔流区和膨化区。熔体形成超细纤维首先要通过入口区和孔流区。在入口区，聚合物熔体由锲状导入口缩紧进入喷丝毛细孔之前，在入口处熔体流速加快，散失的部分能量以弹性能储存在熔体内。其后，熔体细流进入喷丝孔孔流区，在该区域，剪切速度增大，大分子构象发生改变，排列比较规整。

（5）熔体细流牵伸与冷却。熔喷工艺中，从模头喷丝孔挤出的熔体细流发生膨化胀大的同时，受到两侧高速热空气流的牵伸，处于黏流态的熔体细流被迅速拉细。同时，两侧的室温空气掺入牵伸热空气流，使熔体细流冷却固化成形，形成超细纤维。

（6）成网。熔喷工艺中，经牵伸和冷却固化的超细纤维在牵伸气流的作用下，吹向凝网帘或滚筒，凝网帘下部或滚筒内部均设有真空抽吸装置，由此纤维收集在凝网帘或滚筒上，依靠自身热黏合或其他加固方法成为熔喷法非织造布。

3.熔喷设备

熔喷生产线的设备主要有上料机、螺杆挤压机、过滤装置、计量泵、熔喷模头组合件、空压机（或风机）、空气加热器、接收装置、卷绕装置。生产辅助设备主要有喷丝头清洁炉等。

九、浆粕气流成网技术

浆粕气流成网技术是以木浆纤维为主要原料，通过气流成网及不同固结方法生产非织造布的一种新方法。这种方法由于使用的纤维接近造纸所用的纤维，在欧洲和日本被称为 Air-laidpaper，在美国则被称之为 Dry-formedpaper，即人们常说的无尘纸，又可称为无水造纸或干法造纸，而国际上浆粕与造纸协会（TAPPI）和非织造布协会（INDA 或 EDANA）都称之为 Air Laid Pulp Nonwoven，即浆粕气流成网非织造布。

这种短纤成网不同于常规的如美国蓝多公司（Randoweber）气流成网，它使用的木浆纤维原料纤维极短，可短到几毫米，而 Randoweber 气流成网采用 3.8 ~ 4.5cm 的涤纶和人造纤维等化学纤维。正由于浆粕气流成网非织造布所用的原料大部分是木浆纤维，因此具有吸水能力好、柔软性好、蓬松性好以及原料成本低的特点。此外，浆粕气流成网技术还可用乳胶、热熔纤维或其他一些能成网或固网的材料，可生产出各种不同厚薄、不同柔软度、不同吸湿性的材料，装饰领域主要用于填料、墙布、装潢布、高档桌布、地毯衬布等方面。

第四节　装饰用非织造布的应用

非织造布具有许多功能上的优异性，用途极其广泛。非织造布用于装饰，物美价廉，深受消费者喜爱。用非织造布生产的装饰用纺织品的种类很多，如用针刺法可加工针刺地毯、壁毯、电热毯基材等；用缝编法可制作床罩、窗帘、沙发布、地毯、玩具用面料、台布等；而黏合法非织造布可用于墙布、台布、枕套、灯罩等。

一、针刺地毯和铺地材料

我国非织造地毯大多数采用针刺法加工而成，少数采用缝编法或其他方法。针刺地毯的生产过程可分为前处理（包括和毛、梳毛、铺网），针刺（包括预针刺、主针刺和花针刺）和后整理（包括浸胶、涂层烘干等）。所用原料一般为 16.5 ~ 33dtex（15 ~ 30 旦）、长度51 ~ 90mm 的丙纶，也可以混入其他纤维。产品定量一般在 600g/m² 左右。

按成品外观可将针刺地毯分为地毯卷材（也称满铺地毯）和方块地毯两大类。目前国内生产的多是幅宽为 2m 左右的地毯卷材，使用时一般铺满整个房间，为防止卷曲，周边一般用压板压住或粘贴于地面。方块地毯是在毯坯的背面涂上改性沥青或发泡苯橡胶，并经裁切而制成方形板材，规格可以是 50cm×50cm，也可以裁成其他规格。方块地毯具有较高硬度，不会产生挠曲，如果将不同颜色的方块地毯拼接在一起，可构成各种图案，同时还具有更换、清洗方便的特点，不失为针刺地毯中的高档产品。

国外还有一种用于户外的针刺铺地材料，是用极粗的原液染色丙纶制成，纤维粗达33 ~ 110dtex（30 ~ 100 旦），长度 60 ~ 100mm。这种材料可作为人造屋顶以及花园、网球场、高尔夫球场等场所的人造草坪。

另外，针刺地毯还分为有底布针刺地毯和无底布针刺地毯，有底布针刺地毯的拉伸强度高，不易伸长变形，但价格相应要高一些。

二、非织造布壁纸与针刺壁毯

非织造布壁纸也叫无纺布墙纸，是高档壁纸的一种，由于采用天然植物纤维非织造工艺制成，拉力更强，更环保，不发霉发黄，透气性好，是高品质墙纸的主要基材。非织造布壁纸产品源于欧洲，从法国开始流行，是最新型最环保的材质。

用化学黏合法或热轧黏合法非织造布进行表面印花或涂层等加工而成非织造布壁纸，在国内也有较多的应用。定量一般在 40 ~ 90g/m²。国外也有用水刺法及湿法非织造布作为贴墙布的，风格也很独特。

非织造布材料特有的多孔结构透气性好，无甲醛，防水防潮，能有效调节室内空气湿度，具有隔音降噪、透气、柔韧、质轻、不助燃、容易分解、无毒无刺激性、色彩丰富、可循环再利用、手感亲和自然等优点。完全燃烧时只产生二氧化碳和水，不会产生有毒气体，是一种新型环保的壁纸。适用于客厅、卧室等空间，尤其对处于成长期的孩子而言，在儿童房张贴非织造壁纸有利于孩子的健康。非织造布墙纸性质优异，而且易于 DIY 制作，非常适合时下追求时尚的年轻人，但是由于其材质成本大大高于普通壁纸，比较适合一些中高端需求的客户。无论是欧式风格、简约风格、田园风格，都适合使用非织造布壁纸。

针刺壁毯是贴墙布中档次较高的产品，其加工工艺的过程与针刺地毯相似，但定量较轻，一般为 150 ~ 400g/m²。

三、汽车内饰材料

汽车装饰用纺织品的主要功能是美化汽车的内部环境，使人们在乘车过程中感到舒适，因而它的开发、设计必须满足安全、舒适和环保的要求。非织造布具有生产流程短，生产效率高以及与橡胶、塑料复合加工性能好的特点，因此，汽车及其他交通工具广泛应用非织造布。汽车内饰非织造布种类很多，按用途可归纳为以下几种。

1. 衬垫材料

衬垫材料包括车门软衬垫、车顶衬垫、后行李箱衬垫、座椅衬垫、隔声垫、遮阳板软衬垫等。这类材料的基本性能要求为耐磨、不起球、回弹性好、密度小、隔音和绝热性好。这类衬垫材料大多是以涤纶和丙纶短纤维为原料，经针刺而制得的高蓬松性非织造布。有些衬垫材料，如行李箱衬垫，通常为涤纶针刺非织造布压模而成形的产品。为降低成本、提高隔声效果，现在已大量应用再生纤维。它们有的单独使用，有的与其他材料复合后使用。其基本生产工序为：

纤维成网→针刺加固→微粉黏合→模压成形

2. 覆盖材料

覆盖材料包括车顶呢、座椅面料、车内地毯等附加装置的装饰用面料。这类材料要求强力高、弹性、耐磨性和抗起球性能好。日本和西欧的许多公司将细旦纤维针刺绒类产品（薄类、轻定量）用作车顶呢；而将粗旦毛圈类产品用于车内地毯。在车用纺织品中，地毯占到 23%，是车用纺织品中很重要的组成部分，它与汽车的整体风格有关，汽车地毯要求不但能增加汽车的豪华感和舒适性，还要具有隔声、防潮、减震、抗污、抗霉、阻燃、色牢度良好、绒毛不易脱落等特点。座椅是车辆内装饰的主要部位，现在占主要地位的是聚酯纤维。座椅面料可以用缝编法非织造布或聚氨酯涂层人造革。车顶呢一般为三层结构，底层常用非织造布或玻璃纤维材料，中间为发泡材料，发泡材料有聚氨酯、聚苯乙烯等；表层是以针织物与非织造布为主的纺织品。这些纺织品要求在保持美学特性的同时具有一定的延伸性以满足模压成形工艺的要求，并具耐污、阻燃、吸声等性能。

3. 加固材料

加固材料包括靠背和座椅的加筋材料、地毯底布、人造革底布及车内某些组合件的加强筋。这类材料大多采用涤纶、丙纶或锦纶的纺粘法非织造布，并常与衬垫材料、覆盖材料及塑料和金属型材进行复合模压成形。

非织造布用作装饰材料，还有许许多多成熟的产品，并且随着非织造产品的不断开发，必将有更多的非织造产品应用于装饰领域。特别是复合类产品，这类产品将非织造布通过涂层（淋膜）加工成复合布。这种加工方法实质上已超越了传统的纺织加工技术领域，是一种综合纺织、化工、塑料加工的新工艺、新技术。

☞ **思考题**

1. 根据生产工艺的不同，非织造布一般可分为哪几种？
2. 非织造布得以迅速发展的主要原因是什么？
3. 非织造布纤维选用的原则是什么？
4. 非织造布常用纤维有哪些？
5. 举例说明特种纤维在非织造布中的应用。
6. 简述干法成网技术的过程。
7. 化学黏合法按施加黏合剂的方法可分为哪几种？
8. 简述热黏合加固纤网的特点和基本原理。
9. 热轧黏合根据其作用，可分为哪几种加固方式？
10. 简述缝编法机械加固常用的种类及特点。
11. 试述纺黏法非织造布的工艺过程。
12. 试述熔喷法非织造布的工艺过程。
13. 列举几例用即弃型和耐久型非织造布装饰用纺织品。
14. 我国目前非织造布在装饰用纺织品领域的生产与应用现状如何？其主要制约因素是什么？未来的发展趋势与方向是什么？

第九章 床上用品类设计及工艺

本章知识点

1. 床上用品的定义及分类。
2. 床上用品类的设计风格及设计、开发特点。
3. 床上用品类面料的选用及色彩与图案设计。
4. 床上用品的组织及工艺特点。
5. 床上用品的造型与结构设计及工艺。
6. 床上用品典型产品设计实例。

有人说，一张再好的床，如果没有漂亮的床上用品来搭配，就相当于没有装修的毛坯房，这句话形象地表达了装饰的重要性。床上用品作为室内"软装饰"，越来越成为业界关注的焦点以及消费者重视的领域。它不仅体现了个人的品位、修养、喜好、情趣，还具有调节身心等作用。

第一节 床上用品的定义及分类

一、床上用品的定义
床上用品行业主要从事床上用品的设计、生产、加工、销售，是装饰用纺织品行业的重要组成部分。在我国，床上用品业又称为寝具业、卧具业等。床上用品是装饰用纺织品最主要的类别，具有舒适、保暖、协调并美化室内环境的作用。主要包括床垫套、床单、床罩、被子、被套、枕套、毛毯、靠垫等织物。

二、床上用品的分类
1. 按照产品的最终用途分类
（1）套罩类。包括被套、床单、床罩、床笠等。
（2）枕类。粗略可分为枕套和枕芯。枕套又分为短枕套、长枕套、方枕套等；枕芯又分为四孔纤维枕、方枕、木棉枕、磁性枕、乳胶枕、菊花枕等。

（3）被褥类。可分为羊毛被、蚕丝被、七孔被、四孔被、冷气被、保护垫等。

（4）套件类。可分为四件套、五件套、六件套、七件套等。

2. 按花型加工工艺分类

从花型加工工艺上，可以把床上用品大致分为印花、绣花和提花三大类。

（1）印花床品。是指布织好后，再将图案印上去。印花产品的颜色鲜艳明快，花型种类繁多。一般可以分为活性印染和颜料印染两种。其中活性印染就是在染色和印花过程中，染料的活性基团与纤维分子形成结合，使得染料和纤维形成一个整体，所生产面料防尘性能优良，洁净度高，色牢度高，但成本要比颜料印染高。

（2）绣花床品。是指布织好后，再用机器将图案绣上去，绣花产品的特点是具有很好的透气性及吸湿性。

（3）提花床品。是指面料上的图案是用不同颜色的纱线直接织造出来的。相比绣花面料而言，造价成本更高，工艺更加复杂，而床品则更加柔软细腻，光泽度更好，手感更佳，质量和透气性能更好，而且更显高贵。

3. 按使用者的年龄分类

按使用者的年龄分类，可以把床上用品大致分为婴幼儿、少年儿童和成人用床上用品三大类。

（1）婴幼儿用床上用品。品种有床垫、婴儿被、睡袋、小枕头、尿布袋、妈咪包、地垫等。产品要求面料柔软、细腻、无刺激性。有效呵护婴幼儿娇嫩的肌肤，常采用淡雅、柔和的粉色系与可爱迷人的卡通图案进行装饰，款式造型可爱活泼。

（2）少年儿童用床上用品。主要品种有床单、床罩、床盖、被套、被芯、睡袋、枕套、枕芯、靠垫等。面料同样以柔软舒适的天然材料为主。色彩则更显活泼丰富，各类卡通图案是装饰的主要元素。款式、结构相对简洁，与成人用床上用品接近。

（3）成人用床上用品。主要针对青年人、中年人及老年人来设计。由于使用者的个性、年龄、职业、经济状况、审美意识、家居环境的不同，床上用品的色彩、图案、材料与款式也有很大的区别。

第二节　床上用品类的设计风格及设计、开发特点

一、床上用品的设计风格

床上用品在室内装饰陈设中所占的面积较大，因而其颜色、花纹对家居风格影响非常明显。近年来国内床上用品在设计风格上主要体现以下四种趋势。

1. 中式风格

极致中式风格是古典文化的传承。色彩以传统的中国红作为床上用品的主打颜色，增加了具有隆重感的玛瑙红、别具风情的玫瑰红、甜蜜温馨的粉红、粉黄等，并采用彼此搭配的

设计方法，强调出东方文化的新内涵。在纹样上除传统的缠枝纹、团花纹、落花流水纹外，各种具有中国传统意味的古朴典雅的散点纹样都很适用。在面料上除了采用基本的色织提花面料、仿丝棉面料、高支高密纯棉面料等主要面料外，还增加了天鹅绒、针织棉等来提升产品的附加值。

2. 自然风格

自然风格的色彩一般偏向浅绿、浅黄、粉红、天蓝、沙漠黄、湖蓝等。图案一般以自然界的动植物为主，如花草、树木、小鸟、海洋生物等，给人以亲切、简朴、自然大方的轻松休闲气氛。面料多以棉、蚕丝等纯天然面料为主，并适当地搭配以双丝光为特殊工艺的高档色织全棉面料。工艺追求的是一种精致、经典、简约的外观，自然肌理的运用是自然风格最大的特色。

3. 欧式风格

欧式风格强调产品的奢华感，在以金色系为主色调的产品线中，添加了沉稳的棕色、柔美的珍珠白、另类的银灰及酒红等奢华的色系。在细部花纹上则用镶绣、镂花、缎带造型，营造雅致的感觉。在面料选择方面，以纯棉、绸缎、锦缎等为素材，在细部创意上，则注重蕾丝花边的加工，极力营造立体美，给人以高贵华丽的感受。

4. 民族地域风格

民族地域风格的床上用品，其颜色和花型直接反映了本民族的传统，更具有浓郁的民族气息。通过降低色彩的明度和纯度，提高色相之间的对比关系，让主题纹饰结合流行的各种元素、肌理以及写实花卉，延伸出一系列的产品线，丰富了终端的整体形象，使系列化的产品可以相互混搭在一起。最近在怀旧的民族风格的设计中，出现了各种各样的具有时代感的民族风格。

二、床上用品的设计、开发特点

（一）功能化、环保化和高档化

随着人们生活水平的不断提高，以保健型、功能型为主要特征的床上用品已经成为市场新宠。具有吸湿、防水、速干、拒油、耐污、抗菌、防臭、防蚊、抗皱、防紫外线及特殊保暖等功能的床上用品，越来越受到消费者的青睐。

随着社会的发展以及人们环保意识的增强，"绿色床上用品"等已成为纺织品消费的主流，带有绿色标志的产品日益受到消费者的青睐。绿色、生态、环保已经成为现代人的一种新的生活追求和消费时尚。

床上用品的高档化就是要向高科技含量、高附加值、名牌产品的方向发展。品牌是产品质量和档次的标志，是消费者自我价值的体现。买产品买名牌，是一种消费趋向。

（二）系列化、配套化、时尚化

目前城市居民已开始将床上用品、窗帘、餐桌布、毛巾、布艺家具甚至手帕这类各自独立的消费品，看成室内"软装饰"的整体。在色彩、图案及功能上趋同一款，呈现配套化的趋向，从而使风格、色彩在家居中独具一种"时装"的感觉。

床上用品的设计越来越注重适合整体大环境空间的风格，以达到整体协调配套的效果，体现现代时尚潮流。

（三）产品的多元化

1.纺织材料的多元化

在采用大量的天然棉、麻、丝、毛纤维及各种化学纤维以外，各种新型纤维也被广泛应用于床上用品中。高档的再生纤维素纤维织物、保健型的大豆纤维织物、牛奶纤维织物、甲壳素纤维织物等，是床上用品今后发展的趋势和方向。

2.品种、档次多元化

为了充分满足不同消费群体的各种不同消费需求，床上用品的品种是多元化、多层次的。产品档次应形成价格上的高、中、低档的阶梯层次。

3.设计风格多元化

设计风格多元化是指床上用品要适合各种风格的室内环境，同时还要适合不同民族、不同信仰、不同阶层、不同年龄层的人们不同的欣赏品位。

三、未来床上用品的发展趋势

随着生活水平的提高与消费观念的逐渐改变，床上用品的发展呈以下趋势。

（一）床上用品的人性化设计

任何产品的设计都要有"以人为本"的设计理念。在设计中融入轻松、自然、简约、立体等时尚理念的同时，也着重考虑产品使用者的普遍需要。例如，采用可以调节室内负离子含量、防静电、防紫外线等功能面料，将能够改善睡眠、美容养颜、低碳原生态，自然杀菌等功能面料层出不穷地演绎到床上用品的设计中，把集成电路模块安放在床上用品中，以满足人们保健、娱乐的需求。设计出智能化、人性化、个性化的产品，以产品差别化取胜，是未来床上用品的发展趋势。

（二）床上用品由"经济实用型"向"功能性、装饰化、保健型"方向转化

纵观时下床上用品市场，床上用品生产也已由过去的"经济实用型"向"功能性、装饰化、保健型"方向转化，日益呈现出系列化、配套化的发展趋势。床上用品的需求已从单纯的保暖性转向了对舒适性、保健性和易洗涤等多方面的要求。美国的全棉床单通过特种整理，能达到涤棉混纺的免烫效果；英国的海马公司生产的纯棉阻燃床单能耐水洗达200次。消费者的选择除品种、花色、款式外，更注重功能性，其科技含量日渐增大。西欧将原来的毛毯、床单、床罩三合一品种，发展为被褥加被套绗缝产品，轻软保暖，替代了单一的毛毯品种，防菌、防臭的卫生程度可达到洗涤20次的效果。特别是床上用品的保健性功能，是人类亲近自然、渴望健康、珍惜生命的表现，是艺术化之后的必然趋势，以满足身体健康和环保为主要特征的床上用品已成为市场的新宠。

（三）被褥类床上用品向阔、密、广、深、变、美六个方向发展

阔：产品向阔幅系列发展。

密：高档产品采用高支高密面料。

广：选用原料广，而且系列化。

深：高档产品均以深加工、高附加值加工为主。

变：产品结构多变，以多种组织、特殊结构，适应个性需求组合配套。

美：图案设计美观精致，产品包装精美，以满足消费者的心理需求。

第三节　床上用品类的设计与工艺

床上用品类的设计需要设计师运用色彩、图案、面料、工艺等要素进行产品设计，以满足不同的个性和功能需求。

一、面料的选用

面料是指在床上用品中，用来制作成品表面的布料。对面料的要求，除了内在质量要求外，还必须有很好的外观。面料的撕裂强度、耐磨性、吸湿性、手感都应较好，缩水率控制在1%以内，色牢度符合国家标准的布料都可以采用。

（1）纯棉面料手感好，舒适亲肤，易染色，花型品种变化丰富，柔软暖和，吸湿性强，耐洗，带静电少，是床上用品广泛采用的材质，缺点是容易起皱，易缩水，弹性差，耐酸不耐碱，不宜在100℃以上的高温下长时间处理，所以棉制品熨烫时最好先喷湿再熨平。

（2）色织纯棉面料。该面料是用不同颜色的经、纬纱织成。由于先染后织，染料渗透性强，色织牢度较好，且色纱织物的立体感强，风格独特，床上用品中多表现为条格花型。

（3）高支高密纯棉提花面料。该种面料的经纬密度特别大，织法变化丰富，因此面料手感厚实，耐用性能好，布面光洁度高，多为浅色底起本色花，格外别致高雅，是纯棉面料中较为高级的一种。

（4）真丝面料。真丝面料外观华丽、富贵，有天然柔光及闪烁效果，手感舒适，弹性和吸湿性比棉好，但易脏污，对强烈日光的耐热性比棉差。其纤维横截面呈独特的三角形，局部吸湿后对光的反射发生变化，容易形成水渍且很难消除，所以真丝面料熨烫时要垫白布。

（5）涤棉产品。一般采用65%涤纶、35%棉配比的涤棉面料。平纹涤棉布面细薄，强度和耐磨性都很好，缩水率极小，制成产品外形不易走样，且价格实惠，耐用性能好，但舒适贴身性不如纯棉。此外，由于涤纶不易染色，所以涤棉面料多为清淡、浅色调，更适合春夏季使用。斜纹涤棉通常比平纹密度大，所以显得紧密厚实，表面光泽、手感都比平纹好。

二、色彩与图案设计

色彩能给生活增添光彩，用不同的颜色装饰房间，会给人不同的视觉感受。床上用品的色彩组合是决定装饰效果的重要环节。红色历来是我国传统的喜庆色彩；粉红色则给人柔美、甜蜜、梦幻、愉快、幸福、温雅的感觉，几乎成为女性的专用色彩；淡黄色使人感觉平和、温柔；米黄色则是很好的休闲自然色；深黄色却另有一种高贵、庄严感；绿色，象征青春的朝气与旺盛的生命力，给人以恬静、凉爽、舒适、温馨的感觉；蓝色，给人以冷静、沉思、缜密的感觉，常使人想起晴空万里的蓝天；浅蓝色系明朗而富有青春朝气，深蓝色系沉着、稳重，为中年人普遍喜爱的色彩；白色是永远流行的主要色，可以和任何颜色作搭配，在它的衬托下，其他色彩会显得更鲜丽、更明朗。

俗话说：远看色，近看花。床上用品的纹样造型和色彩都同样重要。不同的织物图案会给人不同的心理感受。例如，自然风格的织物可以拉近现代人和自然之间的距离，其在图案上一般以自然界的动植物为主，如花草、树木、小鸟、海洋生物等，给人以亲切、简朴、自然大方的轻松休闲气氛。简洁而细腻的线条、碎花、方格图案的织物，可使人的身心感到无比舒展、宁静。各类卡通图案是婴幼儿、少年儿童床上用品装饰的主要元素。

床上用品的色彩和图案是相互呼应的，造型上各种单品纺织品图案还需要变化，形成既统一又有对比的配套装饰。床上用品的图案形成一般分为 A+B 版或 A+B+C 版的设计，目的就是运用二维的设计表现和营造多层次的空间美。如图 9-1 所示，床上用品 A 版的花型，通过纬纱颜色与组织的搭配、过渡，以紫色为基调，宛如行云流水，体现了产品的时尚、浪漫及大气。而床上用品的 B 版配以同色调色织浅紫青年布，与 A 版形成有节奏的紧密和色调的协调一致，使床上用品的图案层次得到美的延伸和富于变化。

图 9-1　色织多色纬大提花床品四件套

三、床上用品的组织及工艺特点

床单、被套、睡衣等与人体密切接触的产品，常采用简单的原组织或小提花组织。床罩、抱枕可用缎纹、平纹或者其他简单的小花纹组织，毛毯常用纬二重组织，毛巾被、毛巾则用毛巾组织。

1. 平纹织物

平纹组织是由经、纬纱一上一下相间交织而成。经纬纱之间每间隔一根纱线就交织一次，组织点频繁，表面平整，质地坚牢，正反面外观效果相同，平纹织物密度不高，较为轻薄，耐磨性、透气性较好。

2. 斜纹织物

斜纹组织的组织点连续成斜线，织物表面有明显的斜向纹路。与平纹织物相比手感较柔软，光泽较好。

3. 缎纹织物

缎纹组织的单独组织点被组织上由其两侧的经（或纬）浮长所遮盖，故在组织表面都呈现经（或纬）浮长线，因此，质地柔软，布面平滑、匀整，富有光泽。缎纹织物的密度较高，织物更加厚实，比同类斜纹组织产品成本高。

4. 提花织物

提花织物分为小提花织物和大提花织物两大类。小提花织物一般是以简单的原组织、变化组织或联合组织为基础组织，在多臂织机上织制而成的织物，其表面具有规则的小花纹效应。大提花织物是以某种组织为地部，在其上表现一种或数种不同组织、不同色彩或不同原料的大花纹循环组织的织物。一个花纹循环的经纬纱线从几百根至数千根，所以必须在提花织机上织制完成。织物色彩丰富，不显单调，图案立体感较强，色泽及组织层次比较丰富，厚度各异，一般用于生产高档床上用品。

5. 磨毛织物

磨毛织物属于高档精梳棉，在面料的后处理过程中，进行磨毛处理，使面料的表面呈现一定的绒感，提高面料手感。磨毛时，先浸轧起毛剂，烘干拉幅后在专用的磨毛机上进行磨毛整理，磨毛机有六根砂皮辊，根据布料的不同包上不同号数的砂皮，然后布面在高速运转的砂皮辊上，给予一定的张力，慢慢地经过，布面经六根砂皮辊的摩擦后，就有了浓密的绒毛。磨毛面料绒面平整，手感丰满、柔软，富于绒感，光泽柔和，无极光，而且蓬松、厚实，保暖性能好，夏季还可当作薄被使用。

四、造型与结构设计

床上用品类的造型与结构设计需要集装饰性与实用性于一体。以套件的设计为例，根据床的实际尺寸来设计，在讲究其结构的同时要考虑人的身高尺寸，也要符合床的尺寸。不仅是对其装饰图案、色彩来进行设计，被套的大小、枕套的宽窄、床单垂床边的高度，这些都是设计的同时需要考虑的。只有结合合理的造型结构才能更好地把握好、设计好床品。

1. 床罩

床罩是在床上起防尘、装饰作用的纺织品。按原料和加工方法可分为织锦床罩、绉地床罩、簇绒床罩和衬棉床罩等。

织锦床罩属锦类丝织物，色彩瑰丽、图案精细，具有民族特色，是一种高级床罩。

绉地床罩又称泡泡纱床罩，用机织彩条泡泡纱制成，手感柔软。

簇绒床罩又称绣绒床罩，可用纯棉、腈纶、丙纶等作原料，用簇绒机将有色纱线固定在底布上，在底布的反面形成一定长度的绒缀，随后按描绘在底布上的花纹重复簇绒，再经缝边、刷绒等整理加工。为避免绒头落毛还可进行湿整理。

衬棉床罩由被面、衬里和填充料（化纤絮片）组成，经缝纫而成薄型被褥床罩，有轻、软、滑的特点。床罩的图案设计根据整个房间的陈设色调运筹、把握。

常见的床罩规格按照床的大小及款式的不同划分如下：

（1）配 120cm×200cm（宽×长）的床。

　床单式：180cm×240cm、200cm×250cm、210cm×270cm

　床罩式（床裙式）：120cm×200cm+45cm、122cm×204cm+45cm

　床盖式：180cm×230cm、200cm×250cm

（2）配 150cm×200cm（宽×长）的床。

床单式：220cm×250cm、230cm×250cm、240cm×260cm、250cm×270cm

床罩式（床裙式）150cm×200cm+45cm、152cm×204cm+45cm

床盖式：218cm×218cm、230cm×250cm、240cm×260cm

（3）配180cm×200cm（宽×长）的床。

床单式：240cm×260cm、250cm×270cm、260cm×270cm、270cm×270cm

床罩式（床裙式）180cm×200cm+45cm、182cm×204cm+45cm

床盖式：248cm×248cm、250cm×260cm、260cm×260cm、

2. 被套

被套是被子可脱卸的保护性外套，是床上用品中要经常洗涤的消费品。常见的款式有迎宾式、信封式、系带式。被套的花型色彩设计最为丰富，抓住流行趋势，应对不同风格是设计的关键。目前流行的A+B版套色设计使床上用品设计更为丰富、和谐、有个性。常见被套的规格（长×宽）：150cm×200cm、160cm×210cm、180cm×210cm、180cm×220cm、200cm×220cm、200cm×230cm、210cm×230cm、220cm×240cm、230cm×250cm。

3. 枕套

枕套是现代枕头的一个重要组成部分，用来保护枕头，同时也有美观的作用。现代的枕套有三种最基本的款式：普通的一片包型、牛津型（装有平边）和缀边型。三种枕套都有一个固定枕头的内封品，这样便不用在两侧实行一些加固措施。不同材质、不同色彩及图案的枕套都会对人们的生活产生不同的影响。一般采用与被套、床罩配套的面料裁制枕套。枕套的设计往往与被套、床罩一起进行配套化设计。

常见枕套的规格（长×宽）为：45cm×70cm、48cm×72cm、50cm×70cm、50cm×75cm、50cm×80cm、55cm×80cm。

4. 被类

被类分为化纤填充物被类和天然填充物被类两种。化纤填充物被类有涤纶棉（聚酯纤维）、中空棉、滑棉、软棉（松棉）等，其保暖性不如天然纤维。天然填充物被类有棉花被、羽绒被、蚕丝被、羊毛被等。上乘的棉花、鹅绒、羊毛、蚕丝充实了睡眠空间，为人们带来前所未有的舒适感与安心感。

（1）纯棉被是床上用品的一种，是以棉花为主要原料，经过机器或者人工加工而成，面积足以覆盖人体的长方形的被子，主要用于睡眠时的保温。

（2）羽绒被的被芯分为白鹅绒、灰鹅绒、白鸭绒、灰鸭绒、鹅鸭混合绒和粉碎绒等多种。被芯质量的高低，主要取决于其标准含绒量和充绒量。天然鹅绒的绒朵大、羽梗小、品质佳、弹性足、保暖强；鸭绒的绒朵、羽梗较鹅绒差，但品质、弹性和保暖性都很高；鹅鸭混合绒的绒朵一般，弹性较差，但保暖性较好；粉碎绒是由毛片加工粉碎，弹力和保暖性差，有粉末，品质较次，洗后容易结块。

（3）蚕丝被是用蚕丝作填充物的被子。蚕丝是自然界中集轻、柔、细为一体的天然纤维，素有"人体第二皮肤"的美誉，被业界称为"纤维皇后"。其主要成分为纯天然动物蛋白纤维，其构造和人类的皮肤是最相近的，内含多种人体必需的氨基酸，有防风、除湿、安神、滋养及

平衡人体肌肤的功效。蚕丝滑爽、透气、轻柔、吸湿、不刺痒及抗静电等特点使其成为制作贴身物品的上乘面料，而以蚕丝作填充物的蚕丝被更具有贴身保暖、蓬松轻柔、透气保健等得天独厚的品质和优点。

（4）羊毛被的光泽柔和，且富有弹性，不易沾污，常年使用仍能保持舒适性。由于卷曲的羊毛中，含有大量的空气，而空气的传热率非常低，能有效防止外部冷空气的进入与内部热空气的散发，因而能达到很高的保温性。同时，羊毛具有极佳的吸、放湿性，能不断吸收人体散发的湿气与汗液，并将之排放到空气中，以使被褥保持干爽、舒适。

有些制品不仅尺寸是主要规格，重量也是重要的规格。重量的指标有总重量（如被芯、毛毯、毛巾等）和单位面积重量（如纫缝被填充物、毛毯）。

例如，夏季使用的空调蚕丝被：100 ~ 150g/m²，200cm×230cm的蚕丝被，需要填充500 ~ 750g的蚕丝。春季秋季使用的春秋型蚕丝被：300 ~ 450g/m²，200cm×230cm的蚕丝被，需要填充1500 ~ 2000g的蚕丝。冬季使用的冬季型蚕丝被：550 ~ 650g/m²，200cm×230cm的蚕丝被，需要填充2500 ~ 3000g的蚕丝。

五、床上用品的工艺

床上用品的工艺包括面料的织造工艺，图案的印染工艺以及成品的制作工艺。成品的制作工艺包括缝制工艺和装饰工艺。缝制工艺是制作床上用品的基础，而装饰工艺则是对床上用品的丰富。

（一）床上用品的设计流程和生产流程

1. 套件和单件组合的设计流程和生产流程

设计流程：花型设计→配色→款式设计→制成样品→质检→综合评定→生产

生产流程：采购原料→设计布纹→委托加工→下单→批量印染→质检→裁剪→缝纫→质检→熨烫→质检→包装→出厂

2. 被子和枕芯的设计流程和生产流程

设计流程：款式设计→确定填充物重量→制成样品→各种物理性能测试→水洗测试→重复物理性能测试→对比两次结果→差异不大，下单生产

被子生产流程：采购原料→裁剪→铺绵→纫缝→质检→缝纫→质检→包装→质检→出厂

枕芯生产流程：采购原料→裁剪→质检→缝纫→质检→灌装→收口→包装→质检→出厂

（二）缝制工艺

1. 手工缝制工艺

主要采用各种全棉印花面料，经精心设计，镶拼成美丽的图案或附加绣花和其他工艺。完全以手工一针一线缝制，使人充分感受到手工的亲切与纯朴。

2. 机械纫缝工艺

选用各类优质面料，运用各种富于表现力的针法和色彩，绣制各种图案。并结合其他工艺，使产品风格多样，品种繁多。机械纫缝工艺产品既实用又美观。机械式多针纫缝产量高，一致性较好。但花样简单，变化少，不能倒布，不能打板，以复合为主，加工里料和被芯为主。

3. 计算机绗缝工艺

计算机绗缝机在精确的计算机系统控制下，能完美地处理整个坐标系上所编制的各种复杂图案，在其生产速度、机械性能、噪声污染等指标上，都是以往机械绗缝工艺不可以比拟的。绗缝花样由专门的打板软件制作，配合大容量存储卡，可以存储上千种花样，由于采用计算机控制，可以实现复杂花样的运算处理，而且精度高，处理速度快。绗缝轨迹图案优美灵活，与绣花或拼花图案完美结合，不管填充物厚、薄，均能适宜。适用于蚕丝被、羊绒被、羽绒被、棉被、羊毛被、夏凉被及睡袋等产品的绗缝作业。

（三）装饰工艺

1. 刺绣

所谓刺绣，又称丝绣，俗称"绣花"。就是用针将丝线或其他纤维纱线以一定图案和色彩在绣料（底布）上穿刺，以绣迹构成花纹的装饰织物。它是用针和线把人的设计和制作添加在任何存在的织物上的一种艺术。刺绣分丝线刺绣和羽毛刺绣两种。中国刺绣主要有苏绣、湘绣、蜀绣和粤绣四大门类。刺绣的用途主要包括生活和艺术装饰，如服装、床上用品、台布、舞台、艺术品装饰。如图9-2所示，床品中运用刺绣作为装饰手法，将中国传统文化和现代时尚风格完美地结合在一起。

图9-2 绣花床品

2. 缎带绣

缎带绣是使用色彩丰富、细而柔软的缎带在棉、麻布上进行刺绣，如图9-3所示，由于丝带具有美丽的光泽，刺绣后富有阴影，鲜花的层次跃然于布面之上，能够产生较强的立体感。

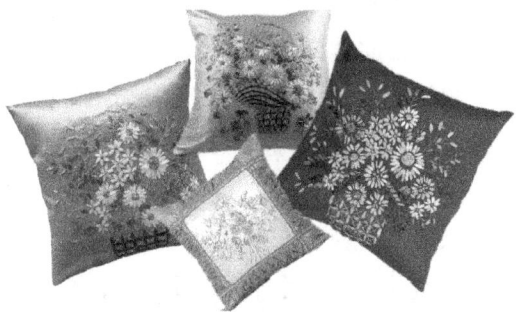

图9-3 缎带绣抱枕

3. 抽纱

抽纱是刺绣的一种，亦称"花边"。抽纱不仅花色品种多，制作精细，而且美观实用，它是艺术创造和智慧的结晶，是我国工艺美术宝库中一朵绚丽多彩的艺术之花。可分绣花、补花、编结、混合四类。其中绣花有雕绣、抽绣、影针绣、彩平绣、双面异色绣、挑花等；补花有雕补花、贴布、补绣；编结类有万缕丝、棒槌花边、网扣、菲力、勾针花边、针结花边等；混合类有雕绣镶嵌编结、编结嵌布绣花，雕绣编结拼方等。如图9-4所示，常采用抽纱和刺绣相结合的

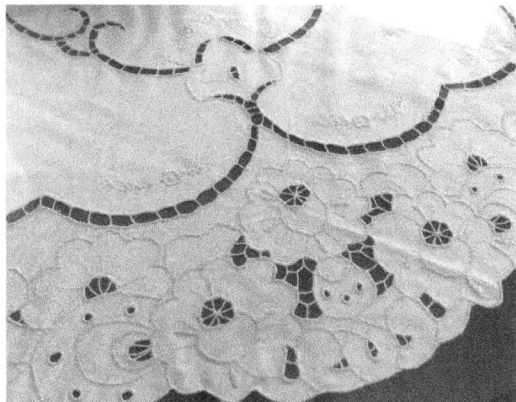

图9-4 抽纱产品

设计方法，产生虚实结合、层次丰富的视觉效果。抽纱是实用工艺品，从其应用的范围和实际用途来看，产品的品种主要有台布、被套、床罩、枕套、手帕、手巾、沙发套、靠垫、窗帘、围裙、门帘等。

4. 十字绣

十字绣是一门具有悠久历史的手工艺术，起源于欧洲。由于其针法简单，因而非常流行，广泛应用于装饰织物中。

第四节　床上用品典型产品设计实例

床上用品种类繁多，不同种类有不同的具体要求，现以床罩的设计与制作为例，以期抛砖引玉，在实际生产中结合具体情况灵活运用。

一、床罩的形式

1. 床单式

床单式就是指用作床单用途的床单款式。这种床罩其实就是一个长方形，工艺最简单，但也是目前国内市场上最热销的款式。

2. 床盖式

一般指的是复杂一点的床罩，具体是指在床单的 3 个边上贴一层面料，挂上装饰线，并把两个角做成圆形。特点是由于有贴边的一层，显得好看和容易下垂。严格来说，某些欧式床单就是指的这类床盖式。床盖绗棉以后称为绗棉床盖。

3. 床裙式（也叫床罩式）

床裙式要根据床的大小设计，规格一般是 1.5m×2m+45cm 或 1.8m×2m+45cm。45cm 指的是裙边的高度。另外裙边要打褶，这样就会使用大量面料，也就是为什么床罩贵的原因。另外一点，大部分的床罩四角都带有橡皮筋，用来套床垫用，这样不易滑动。

二、成品规格及排料图

1. 成品规格

成品规格要根据床的大小、式样而定，两边都有床头的，床罩的长度应比床的长度稍长；宽度应以床的高度来定，一般以下垂后离地 5 ~ 15cm 为宜。

本实例床罩成品规格 150cm×200cm+45cm，款式为床裙式。

2. 床裙

床裙用来遮住床垫和床脚，常选用与被罩相同的面料。裙边打细褶包边，床沿三面嵌实心线，裙边高度 45cm。

3.排料图

面料采用印花棉布，幅宽160cm。排料图如图9-5所示。

三、缝制要求

（1）拼缝处缝份为1cm，成品规格误差小于2cm。

（2）缝制线匀、直、牢固、面底线协调一致，起止打倒回针，针距密度13针/3cm。

（3）断线接针要套正，明切线不掉轨。

（4）卷边、贴边宽窄要一致、不露毛边。圆线带包紧，不允许有脱落现象。

（5）抽褶要均匀。

（6）拼缝平服无明显褶皱，拼边平直，宽窄一致，做角处要平服，不翘不拱，大小一致。

（7）直角角度要方正，贴边做角处要对花、对条，边上不允许出现反止口现象。

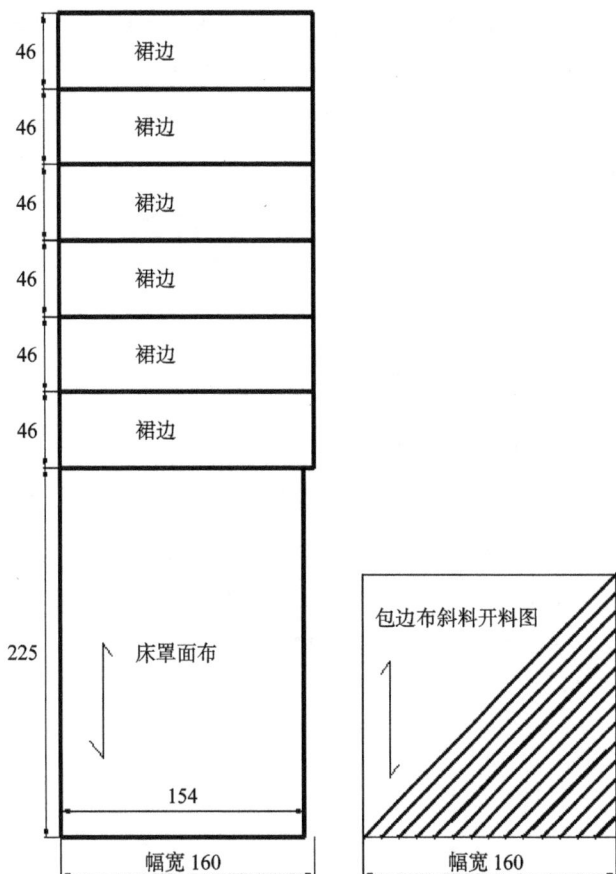

图 9-5　排料图

四、工艺流程及说明

1.工艺流程

进料检验→裁剪→缝制→熨烫→检验→包装

2.说明

（1）进料检验。按照国家相关标准对原材料进行检验。

（2）裁剪。沿画好的排料图轮廓线依次将裁片裁剪下来备用。

（3）缝制。调整好平缝机，使线迹良好，针距密度13针/3cm，并使用与面料色彩相近的缝纫线。

①做褶裥裙边：先将裙边裁片的宽度方向正面相对相互拼接，并将一侧长度方向用包布包边，包边宽度为1cm，包边时注意观察花型有无方向，如果有方向则根据花型要求在底边包边；裙边的宽度方向两侧各卷边2cm。将裙边的另一个长度方向用抽褶压脚抽细褶，抽好后的长度为558cm。

②装实心帽带嵌条：将床罩面布床头横向卷边2cm后正面朝上，并将包布内包ϕ0.3cm的实心嵌线，用单边压脚将嵌条固定于面布上（距离床头各20cm）。

③将抽好细褶的裙边与床罩面布正面相对，沿着辑缝嵌线的位置上下片双层固定。

④将床头位置与裙边宽度方向翻转 20cm 固定。

（4）熨烫。缝好后将毛边缝拷边并剪净线头，熨烫平整，产品无变形、无烫黄、无油渍、无水渍。

（5）检验。按成品检验标准进行检验。

（6）包装。根据包装程序，将所需材料一一装入袋内，要求包装好的产品折叠平伏，无折痕。

☞**思考题**

1. 简述床上用品的定义及分类。

2. 试述床上用品的设计风格。

3. 试述床上用品的设计、开发特点。

4. 试述床上用品的设计有哪些方面的内容。

5. 设计一款床上用品的面料（素材不限）。

第十章 窗帘帷幔类设计及工艺

本章知识点

1. 窗帘帷幔类的基本功能、面料及配件。
2. 窗帘帷幔类款式设计及窗帘的搭配。
3. 窗帘帷幔的流行状况。
4. 窗帘帷幔类的制作工艺。

窗帘帷幔类装饰织物是点缀生活空间不可或缺的选择之一，是主人品位的表现，是生活空间的精灵，总之，花点时间去选个窗帘，是体味生活的好方式。在布置家居的软装饰中，为了独具特色的家居，窗帘选择的正确与否显得尤为重要。

第一节 窗帘帷幔类的基本功能、面料及配件

一、窗帘帷幔类的基本功能

（一）遮蔽功能

对于一个家庭来说，谁都不喜欢自己的一举一动都落入别人的视野。从这点来说，不同的室内区域，对于隐私的关注程度又有不同的标准。客厅是家庭成员公共活动区域，对于隐私的要求就较低，大部分家庭客厅的窗帘都是拉开的，大多处于装饰状态。而对于卧室、洗手间等区域，人们不但要求看不到，而且要求连影子都看不到。这就造成了不同区域的窗帘选择不同的问题。客厅我们可能会选择偏透明的面料，而卧室则会选用材质较厚的面料。

（二）调节功能

窗户是容易散热的地方，夏季阳光辐射通过窗户进入室内，冬季室内热量通过窗户散之室外。选用合适的窗帘可在一定程度上调节室内温度。现在有一种垂直百叶帘，在百叶帘的一面涂了一层反辐射涂料，夏季将该面朝外可防止室外热量进入室内，冬季将该面朝内同样可防止室内热量散之室外，调节室内温度的效果较好。

室内的光线也是可以人为营造的，对于开窗率比较大的房间来说，不妨采用不同图案的纱质窗帘，这样当光线透进来时，光影会发生变化，使得空间层次变得丰富。这样的空间如果不

需要私密性或者遮光，那么单层的窗纱就足够了。

窗帘帷幔类纺织品也可以起到调整室内空间的功能，例如，要使空间显得高，可以使用色彩和谐的"竖式"条纹和图案以装饰墙壁和窗户，用醒目的同色系但不同花色的窗帘使其与墙壁形成对比，以拉长空间比例。垂挂下来的纱帘也能延展空间，可以让面积不大的卧室不至于显得太压抑。

（三）吸音功能

声音的传播部分，高音是直线传播的，而窗户玻璃对于高音的反射率也是很高的。所以，窗帘帷幔类纺织品的吸音功能主要是指吸收室内的声音。这与织物间隙保持空气层有密切关系。特别是中厚型织物大多属重组织结构，形成多层次状态，因此在阻挡外界噪声的同时，也能较好地吸收室内音响，声源经过织物后形成了漫反射而有所损耗，使声音更加清晰悦耳。呢绒织物吸音效果更佳，所以常用作舞台的帷幔和剧场的窗帘。

（四）美化功能

窗帘帷幔类纺织品对于很多普通家庭来说，是墙面的最大装饰物。尤其是对于一些"四白落地"的简装家庭来说，除了几幅画框，可能墙面上的东西就剩下窗帘了。所以，窗帘的选择漂亮与否，往往有着举足轻重的作用。同样，对于精装的家庭来说，合适的窗帘将使得家居更漂亮更有个性。如房间有缺陷可以用醒目的图案或是具吸光质料的布幔来遮掩。以鲜亮的图案与素色的物体形成对比，以衬托背景，或使用具反光性质地的材料来突出室内迷人景致。

如图 10-1 所示的卧室，色彩浅淡、材质轻薄的床上用品及窗纱，都旨在让空间的光线游走自由，这样的布艺设计适合朝向不太理想的空间，床上的玫红色玩偶、地面粉紫色的地毯及暗红色调的条纹窗帘很好地平衡了房间里的氛围，避免了过于清淡的用色导致的无焦点感。

如图 10-2 所示的卧室，几何图案搭配现代绗缝工艺的床品，无不体现着古典与现代的交融。色彩浓郁的起绒纹织物制作的窗帘、紫色的椅子渲染了空间的气氛，使得素色的基础色不再寡淡，呈现出勃勃的生机，充满活力。

图 10-1　卧室

二、窗帘帷幔类的面料

（一）窗帘帷幔类织物的性能要求

窗帘帷幔类织物材质的选择要满足以下基本要求。

1. 悬垂性能

悬垂性是指织物因自重而下垂的性能。悬垂性反映织物的悬垂程度和悬垂形态，是决定织物视觉美感的一个重要因素。悬垂性能良好的织

图 10-2　卧室

物，能够形成光滑流畅的曲面造型，给人以视觉上的享受。用于窗帘、帷幕的织物必须具有很好的悬垂性。

2. 耐晒性能

窗帘织物在使用过程中要经受高温暴晒，这就对窗帘织物提出了更高的耐晒要求。这就要求对织物进行抗紫外线为主的加工。

3. 耐洗涤性能

窗帘织物是暴露在外面的织物，容易沾染灰尘，要具有一定的耐洗涤性能。

4. 吸音性能

纺织品良好的多孔材料具有很好的吸声隔音性能。当声波射入织物表面时，声波进入材料内部引起空隙间的空气震动，紧靠孔壁或纤维表面的空气受孔壁的影响不易动起来，由于这种摩擦、空气的黏滞阻力使一部分声能转化为热能，从而使声波衰减。

5. 阻燃性能

阻燃性是物质本身具有的或材料经处理后具有的明显推迟火焰蔓延的性质。在人们日常生活中，各种火险隐患无所不在。为了减少由于纺织品易燃引起的火灾事故，减少由此造成的对人生命和财产安全的危害，纺织品阻燃性能的测试受到了世界各国的高度关注。窗帘织物要具有阻燃性能。

（二）窗帘帷幔类织物的种类

窗帘帷幔类织物的种类较多，一般以实用功能分为五类，即窗帘、窗纱、浴帘、帷幔和遮阳织物。

1. 窗帘织物

窗帘织物一般泛指用于窗帘中间层的中厚型织物和用于里层的厚型织物，多为机织物。

（1）传统面料。传统窗帘布的面料基本以涤纶化纤织物和混纺织物为主，因为悬垂性好、厚实。常用的有：

①雪尼尔。这种面料感觉比较粗犷、厚重感强、垂感性也很好，是20世纪90年代末非常流行的面料，广泛应用于窗帘、沙发等软装饰。

②高支高密的色织提花面料。这种面料比较细腻、光泽很好，是比较华贵的面料，当然价格也不菲。

③粗支纱的色织或印花面料。这种面料属粗而不犷、细而不腻的面料，是比较大众的面料，价格也比较适中。

④其他面料。还有很多其他的面料，如金丝绒、麂皮绒、植绒等都是不错的窗帘面料，各种高档的进口面料及各种新型面料层出不穷。

（2）遮光面料。传统的遮光面料是在黑色的面料上涂银，它是单纯为了遮光而设置的，是从属于布帘的配套产品，它不仅手感发硬、哗哗作响，而且做成两层窗帘成本也相应较高。现在随着科学技术水平的提高，新型遮光面料不仅克服了传统遮光面料的缺点，又提高了产品的档次。新型遮光布的特点是手感厚实、细腻滑爽、垂感好、色彩齐全、花型丰富、遮光率高，适用于各种不同的场合和各种类型的装修风格。它既能与其他布帘配套作为遮光帘，又能单独作为集遮光和装饰为一体的窗帘布。并且可以做成各种不同风格的遮光布，如提花、印花、素色、烫花、压花等的遮光布。它们既保持了原有的风格又具有很好的遮光效果，所以具有很大的发展空间和市场潜力。传统窗帘遮光布和新型窗帘遮光布的区别见表10-1。

表10-1　传统窗帘遮光布与新型窗帘遮光布的区别

类别	传统窗帘遮光布	新型窗帘遮光布
面料	普通面料	棉、涤棉、麻、蚕丝
面料特点	不能水洗，一洗就会沾在一起，再撕开就破，面料手感差，透气性差，不隔音、隔热	可水洗，手感好，面料柔软，透气性好，隔音、隔热
产品种类	素色，没有花型	素色、印花、压花、提花、色织
价格定位	定位低档，价格便宜	定位中高档
工艺特点	对普通的面料进行染色涂层，以达到遮光效果，涂层一般有涂银、植绒等，工艺简单，加工成本低	采用织布机织造，在织布过程中，将黑纱织入中间层，产生遮光效果（俗称三明治布）。做工精细，加工成本高。通过后加工整理可生产阻燃遮光布、防水防油防菌三防遮光布、烫银遮光布、胶印遮光布等
遮光效果	有遮光效果，不能阻挡紫外线	遮光效果达50%～99.9%，有阻挡紫外线的功效，以满足人对光线不同强度的需求
环保性	不环保，使用时间长（在阳光直射下）会发出胶的气味，严重时会使人流眼泪	环保，无气味，防紫外线
使用范围	用于家居、酒店、写字楼	用于家居、高档酒店、高档写字楼

2. 窗纱织物

与窗帘布相伴的窗纱织物质地轻薄稀疏，疏密不同的透空网眼构成了独特的织纹效应，呈透明或半透明形态。它不仅给居室增添柔和、温馨、浪漫的氛围，而且具有采光柔和、透气通风的特性，给人一种若隐若现的朦胧感。

窗纱的加工方式常用的有机织和经编两种。机织窗纱在网眼形态和花纹变化上不及经编窗纱丰富，经编窗纱网眼开孔均匀，视觉效果匀称，外观立体感强，是现代窗纱的主要品种。

窗纱的面料可分为涤纶、仿真丝、麻或混纺织物等，根据其工艺可分为印花、绣花、提花等。窗纱基本以280cm幅宽为主。窗纱织物有薄形与半薄形之分。薄形采用涤纶等长丝织制；半薄形采用花式线织制。

3. 浴帘织物

浴帘织物要具有防水功能。主要采用涤纶、锦纶等疏水性的合成纤维。

4. 帷幔织物

帷幔织物是用来分隔室内空间的织物。所用的织物与窗帘基本相同，一般可以通用，只在制作形式上略有区别。

5. 遮阳织物

遮阳织物包括遮阳篷、遮阳伞和遮阳百叶窗等。

（1）商用遮阳篷与遮阳伞实际上属于室外装饰织物，与室内使用的窗帘在式样、风格和性能要求上已有很大的不同。常使用化纤织物（如锦纶绸），结构紧密，经防水涂层处理。

（2）遮阳百叶窗是根据传统木质百叶窗的原理制作而成，具有遮阳、透光、通风、透气的功能。一般采用棉麻类织物再涂上聚乙烯。

三、窗帘帷幔类配件

窗帘帷幔类配件包括罗马杆、花头、墙码、罗马圈、吊环、轨道、弯轨、魔术轨、挂球、绑带、墙钩、104钩、S钩、挂钩布带、非织造布带、抽带、魔术贴、铅锤、包边条、单面树脂衬等。

（1）轨道。轨道是开合帘的重要组成部分，它的质量好坏会直接影响到窗帘的整体效果，所以轨道配置非常重要。开合帘的轨道有电动和手动两种。

（2）挂钩。有金属钩、陶瓷钩、尼龙钩和塑料钩。现在多用塑料钩，这种钩子强度比较好，并可以适当调节窗帘的高度。

（3）铅锤（挂锤）。挂在窗帘下摆两头的金属小块，起到增加窗帘垂感的作用。

第二节　窗帘帷幔类的设计

一、窗帘的组成

如图10-3所示，窗帘由帘体、辅料、配件三大部分组成。

（1）帘体。包括窗幔、窗身、窗纱。窗幔是装饰窗不可或缺的组成部分。款式上有平铺、打折、水波、综合等式样。

（2）辅料。有窗樱、帐圈、饰带、花边、窗襟衬布等。

（3）配件。有侧钩、绑带、窗钩、窗带、配重物等。

二、窗帘帷幔类的款式

1. 开合帘（平开帘）

沿着轨道的轨迹或杆作平行移动的窗帘。它分为一侧平拉式和双侧平拉式。通过不同的制作方式与辅料运用，能产生赏心悦目的视觉效果。

（1）欧式豪华型。上面有窗幔，窗帘的边沿饰有裙边，花型以色彩浓郁的大花为主，显得比较华贵富丽。

（2）罗马杆式。窗帘的轨道采用各种造型和材质的罗马杆，花型和做法变化多，花型可以用色彩浓郁的大花，也可用比较素雅的条格形或素色等。

（3）简约式。这种窗帘突出面料的质感和悬垂性，不

图10-3　窗帘

添加任何辅助的装饰手段，以素色、条格形或色彩比较淡雅的小花草为素材，显得比较时尚、大气。

（4）实惠型（日式）。根据窗户的大小来制作，色彩或花型选用比较清淡的，价格经济实惠。

2. 罗马帘

罗马帘，又称升降帘，是在绳索的牵引下作上下移动的窗帘。罗马帘多数以纱为主（当然也有其他面料），多从装饰美化这个层面来考虑。主要出现在客厅、过道、书房、宾馆的大厅、咖啡厅等不需要阻挡强烈光源的场所，所以制作要求更高。款式有普通拉绳式、横杆式、扇形、波浪形等。它可以是单独的窗帘，也可以同开合帘组合起来，如图10-4所示。

3. 卷帘

卷帘是随着卷管的卷动而作上下移动的窗帘。卷帘收放自如，可分为人造纤维卷帘、木质卷帘、竹质卷帘。其中人造纤维卷帘以特殊工艺编织而成，可以过滤强日光辐射，改善室内光线品质，有防静电防火等功效。卷帘一般用在卫生间、办公室等场所，主要起到阻挡视线的作用。材质一般选用压成各种纹路或印成各种图案的非织造布。要求亮而不透，表面挺括。

4. 百叶帘

百叶帘一般分为木百叶、铝百叶、竹百叶等。可以作180°调节，并可以作上下垂直或左右平移的硬质窗帘。百叶帘的最大特点在于光线不同角度得到任意调节，使室内的自然光富有变化。这种窗帘适用性比较广，如书房、卫生间、厨房间、办公室及一些公共场所都可使用，具有阻挡视线和调节光线的作用，材质有木质、金属、化纤布或成形的非织造布等，款式有垂直和平行两种，如图10-5所示。

5. 遮阳帘

包括天棚帘及户外遮阳帘。

（1）FTS电动天棚帘。FTS电动天篷帘系统是一种专为大面积采光顶而设置的织物遮阳装置。该电动遮阳系统是通过电子盒的控制来实现电机的正转和反转来收放面料以达到调节光线的目的。

（2）FCS折叠式天棚帘。智成FCS折叠式天棚帘，主要由电机部分、面料部分、传动部分、控制系统四部分组成；电机可选用智成系列管状电机；面料以钢丝牵引方式运行，运行方

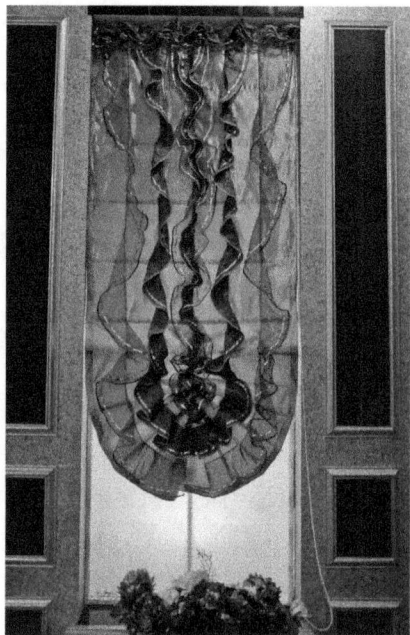

图10-4　罗马帘

图10-5　百叶窗

式可选择单开或者双开；面料可选用一般卷帘面料；宽度超过 3.5m 时，可采用一拖二的方式；单套最大面积可达 50m²；可以在规则型和不规则型采光顶应用。

FSS 卷轴式天棚帘。FSS 卷轴式天棚帘使用一台管状电机和一套弹簧系统，电机提供动力，弹簧系统提供回卷张力；FSS 卷轴式天棚为单开模式，面料展开时会稍有下垂，面料在运行时或静止时保持张紧状态，选用面料时要求面料具备一定的抗拉强度；可做成倾斜、弧形或梯形的天棚帘；FSS 天棚帘系统行程最长 6m，单幅最大面积 15m²。

（4）电动双轨折叠式天棚帘。电动双轨折叠式天棚帘面料中有支撑杆，收拢时呈折叠状，故面料无须承受很大的抗拉强度，对面料的张力要求不高，而且便于安装。最大特点是结构简单、运行平稳、成本低，特别适用于平面、斜面和弧形的框式玻璃结构顶。适用于工程和民用，现已广泛用于别墅玻璃顶和阳光房的遮阳。

三、另类窗帘

随着科学技术的发展，各种具有新功能的异类窗帘，达到了装饰与实用功能的完美组合。

1. 光控窗帘

这种窗帘由日本研制而成。它是在窗户玻璃和窗帘之间安装一种感光器，当光线达到一定程度时，便能将光能转换成电能，使窗帘自动提升或降落，从而保证室内始终处于适宜的光亮环境。

2. 隔音窗帘

美国研制生产出一种新式隔音窗帘，它是由一系列长条隔音薄片组成的。从窗帘的一面到另一面，能够形成连续吸音通道，可有效地起到隔音的作用。

3. 节能窗帘

英国推出一种翻卷式节能窗帘，它是由高强度的薄型涤纶织物和具有反光性能的铝箔黏合而成的，其节能的主要原理是在铝箔上涂有保护层，使室内外热能减少 50% 以上。同时，也减少了窗玻璃、窗帘之间的冷暖空气的对流。

4. 隐身窗帘

这种被称为"我能看到你，你却看不到我"的隐身窗帘能把太阳光中的大部分可见光反射掉，使进入室内的可见光减少 15%，这样既能使室内保持清爽，又能看到室外景色。

5. 太阳能窗帘

这种百叶窗帘的每条叶片的向阳面都有一层薄片的柔性光电膜，它能将太阳光转变为电能，储存在充电池内。夜间叶片朝向室内一边的荧光发出柔和的光线，提供房间以背景光，还可用来驱动其他电器。

四、窗帘帷幔类的设计

（一）设计理念

在家居窗帘的设计、选购乃至于布置中，都有许多视觉艺术上的原理，遵循这些基本原则，就能够给居室营造出很好的视觉效果，布置一个理想的家居环境。

1. 对比

对比是艺术设计的基本定型技巧，把两种不同的事物、形体、色彩等作对照就称为对比。如方圆、新旧、深浅、粗细等。把两个明显对立的元素放在同一空间中，经过设计，使其既对立又谐调，既矛盾又统一，在强烈反差中获得鲜明对比，求得互补和满足的效果。这是窗帘设计的基本原则。

2. 和谐

和谐包含谐调之意。它是在满足功能要求的前提下，使各种室内物体的形、色、光、质等组合得到谐调，成为一个非常和谐统一的整体。和谐还可分为环境及造型的和谐、材料质感的和谐、色调的和谐、风格样式的和谐等。和谐能使人们在视觉上、心理上获得宁静、平和的满足感。窗帘、帷幔的布置最需要遵守这个原则。如图10-6所示，窗帘、帷幔的花型、色彩同床上用品相谐调，不仅在图案、色彩或造型上达到和谐，而且形成了统一的风格。

图10-6 卧室

3. 对称

对称是形式美的传统技法，是人类最早掌握的形式美法则。对称又分为绝对对称和相对对称。绝对对称即中轴线两边或中心点周围各组成部分的造型、色彩完全相同。绝对对称分左右对称、上下对称、上下左右对称、转换对称和旋转对称等形式。相对对称是指在绝对对称的结构中有少部分形状或色彩出现不对称的现象，但仍不失其对称形式的稳定感，又显得灵活、自由。而在室内设计中采用的是相对对称。对称让人感觉有秩序、庄重、整齐、和谐。

4. 均衡

均衡是依中轴线、中心点不等形而等量的形体、构件、色彩相配置。均衡和对称形式相比较，有活泼、生动、和谐、优美之韵味。窗帘是居室与外界接触的通道，直接影响着居室内部的声、光、热、尘等状况，所以，窗帘的功能首先是吸声隔音、隔热防寒、调节光线、防尘、防窥视等。同时，一幅图案新颖别致、色彩谐调美观的窗帘，又会使居室艺术情趣倍增，令人赏心悦目，美不胜收。

（二）设计风格

1. 客厅

客厅的环境要求素雅大方、宽敞和光线明亮。色彩应与墙壁、家具等相谐调，建议采用中间色调。在家装的风格上，又可分为中式、欧式及休闲三大主题。款式上多见悬挂、对开、落地式样，外帘采用窗纱、里帘采用半透明的窗帘效果好，配以窗幔，附以窗樱、饰带等进一步修饰，效果更好。

2. 卧室

卧室的风格也可以分为中式、欧式及休闲三大主题。功能上主求质厚、温馨、安全。窗帘、帷幔的花型、色彩一定要与床上用品等相谐调。里帘一般采用遮光窗帘，外帘用窗纱，以使卧室在任何时间都是休息的好地方。如图 10-7 所示。

3. 餐厅

餐厅的风格同样可以分为中式、欧式及休闲三大主题。气氛上要活泼欢快、明快。餐厅宜采用暖色（如橙色）以增进食欲，色调掌握在餐桌、墙壁两者色调之间。款式上根据窗体大小采用悬挂、对开或单开方式。外帘多采用窗纱，里帘多用棉制品。

4. 书房

书房的风格要求素雅大方。窗帘的选择要求透光好、明亮。款式上多见升降帘方式，可以适当地控制光线的强弱。书房窗帘色彩多用驼色、米黄等淡雅色调。诉求身临其中的心情平稳，利于工作、学习。

图 10-7　欧式风格卧室

5. 儿童房

儿童房的布置总体而言要遵循"简单"二字，而窗帘则可用美观、简洁的卡通图案或具有个性色彩的单色窗帘来增加房间的童趣。值得注意的是，儿童活泼好动的天性也决定了儿童房的颜色特征，即色彩鲜明、对比强烈。

（三）不同功能居室窗帘的设计

1. 家用窗帘

（1）卧室：可视窗户的形状来选择窗帘。如果是落地窗，可采用布艺和窗纱，能让卧室显得更加温馨，如感觉遮光度不够好，可加一层遮光布；如果是半窗，可选择简约明快的窗饰类产品，让房间充满现代气息。

（2）客厅：较大的客厅宜用落地布艺窗帘，配窗纱，无须遮光布，款式上可加配窗幔。较小的客厅可用不透光的卷帘、布百叶及日夜帘等。

（3）儿童房：宜用色彩鲜艳、图案活泼的面料做窗帘或布百叶，也可用印花卷帘。

（4）阳台：封闭式阳台的最佳选择是阳光卷帘、遮光又透气，过滤紫外线，卷起时不占空间。若阳台与卧室相通，则安装一道布艺帘，以适合晚间睡眠使用。

（5）餐厅：餐厅不属私密空间，如不受日光暴晒，一般有一层薄纱即可。窗纱、印花卷帘、阳光帘均为上佳选择。

（6）书房：书房可选择自然、具有书香气息的木质百叶帘、隔音帘或素色卷帘。

（7）浴室和厨房：应选择防水、防油、易清洁的窗帘，一般选用铝百叶或印花卷帘。

2. 宾馆、写字楼用窗帘

宾馆、写字楼用窗帘不同于家用窗帘，宜用花型大方的装饰布，如直条纹、素色布等，款式力求简洁，以满足大众审美要求。写字楼是办公场所，是非隐秘场所，除了一般窗帘外，还可用垂直帘、阳光卷帘等。宾馆的大厅、酒吧、餐厅多选用扇百叶或窗帘配窗幔，而客房则选用温馨、素雅的装饰布，或选用 AB 布做窗帘、床罩、软包，让客人有宾至如归的感觉。

五、窗帘的搭配

（一）不同朝向窗帘的搭配

白天不同朝向的窗户对于窗帘的搭配也有很大的不同。

北窗：向北的窗户可为室内带来清新和均匀一致的光线。如果要节省能源，需要在北窗使用隔热功能好的窗帘，如风琴帘，其形如手风琴，是双层的，便于隔热，自由伸缩，开合自如。

东窗：向东的窗户，给人始终是温暖、明亮的感觉。清晨阳光的普照更是不可多得，所选的窗帘通常以能渗透进光线为原则。如丝柔卷帘、丝柔垂帘等。这类窗帘无论卷上，还是拉下，总会显得干净利落。

西窗：黄昏时，西斜的日光伤害性最大，这时大气已经充分受热，射进房间的阳光会使家具和室内的有色布受损，故应选用有遮光功能的窗帘，如阳光帘、遮光卷帘、遮光布百叶等。通过窗帘本身的平面，使阳光在上面产生折射，减弱光照的强度。

南窗：向南的窗户始终能迎来阳光，是任何房间最重要的自然光的光源。但在炎热的夏季，阳光显得有些多余，因此要选择一些可调节光的百叶帘或阳光卷帘。

（二）窗帘与房间的色调

窗帘是室内色彩组合的一个重要元素，是凸现个性、柔化空间最直接的手段。无论是红黄暖色、蓝绿冷色，还是其他中间色系，房间的色彩运用，需要有一个主题或出发点，必须符合配色设计原理。窗帘的色调选择，应以房间的整体色调为基础，或采用相同（相近）色系，以深浅分出层次，营造出和谐静谧的家居氛围；或采用差异色系组合，通过布艺产品的搭配（床上用品、沙发、台布等），形成一种跳跃的韵律感，通过色彩的节奏使房间生机盎然；也可采用大面积的对比色，尤其是帘上图案的渲染、组合，张扬现代生活，一扫室内郁闷的氛围。

窗帘色泽图案的选择，除了服从房间的基本色调，更应体现个人对生活的理解和追求，取舍得当，则是画龙点睛、锦上添花，成为房间的另一道风景。

（三）窗帘与家具风格

古典实木家具，最宜用提花布、色织布相配，植物、花卉、鱼虫图案是其不变的主题。两者轻重相伴、刚柔相济、沉稳凝练又不失高雅大气，非常符合中国人的气质。板式家具更宜用质地轻薄、色泽明亮的印花布，充分调动线条、色块及几何图形的视觉感受，绘成生动浪漫又简洁明快的现代生活场景。而现代家具的选择范围更广，真丝、金属光泽的布艺帘，自是首选，百叶帘、卷帘、风琴帘等成品帘的配合使用，更显时尚、高档的品质，符合都市新潮一族的生活追求。

六、窗帘帷幔的流行状况

国内外对窗帘的设计强调艺术性、实用性、配套性，趋向素静、庄重，主次突出，给人以舒适和高档感。窗帘的设计既追求新颖的款式，又考虑到使用效果，在夏天起反光隔热降温的作用，它能阻挡 60% 的紫外线辐射能及太阳热能，在冬天起到吸热保温节能作用。窗帘的设计考虑室内装饰织物配套原则，先是根据墙饰的花纹和色泽配上和谐的花色，再考虑和床上用品、沙发布、台布等相配套，最后还要注意房间内家具颜色的配套以及地毯花色协调等。

国际流行的窗帘规格有 122cm、137cm、152cm、254cm、300cm 等，薄型窗帘采用阔幅片梭织机织造，中厚型窗帘采用剑杆织机织造。

窗帘原料类型广，变化多样，有涤纶丝、空气变形丝、包芯纱、醋纤丝、锦纶丝等，纯棉窗帘比化纤窗帘价格高 20%。

窗帘织物后整理很讲究。包括阻燃整理、防污整理、抗静电整理等。

第三节　窗帘帷幔类的制作工艺

一、成品窗帘的生产流程

布艺产品的制作和加工过程纷繁、复杂，款式也千变万化、层出不穷，制订合理的生产流程，有利于提高工作效率，保证产品质量。

常见成品窗帘的生产流程：

生产部接单与排单→裁剪→缝纫→熨烫及后整理→质检→包装

1. 生产部接单与排单

生产部接单与排单是指生产部收到公司商场或市场部或设计部等所下的生产加工单，经审核无误后，由生产部经理或其授权人员，根据车间生产排单情况和交货期，合理排单到生产部各生产环节中进行生产。

2. 裁剪

根据生产排单的要求，按照经复核无误的生产加工单，开具领料单，复核收到的布料，确认无误后进行裁剪。在裁床上裁剪好的布艺产品，要完整地按"套件"进行"打捆"，有序存放，由车间主管、专职收发人员或生产部授权人员，按照公司规定，统一安排，发放给车位进行缝制。

3. 缝纫

按照产品工艺要求的相关规定进行缝制。调整好平缝机，使线迹良好，并使用与面料色彩相近的缝纫线。缝制过程中，如需熨烫或用工整理，由当事车工直接请示车间主管或工艺员后，立即安排熨烫或后整理，处理完毕，应及时取回继续缝制至缝制结束。

4. 熨烫及后整理

熨烫及后整理工序为产品制作过程中不可缺少的辅助工序，主要负责产品制作过程中的配套工作及后期处理工作。

5. 质检

质检包括来料检验、制成检验及成品检验，质量控制贯穿产品生产全部过程，由质检为主导，生产部全体人员配合，共同进行。

6. 包装

包装是布艺产品生产的最后一道工序，包括产品包装和产品发货包装。产品包装应与成品完工验收的质量检验同时进行，检验合格的产品，应按完整的套件进行独立包装，并由质检人员贴上合格封签。

二、窗帘尺寸计算

1. 高度

（1）没安装好轨道或窗帘杆，短帘（不落地），高度 = 上边 15cm+ 窗口净高 + 下边 10 ~ 25cm（或视情况）。

（2）没安装好轨道或窗帘杆，长帘（落地），高度 =15cm+ 窗顶沿至地面的高度 – 离地 5 ~ 8cm（或视情况）。

（3）已安装好轨道或窗帘杆，短帘（不落地），高度 = 轨道或窗帘杆至窗台的高度 +10 ~ 25cm（或视情况）。

（4）已安装好轨道或窗帘杆，长帘（落地），高度 = 轨道或窗帘杆至地面的高度 – 离地 5 ~ 8cm（或视情况）。

2. 宽度

（1）没有安装好轨道或窗帘杆，且为短帘（不落地），宽度 = 左边 20cm+ 窗口净宽 + 右边 20cm。

（2）没有安装好轨道或窗帘杆，且为长帘（落地），宽度 = 两端墙到墙的长度。

（3）已经安装好轨道，宽度 = 轨道的长度。

（4）已经安装好窗帘杆，宽度 = 窗帘杆的净长度（窗帘杆总长—两端端头的长度）。

3. 窗帘的布料计算

（1）经济型。计算方法是布料的宽度等于成品窗帘宽度的 1.5 倍，该法的最大优点是成本低，但缺点是布料基本上是平摊开来，没有褶皱感和立体感，视觉效果较差，适合临时或过渡性的居家使用。

（2）通用型。计算方法是布料的宽度等于成品窗帘宽度的 2 倍，该方法褶皱均匀，层次明显，立体效果较好，并且成本适中，是目前窗帘布料最合适的计算方法，应用也最为普遍。

（3）至尊型。计算方法是布料的宽度等于成品窗帘宽度的 3 倍，该用法褶皱感强，层次错落有致，立体效果显著，适合较大面积的居室、别墅、大型公众场所等使用，并且窗帘基本上是落地式的，最大的缺点是成本较高。

布料米数的计算公式：

按 1.4m 幅宽、2 倍打褶为例：

布料幅数 =［成品窗帘宽度 +0.3m（左右各 15cm 做缝）］×2÷ 幅宽 1.4m

布料米数 = 幅数 ×［成品窗帘高度 +0.4m（上下各 20cm 做缝，别墅加 0.6m）］+［（幅

数 –1）× 拼花长度]

按 2.8m 幅宽、2 倍打褶为例：（房屋层高 ≤ 2.8m，定高买宽）

布料米数 = 成品窗帘宽度 ×2 倍褶 +0.3m（左右各 15cm 做缝）

图 10-8　双侧平拉式穿杆窗帘

三、典型产品制作工艺实例

不同的窗帘有不同的制作工艺，下面以双侧平拉式穿杆窗帘的制作工艺为例。产品效果图如图 10-8 所示。

（一）参数要求

（1）客厅落地窗净宽 300cm，高 260cm。落地窗两边再各延伸 20cm 制作窗帘。

（2）面料幅宽 280cm。

（3）双侧平拉式穿杆窗帘。

（4）打褶比例：3 倍褶。

（5）罗马杆高度 10cm。

（6）窗帘底边与地面距离 10cm。

（二）单片窗帘尺寸计算

1. 高度

房屋层高 ≤ 2.8m，定高买宽。

2. 宽度

宽度 = 延伸 20cm+ 窗口净宽 /2

　　　=20+300/2=170（cm）

（三）布料米数的计算

对于定高（宽）2.8m 的布料用料的计算比较简单。

布料米数 = 成品窗帘宽度 ×3 倍褶 +15cm（15cm 做缝）

　　　　=170×3+15=525（cm）

（四）制作流程

1. 裁剪

按宽度 525cm，裁剪面料 2 片。

2. 缝纫

针迹大小一致。如果中途断线，继续缝纫时要与原来的针迹针针相套 5cm 以上。接缝的针迹不能跑偏错位。按打孔装 12cm 非织造衬的原则，在布料的最顶层装上非织造布带。

3. 打孔

车好边后宽度为 510cm，100cm 打 6 个孔，那么经过计算取整数，这片布要打 30 个孔。510/30=17cm，每个孔的距离是 17cm，这个距离是孔的中心之间的距离。第一个孔距布边的距离是中间孔距离的一半，也就是 17/2=8.5cm。计算好后，距离边量出 8.5cm，放在打孔机上打第一个孔，然后调好打孔机的刻度在 17cm 处，继续打孔。

4. 整烫

整烫时要注意绒布面料要盖布或者反面熨烫，烫时要沿着顺毛方向移动熨斗，切忌来回移动熨斗而导致绒毛乱掉。烫完后要平摊或者挂起窗帘使其冷却定型。

5. 自检

首先检查尺寸是否正确。打孔的只需要检查高度，打折的要检查高度和宽度是否和要求的尺寸一致。然后检查花位是否高低一致，侧边是否平服顺直。

☞**思考题**

1. 试述窗帘帷幔类的基本功能。
2. 试述窗帘帷幔织物的性能要求。
3. 窗帘帷幔类的款式有哪些？
4. 试述窗帘的搭配要求。
5. 窗帘面料的使用量如何计算？

第十一章　地面铺设类设计及工艺

本章知识点

1. 地面铺设类产品的分类及特点。
2. 地毯的基本功能。
3. 地毯的性能要求及主要技术性质。
4. 地毯的材料与绒面结构及绒圈的制造方法。
5. 地毯的图案与色彩。
6. 中国手工地毯的编织工艺流程。
7. 现代常见地毯的工艺制作方法。
8. 地毯的应用及新品种的开发。

在装饰用纺织品中地面铺设类是指以棉、麻、毛、丝、草等天然纤维或化学合成纤维类原料，经手工编织、机织、针扎、针刺、簇绒等多种手段加工而成的地面铺设物。最初仅为铺地，起御寒湿而利于坐卧的作用，在后来的发展过程中，由于民族文化的熏陶和手工技艺的发展，逐步发展成为一种高级的装饰品，既具隔热、防潮、舒适等实用功能，也有高贵、华丽、美观、悦目的装饰效果，从而成为高级建筑装饰的必备产品。

第一节　地面铺设类产品的分类、特点及基本功能

一、地面铺设类产品的分类及特点

（一）按制作方法分类

按制作方法不同可分为手工地毯和机制地毯。

1. 手工地毯

手工地毯是指以手工工艺生产的地毯，包括纯手工地毯和手工枪刺地毯。手工地毯是高端地毯产品以及艺术挂毯、壁毯、工艺地毯、美术地毯的主要类别。手工地毯不受宽幅的限制，在大幅作品中也能体现完整性。

手工地毯包括栽绒地毯、平针地毯、绳条盘结毯等，而以栽绒地毯使用最普遍。手工地毯不受色泽数量的限制，手工编织地毯密度大、毛丛长，经后道工序整修处理呈现出色彩丰富和立体感很强的特征。手工地毯多以天然纤维为原料，在防火、抗静电、隔潮、透气和染色牢度等方面均优于以化学合成纤维为原料的机织地毯。手工地毯工艺精巧，凡是图画能描绘的形象在高级的手工地毯上都能表现出来。

2. 机制地毯

机制地毯是相对于手工地毯而言的，泛指采用机械设备生产的地毯。机制地毯由于使用机械化生产，产量大，生产效率高，可以促使地毯走进千家万户。机制地毯的缺点是受机械设备的限制，其编织幅面有一定的约束。目前国内的机织幅面一般在4m左右，超出幅面限制就需要拼接，容易造成材料和人工的浪费。机制地毯适合大批量生产，若定量太小其成本很高，更适合手工编织。

机制地毯又分为簇绒地毯、威尔顿地毯和阿克明斯特地毯等。

（1）簇绒地毯。该地毯属于机制地毯的一大分类，它不是经纬交织而是在织物底布上用排针机械栽绒，形成圈绒或割绒毯面的机制地毯。地毯的毛绒由特制的簇绒针在底布上植入毛纱以形成毛圈，割断毛圈形成毛绒，底布背面涂上树脂、胶料（背衬胶料）固着毛圈或毛绒，防止绒毛松散脱落和起毛起球，并可提高毛毯的尺寸稳定性。在涂有胶的地毯背面，还可再粘贴一层泡沫背衬，也有的在地毯背面粘贴第二层织物，称二次背衬，均具有增加簇绒地毯弹性和耐用性的功用。由于该地毯生产效率较高，因此是酒店装修首选地毯。

（2）威尔顿地毯。威尔顿地毯由于生产工艺起源于英国的威尔顿地区而得名。威尔顿地毯是通过经纱、纬纱、绒头纱三纱交织，后经上胶、剪绒等后道工序整理而制成。威尔顿地毯具有天鹅绒般的毯面效果，色彩和谐，温馨典雅。具有良好的绒头牢度、外观保持力、清晰的图案装饰能力。依据毯毛的位置，可将威尔顿地毯分为单面威尔顿地毯和双层威尔顿地毯。

①单面威尔顿地毯。外观保持性好，毯形稳定，无脱毛现象，使用功能纤维织造可使其阻燃及抗静电性能非常优良。极适合在对阻燃性能要求极高的飞机上使用，另外，该地毯也非常适合在高档游艇、客轮和高档酒店使用。

②双层威尔顿地毯。起源于比利时。特点是织物丰满、结构紧密、平方米绒纱克重大。由于该地毯织物丰满、弹性好，铺设房间脚感舒适，是各大酒店客房地毯的理想产品。

（3）阿克明斯特地毯。该地毯使用的工艺源于英国的阿克明斯特，阿克明斯特织机主要用于生产大花纹图案的满铺地毯、块毯以及不同幅宽的商用地毯，但其生产效率远低于簇绒机及威尔顿织机。该地毯毯面平整、丰满，风格富丽堂皇，具有卓越的外观保持性、耐用性、稳定性、舒适性等，达到国际商业重量级地毯标准。一般适用于酒店餐厅、走道、宴会厅、酒吧、会议室等公共场所。

此外，我国还有一些半机械半手工的地毯，在习惯上也称之为机制地毯。如北京的 JA 地毯、TNB 地毯，山东的 JB 地毯，上海的 W 型地毯、针织地毯，江苏的提花地毯、天鹅绒毯，湖北沙市的非织造条纹地毯等。

（二）按材质分类

1. 纯毛地毯

纯毛地毯又称羊毛地毯，它毛质细密，具有天然的弹性，受压后能很快恢复原状，不带静电，不易吸尘土，还具有天然的阻燃性。纯毛地毯图案精美，色泽典雅，不易老化、褪色，具有吸音、保暖、脚感舒适等特点。纯毛地毯是高级客房、会堂、舞台等地面的高级装修材料。近年来还生产了纯羊毛非织造地毯，它是不用纺织或编织方法而制成的纯毛地毯。

2. 混纺地毯

混纺地毯是以毛纤维与各种合成纤维混纺而成的地面装修材料。混纺地毯中因掺有合成纤维，可以使价格降低，使用性能有所提高。如在羊毛纤维中加入 20% 的锦纶混纺后，可使地毯的耐磨性提高五倍，装饰性能不亚于纯毛地毯，并且成本降低。

3. 化纤地毯

化纤地毯又称合成纤维地毯，是一种新型铺地材料。它作为传统羊毛地毯的替代品迅速发展。化纤地毯原料来源广泛，可以机械化大批量生产，产品价格低廉、耐虫蛀、耐磨性强、易清洗，图案、花色近似纯毛，广泛受到人们的欢迎。缺点是阻燃性、抗静电性相对要差一些，适用于一般建筑物的地面装修。

4. 真丝地毯

真丝地毯国内极少有生产与销售，价格昂贵。国内由山花集团与日本联合最新开发的烫光地毯经过特殊的处理工艺，手感似貂皮，具有真丝地毯的外观与手感。

5. 橡胶地毯

橡胶地毯是以天然或合成橡胶配以各种化工原料，热压硫化成型的卷状地毯。它具有色彩鲜艳、柔软舒适、弹性好、耐水、防滑、易清洗等特点。特别适用于卫生间、浴室、游泳池、车辆及轮船走道等特殊环境。各种绝缘等级的特制橡胶地毯还广泛用于配电室、计算机房等场合。

（三）按规格尺寸分类

1. 整幅地毯

化纤地毯、塑料地毯以及非织造纯毛地毯通常加工成宽幅的成卷的地毯，其幅宽有 1 ~ 4m 等多种，每卷一般为 20 ~ 50m，也可按要求加工。铺设这种地毯可使室内有宽敞感及整体感，但损坏更换不太方便也不够经济。

2. 块状地毯

不同材质的地毯均可成块供应，形状多分为正方形及长方形，其通用尺寸从 61cm × 61cm 至 366cm × 671cm，共计 56 种。另外还有圆形、椭圆形等。纯毛地毯还可以成套供货，每套由若干块形状、规格不同的地毯组成。花式方块地毯是由花色各不相同的小块地毯组成，它们可以拼成不同的图案。块状地毯铺设方便而灵活，位置可随时变动，这一方面给室内设计提供了更大的选择性，同时也可满足不同主人的情趣，而且磨损严重部位的地毯可随时调换，从而延长了地毯的使用寿命，达到既经济又美观的目的。在室内巧妙地铺设小块地毯，常可以起到画龙点睛的效果。小块地毯可以破除大片灰色地面的单调感，还能使室内不同的功能区有所划分。门口毯、床前毯、道毯等均是块状地毯的成功应用。

3.拼块地毯

拼块地毯俗称方块地毯，又名拼装地毯。它是以弹性复合材料作背衬并切割成正方形的新型铺地材料。常用尺寸有 50cm×50cm、100cm×100cm。具备耐磨、抗静电、阻燃、隔音、防水性、防污力强、尺寸稳定不变形、不易变色、施工极为方便等许多满铺地毯不具备的优点。适用于办公室、会议室及飞机场等公共空间。

（四）按表面纤维形状分类

地毯可分为圈绒地毯、割绒地毯及圈割绒地毯三种。

1.圈绒地毯

圈绒地毯的纱线被簇植于底布上，形成一种不规则的表面效果，由于簇杆紧密，圈绒地毯适用于踩踏频繁的地区，它不仅耐磨而且维护方便。

2.割绒地毯

把圈绒地毯的圈割开，就形成了割绒地毯。割绒地毯的外表非常平整，外表绒感相对也有很大改善，将外观与使用性能很好地融于一体，但在耐磨性方面则不如圈绒地毯。

3.圈割绒地毯

圈割绒地毯正如其名，是割绒与圈绒的结合体。

（五）按使用功能分类

1.商用地毯

商用地毯广义上来讲是指除家庭用及工业用地毯以外的所有地毯。商用地毯在国内还仅限于宾馆、酒店、写字楼、办公室、酒楼等场所，而在美国及西方发达国家，商用地毯除上述使用场所外，已在机场候机楼、码头候船大厅、车站候车大厅、超市、医院、学校、养老院、幼儿园、影剧院等场所普遍使用，随着经济发展和社会进步，商用地毯的使用范围会逐步加大，覆盖面会更广。

2.家用地毯

家用地毯顾名思义就是家庭用地毯。家用地毯在我国仍停在条块地毯上，因为中国家庭的装修仍然以瓷砖、木地板为主。而西方发达国家，家用地毯是以满铺和块毯相结合，中国的家用地毯潜力很大。

3.工业用地毯

工业用地毯从国内到国外，仍仅限于汽车、飞机、客船、火车等。

二、地毯的基本功能

（一）保暖、调节功能

地毯织物大多由保温性能良好的各种纤维织成，大面积地铺垫地毯可以减少室内通过地面散失的热量，阻断地面寒气的侵袭，使人感到温暖舒适。测试表明，在装有暖气的房内铺以地毯后，保暖值将比不铺地毯时增加 12% 左右。

地毯织物纤维之间的空隙具有良好的调节空气湿度的功能，当室内湿度较高时，它能吸收水分；室内较干燥时，空隙中的水分又会释放出来，使室内湿度得到一定的调节，令人舒爽怡然。

（二）吸音功能

如图 11-1 所示，地毯的丰厚质地与毛绒簇立的表面具备良好的吸音效果，并能适当降低噪声影响。由于地毯吸收音响后，减少了声音的多次反射，从而改善了听音清晰程度，故室内的收录音机等音响设备，其音乐效果更为丰满悦耳。此外，在室内走动时的脚步声也会消失，减少了周围杂乱的音响干扰，有利于形成一个宁静的居室环境。

（三）舒适功能

人们在硬质地面上行走时，脚掌着力于地以及地面的反作用力，使人感觉不舒适并容易疲劳。铺垫地毯后，由于地毯为富有弹性纤维的织物，有丰满、厚实、松软的质地，所以在上面行走时会产生较好的回弹力，令人步履轻快，感觉舒适柔软，有利于消除疲劳和紧张。

在现代居室中，由于钢筋、水泥、玻璃等建筑材料的性质生硬与冷漠，使人们十分注意如何改变它们，以追求触觉与视觉的柔软感和舒适度。地毯的铺垫起着极为重要的作用。

图 11-1　地毯

（四）审美功能

地毯质地丰满，外观华美，铺设后地面能显得端庄富丽，获得极好的装饰效果。生硬平板的地面一旦铺了地毯便会令人精神愉悦，给人一种美的享受。

地毯在室内空间中所占面积较大，决定了居室装饰风格的基调。选用不同花纹、不同色彩的地毯，能造成各具特色的环境气氛。大型厅堂的庄严热烈，宾馆会客室的宁静优雅，家居的亲切温暖，地毯在这些不同居室气氛的环境中扮演了举足轻重的角色。如图 11-2 所示，局部铺设的现代装饰地毯，在美化室内环境的同时，也起到延伸室内空间的作用。特别的材质肌理，也丰富着整体的空间氛围。

图 11-2　地毯

第二节　地面铺设类的设计及工艺

一、地毯的性能要求

地毯是一种铺地材料，也是一种装饰织物。因此它的性能要求也是多方面的。

（一）坚牢度

地毯需承受的压力很大，家具器物的压置，人们频繁走动时的踩踏，使纤维常处于疲劳状态，因此要求地毯具有良好的耐磨、耐压性能。绒头须有较好的回弹力及较高的密度，不易倒伏。日常清洁地毯灰尘多数用吸尘器等电动机具吸附，因此地毯的纤维和组织结构编结都须具有一定的牢度，不易脱绒。

地毯长时间暴露于空气中，因光合作用尤其是阳光的照射，色泽会受影响，所以在纤维色牢度方面也有一定的标准和要求。

（二）保暖性

地毯的保暖性能是由它的厚度、密度以及绒面使用的纤维类型来决定的。地毯由无数簇立的绒头或绒圈形成厚实柔软的绒面，绒头、绒圈长而密，蓬松度好的地毯保暖性尤佳。在选用纤维时要考虑其保暖性，合成纤维的保暖性一般都优于天然纤维，而天然纤维中羊毛又优于蚕丝、麻。此外，地毯的保暖性同地毯下面是否有衬垫物以及衬垫的结构也有很大关系，故使用衬垫物能加强地毯的保暖性能。

（三）舒适性

地毯的舒适性主要指行走时的脚感舒适性。这里包括纤维的性能、绒面的柔软性、弹性和丰满度。天然纤维在脚感舒适性方面比合成纤维好，尤其是羊毛纤维，柔软而有弹性，举步舒爽轻快。化纤地毯一般都有脚感发滞的缺陷。绒面高度在 10～30mm 之间的地毯柔软性与弹性较好，丰满而不失力度，行走脚感舒适。绒面太短虽耐久性好，步行容易，但缺乏松软弹性，脚感欠佳。

（四）吸音隔音性

地毯需具有良好的吸音、隔音性能。地毯的吸音、隔音性能是由其使用材料的性能决定的。纺织材料以其多孔的疏松结构、良好的可加工性以及材料轻薄等特点，成为吸音隔音领域的一个研究热点。材料的孔洞越多、内部孔洞迷宫越复杂、厚度越厚、弹性越好，吸音、隔音效果越好。这就要求在确定纤维原料、毯面厚度与密度时进行认真的选择，考虑吸音率的大小，以满足不同环境需达到的吸音、隔音性能要求。剧院、大型会议厅等场所十分注重音响质量，力求避免噪声侵扰，对地毯的吸音、隔音性能要求较高，一般居家使用适当掌握即可。

（五）抗污性

地毯使用时呈大面积暴露状态，人们经常行走其上，休憩其间，尘埃杂物极易污损地毯，因此要求地毯有不易污染、易去污清洗的性能。家庭居室使用的地毯更需耐污并便于进行日常清扫。

（六）安全性

地毯的安全性包括抗静电性与阻燃性两个方面。

人们在地毯上行走时，鞋底与绒面摩擦后易产生静电，一旦手指与金属物体接触，会有一种轻微的电击感。静电也使毯面绒头易于沾尘，并产生缠脚的感觉，这对化纤地毯来说尤为明显。为此，目前正在研究抗静电的一些方法，如在绒头纤维中混入金属纤维、炭素与导电性纤维材料，或将极细微的炭黑混入地毯背面的胶剂内，这样可防止或减少静电的产生。

现代的地毯需具有阻燃性，燃烧时低发烟并无毒气。目前羊毛地毯阻燃性较好，而合成纤维制作的地毯都极易燃烧熔化。改善合成纤维地毯阻燃性能所采取的方法是在合成纤维生产过程中的聚合体阶段。在聚合体阶段与具有阻燃性的共聚物反应，然后纺丝，这种方法在腈纶生产中应用较多；在聚合体阶段添加阻燃剂，然后纺丝，这一方法在涤纶生产中应用较多。上述方法均可提高合成纤维地毯的阻燃性能。

（七）其他性能

地毯还需具有抗菌、抗霉变、抗虫蛀等性能。尤其是以羊毛纤维制织的地毯在温度、湿度较高的环境中使用，极易霉蛀，因此需进行防蛀性处理，以确保地毯的良好性能与使用寿命。

二、地毯的主要技术性质

（一）耐磨性

地毯的耐磨性用耐磨次数来表示。即地毯在固定压力下磨至背衬露出所需要的次数。耐磨次数越多，表示耐磨性越好。耐磨性的优劣与所用材质、绒毛长度及道数有关。耐磨性是反映地毯耐久性的重要指标。

（二）弹性

地毯的弹性是指地毯经过一定次数的碰撞（动荷载）后厚度减少的百分率。纯毛地毯的弹性好于化纤地毯，而丙纶地毯的弹性不及腈纶地毯。

（三）剥离强度

剥离强度是衡量地毯面层与背衬复合强度的一项性能指标，也是衡量地毯复合后耐水性指标。我国上海地区化纤地毯的干燥剥离强度在 0.1MPa 以上，超过了日本同类产品。

（四）黏合力

黏合力是衡量地毯绒毛固着在背衬上的牢固程度的指标。

（五）抗老化性

抗老化性主要是对化纤地毯而言。这是因为化学合成纤维在空气、光照等因素作用下会发生氧化，使性能下降。通常是用经紫外线照射一定时间后，化纤地毯的耐磨次数、弹性及色泽的变化情况加以评定。

（六）抗静电性

化纤地毯使用时易产生静电，产生吸尘和难清洗等问题，严重时，人有触电的感觉。因此化纤地毯生产时常掺入适量抗静电剂。抗静电性用表面电阻和静电压来表示。

（七）耐燃性

燃烧时间在 12min 以内，燃烧直径在 17.96cm 以内，耐燃性合格。

此外，地毯还应具有一定的抗菌性，凡能经受常见细菌的侵蚀，不长菌或不霉变者认为合格。

三、地毯的材料与绒面结构

（一）地毯的材料

制造地毯的材料可分为毯面材料、初级背衬、防松涂层、次级背衬及黏合剂。不同的地毯所用材料也不同。

1. 毯面纤维

手工地毯的毯面纤维多用天然纤维，机制地毯的毯面纤维多用化学纤维，如锦纶、腈纶、丙纶、涤纶等。其中锦纶适宜匹染，有优良的抗磨性及良好的回弹性与织纹保持性，加工成本低，因而使用量最大。丙纶价格低，染色性差，用来制造长绒、紧捻细绒不行，只适用于毛圈结构，如针扎地毯。因此出现了混纺的毯面纤维，如锦纶与丙纶混纺的毯面纤维。

为了提高地毯的耐污染性和抗静电性，国外已使用异形空心纤维，或加入各种添加剂，如酯类、酰胺或胺类的多醚衍生物，甚至可混入很细的金属纤维来提高抗静电性。由于聚丙烯纤维价格低，抗拉强度、湿强度、耐磨性都优良，所以只要回弹性小和染色性差的缺陷能加以改进，它作为毯面纤维的潜力很大。

2. 初级背衬

初级背衬是各类地毯都具有的组成部分，其主要作用是对绒圈起固着作用，提供外形稳定性与加工适应性等。栽绒地毯还需要有次级背衬。初级背衬以前用黄麻，现多为聚丙烯背衬，它比黄麻便宜。聚丙烯背衬有机织和非机织两种。机织地毯的初级背衬要求较高，目前仍主要使用黄麻和棉纤维，聚丙烯所占比例很小。

3. 防松涂层材料

针扎和栽绒地毯在针扎和栽绒于初级背衬上以后，还必须用防松涂层材料处理，使绒圈固定。针扎地毯一般用浸胶法，栽绒地毯则用背面涂胶法，使栽入的绒圈在背面固定。

常用的防松涂层材料为丁苯乳胶，固含量为 50% ~ 70%。如加入发泡剂，成为泡沫丁苯乳胶。这种发泡丁苯乳胶可代替次级背衬黄麻。此外，还有机械发泡的 PVC 糊、PU 等作为防松涂层材料，其中 PU 可在室温下发泡固化，因此无须烘箱等加热设备，但价格较高。

4. 次级背衬

次级背衬一般用于栽绒地毯中，即在涂布防松涂层时复合一层底层，使地毯外形更稳定。次级背衬仍以黄麻为主。如果用发泡防松涂层材料，如丁苯泡沫乳胶，则可以代替黄麻布。

（二）地毯的绒面结构

地毯的绒面结构分割绒与圈绒两类。制造方法相同的地毯只要绒面结构不同，其外观和手感就有很大区别。单色地毯若在绒面结构、绒面高度上加以变化，也会出现别致而含蓄的图案效果。

1. 割绒地毯

割绒地毯的绒面结构呈绒头状，绒面细腻，触感柔软，绒毛长度一般在 5 ~ 30mm。绒毛短的地毯耐久性好，步行轻捷，实用性强，但缺乏豪华感，舒适弹性感也较差。绒毛长的地毯柔软丰满，弹性与保暖性好，脚感舒适，具有华美的风格。

2. 绒圈地毯

绒圈地毯的绒面由保持一定高度的绒圈组成，它具有绒圈整齐均匀，毯面硬度适中而光滑，行走舒适，耐磨性好，容易清扫的特点，适用于步行量较多的地方铺设。若在绒圈高度上进行变化，或将部分绒圈加以割绒，就可显示出图案，花纹含蓄大方，风格优雅。

四、绒圈的制造方法

（一）地毯的传统加工方法

地毯由经线、纬线及绒头（绒经或绒纬）三部分组成。以手织或机织方式生产，底布与绒头同时织成。

1. 手织地毯

手织地毯最古老，也称东方地毯。手织地毯的图案、色彩变化极多，外观华美富丽，质地厚实坚牢，是地毯中的高档产品。

2. 机织地毯

根据手织地毯的加工原理，由机器织成绒头并固着于底布上，再采用机械割绒，形成毛绒耸立的毯面。机织地毯按结构与制织方式不同有威尔顿地毯、双层威尔顿地毯及阿克斯明斯特地毯三种。

（二）栽绒地毯

栽绒地毯与机织地毯的加工方法完全不同，是以机械方法在现成的底布上植入绒头，形成毛绒簇立的毯面。

1. 钩针栽绒地毯

钩针栽绒地毯是以单针栽绒机按底布上所绘图案将线头纱植入。

2. 簇绒地毯

簇绒地毯的结构与钩针栽绒地毯相仿，是在现成的底布上由排列成一排的数千根簇绒针把绒纱植入。

（三）植绒地毯

采用静电法，以棉布、人造革等为底布，在其面上使短纤维竖立黏合形成毛绒不长的毯面。

（四）针织地毯

针织地毯是一种铺于地面作吸尘、防潮、装饰用的起毛起绒的厚型针织物。针织地毯大多使用经编机织造，有毛圈型和毛绒型两种。

毛圈型针织地毯在毛圈经编机上编织单面毛圈组织形成。毛绒型针织地毯是在割圈经编机上编织割绒织物或在毛圈经编机上编织单面毛圈织物后经剪绒形成，也有的在双针床毛绒经编机上编织立体织物后经剖绒形成。

（五）针刺地毯

针刺地毯与簇绒地毯有点相似。是采用涤纶或丙纶短纤维，经过梳棉后再铺排成网状，让不同的纤维相互交织在一起，相互缠结固着使织物规格化，再经过针刺等工艺针刺成型坯布。之后，经过背面上胶，烘干定型，成卷包装。地毯背面上的胶剂，主要是为了保持地毯尺寸的稳定性。

五、地毯的图案与色彩

地毯因选用原料、织造方法的不同，图案与色彩的风格也随之有异。

（一）传统地毯图案与色彩

传统地毯多指用羊毛、蚕丝以手工编织方式生产的地毯。我国生产这类地毯历史悠久，并形成了独特的图案风格，具有富丽华贵、精致典雅的特点。传统地毯图案采用适合纹样格局形式，根据图案的具体布局与艺术风格的不同，可分为北京式、美术式、彩花式、素凸式和东方式五类。

1. 北京式地毯

北京式地毯具有浓郁的中国传统艺术特色，多选我国古典图案为素材，如龙、凤、福、寿、宝相花、回纹等，并吸收织锦、刺绣、建筑、漆器等艺术的特点，构成寓意吉祥美好，富有情趣的画面。

北京式地毯的色彩古朴浑厚，常用绿、暗绿、绛红、驼色、月白等色。由于图案与色彩的独特风貌，北京式地毯具有鲜明的民族特色和雍容华贵的装饰美感。

2. 美术式地毯

美术式地毯以写实与变化花草（如月季、玫瑰、卷草、螺旋纹等）为素材。具有格局富于变化、花团锦簇、形态优雅的特点。带有较多中西结合的现代装饰趣味。

美术式地毯常以沉稳含蓄的驼色、墨绿、灰蓝、灰绿、深色为地色。花卉用色明艳，叶子与卷草则多采用暗绿、棕黄色调，总体色彩协调雅致，艳而不俗。地毯织成后，小花作一般的片剪，大花加凸处理，花纹层次丰富，主次分明。

3. 彩花式地毯

彩花式地毯以自然写实的花枝、花簇（如牡丹、菊花、月季、松、竹、梅等）为素材，运用国画的折枝手法作散点处理，自由均衡布局，没有外围边花。构图灵活，富于变化，有时花繁叶茂，有时仅以零星小花点缀画面，有时也可添加一些变化图案如回纹、云纹等作为折枝花的陪衬，增加画面的层次与意趣。

彩花式地毯图案色彩自然柔和，明丽清新，花卉多采用色彩渐次变化的晕染技法处理，融合了写实风格的情趣和装饰风格的美感。

4. 素凸式地毯

素凸式地毯是一种花纹凸出的素色地毯，花纹与毯面同色，经过片剪后，花朵如同浮雕一般凸起。在构图形式上，与彩花式地毯相仿，也是以折枝花或变形花草为素材，采用自由灵活的均衡格局，多呈对角放置，互为呼应。由于花地一色，为使花纹明朗醒目，图案风格应简练朴实。

素凸式地毯常用的色彩是玫红、深红、墨绿、驼色、蓝色等。地毯花型立体层次感强，素雅大方，适宜多种环境铺设，是目前我国使用较广泛的一种地毯。

5. 东方式地毯

东方式地毯的图案题材、风格和格局与前面四种地毯有明显的区别。纹样多取材波斯图案，各种树、叶、花、藤、鸟、动物经变化加工，并结合几何图形组成装饰感很强的花纹，具有十分浓郁的东方情调。

东方式地毯色彩浑厚深沉，多为棕红、黄褐、灰绿色调。常以变化丰富的小花、枝叶构成一组组花纹，并以单线包边来表现图案的形态与结构，因此东方式地毯图案显得精巧细致。

（二）机织、簇绒地毯图案与色彩

机织、簇绒地毯与传统地毯相比，图案风格显得简练粗犷，多为四方连续格局，可任意裁剪、拼接。这类地毯的图案选用具有现代装饰意趣的几何图形、抽象图案、变化图案为素材。在构图形式上运用较多的为几何形交错结构和马赛克镶嵌结构，以简单的方格形、菱形、六角形、万字形、回纹形等交错组合，形成平稳匀称的网状结构，图形整齐而有变化，产生很有规律的节奏感。

一些毯面较小的机织地毯、钩针栽绒地毯的图案也有采用适合纹样格局。这类地毯常被放置于室内某个部位，如客厅中央或沙发周围，具有轻松明快的特色。它的纹样不像传统地毯图案那么精细复杂，大多是几何形纹样组合，图案概括简练，豪放自由，并带有较多抽象意味，与现代室内装饰风格十分谐调。

机织地毯的色彩简单明净，常采用 3～5 色，以少胜多，追求稳重、宁静的装饰感。所用色彩较丰富，红色、蓝色、灰色、绿色、深棕、棕黄、驼色都是常见的颜色。色彩浓艳的地毯可营造出大胆和极富个性的装饰风格。中性色不仅可以营造出宁静的氛围，而且可以为整体装饰的谐调搭配提供更多的选择。因此很多人选择中性色的地毯作为背景，并用一些色彩突出的小件装饰品来起到画龙点睛的作用。

地毯需具备平整敦实的质地与外观，图案构成也应平稳、匀称、浑厚、完整，使人们在地毯上行走有脚踏实地、四平八稳的感觉；图案的总体风格上都体现了宁静平稳的基本特征。近年来，随着现代装饰的影响，传统的暗色调地毯有被明色调取代的发展趋势。

六、中国手工地毯的编织工艺流程

地毯编织是中国的一项传统手工工艺，编织起来特别繁琐而艰辛，手工地毯编织的主要工艺流程有：绘图、染线、挂经、编织、成毯后平剪、水洗、挽穗等数十道工序。

1. 绘图

手工地毯的图案主要分中式图案和波斯图案。中式图案多以古代名画、神话传说为题材，大量使用中国的传统吉祥图案，每种图案都有不同的寓意。比如以石榴、佛手、仙桃三果组成的"福寿三多"图案，寓意多子多福多寿，石榴象征多子，仙桃意比长寿，佛手表示佛佑得福。工艺师设计出地毯的花纹图样后，还要将它按照地毯的尺寸放大，制成蓝图，蓝图上面是一个个的方格，每个方格用不同符号标识，它代表一根根不同颜色的毛线，织工必须按照蓝图来编织。

2. 染线

从前的染料是从天然植物、矿物中提取的。采用古老的染色工艺，使纱线在自然常温下，长时间地接受植物色素的附着，给纱线一层极好的保护，现在也常结合应用化学合成染料，以增加色彩的多样性。

3. 挂经

其制作是在一长方形框架——机梁上进行的。将经线一根一根按照固定的距离绕在上下水平的横梁上，经线的疏密决定着地毯的质地，经线越密图案越细致清晰，当然工作量也越大。

4. 编织

开始编织一张新的地毯时，织工不会马上使用彩线打结，先要用素线编织几厘米似帆布样的平滑长条，然后再按照蓝图，用不同颜色的丝线在经线上打结。接着用特制的小刀切断绒线，形成一个绒头，织好一排后，拉经，使前后经线形成一个交叉的纹（拉交的栽绒地毯比较厚实，用的毛线比较多，比较瓷实，比较硬），在穿过一条纬线后用特制的铁梳子拍打压实，这样一行便织成了，地毯的编织就是由点到线，由线到面，精美的地毯便逐渐形成了。

5. 后序工艺

编织完以后就该平剪，工艺师按照织毯的图案，掌控位置、深浅、角度，修剪出非常平滑的效果。最后水洗、挽穗，一件精美的手工地毯就完成了。

第三节　地毯的应用与开发

一、地毯的应用

地毯早在2000多年前就已经开始使用了，发展到现在门类齐全的地毯产业，地毯成为一种新型的铺地材料在绽放其色彩。由于地毯使用的场所和用途不同，铺设形式的不同，在实际应用中，地毯呈现多风格、多性能的特点。目前地毯的应用有室内用、室外用、运载器用三大类。

（一）室内用

客房地毯、餐厅地毯、走廊地毯、会议室地毯用量占据了地毯市场份额的60%；商用办公楼地毯近几年在国内大中型城市商务办公区的应用也是发展迅速的；家用地毯、客厅地毯、茶几地毯、卧室地毯改变了居住环境；门厅地毯、除尘地毯、3A地毯、3M地毯、防水地毯被广泛用于大厦、宾馆大堂门口的除尘；手工羊毛地毯作为地毯中的精品，在高档场所起到画龙点睛的作用，星级酒店的总统套房，会客室地毯、会议室地毯、家用地毯，真可谓美轮美奂；挂毯、壁毯、真丝地毯被业界称为可以收藏的地毯。

（二）室外用

室外用地毯泛指用于运动场地、庭园地坪和绿化地面的铺地纺织品，又称人造草皮。是以仿草叶状的合成纤维，植入机织的基布，背面涂上起固定作用的涂层制作而成。目前其原料以聚丙烯为主，也可用聚氯乙烯和聚酰胺等。原料应具有坚牢度、耐磨性、回弹性、尺寸稳定性、耐光、耐热、耐腐蚀的特点。叶片上着以绿色，并需加紫外线吸收剂。人造草坪有外观鲜艳、四季绿色、生动、排水性能好、使用寿命长、维护费用低等优点。

（三）运输用

运输用地毯主要是轿车、船舶、飞机内铺设的地毯，是地毯使用的一个重要方面。在国际市场上，轿车地毯用量很大，若以每辆车约用 3.8m² 计算，是一个不可忽视的地毯市场。我国正着手轿车的普及，对轿车用地毯的需求量将会越来越大。运输用地毯需具备一定的耐磨性、回弹性、耐污性及保温性，尤其需要具有较好的阻燃性。

二、地毯新品种的开发

地毯以其门类繁多、取材广泛、千姿百态俏丽于国内外市场。传统地毯的柔软舒适，加上新科技因素的注入，如今涌现出大量新型地毯。无论在环保还是功能方面，地毯业都有长足的进步。

1. 发光地毯

英国研究人员发明了一种踩上去能够发光的地毯。这种发光地毯的原理是电致发光。发光地毯里布满了细微的线圈，当一个人踩在地毯上时，压力做功使得线圈发电，启动线圈中储存的电能，地毯中有微弱的电流通过，结果被踩的地方就亮了起来。

2. 智能地毯

德国研究人员推出了一个包含电子网络智能技术的地毯。智能地毯的独特之处在于，以简单并节省空间的方式将传感器放置在隐蔽之处。这种地毯可以完成控制报警、室内气温控制、连接室内电子系统等特殊任务。

3. 有自洁功能的地毯

日本研究人员在丙烯酸纤维中掺入氧化钛，开发出一种具有良好自洁功能的新型纤维，用这种纤维制作的地毯具有自洁功能。丙烯酸纤维的表面存在着大量直径为几十纳米的孔穴，能够以物理方式有效地吸附异味、细菌、污物等有机物。在光照的情况下，掺入地毯纤维的氧化钛微粒对这些有机物进行分解。因此，这种地毯在阳光下晒晒就干净了。

4. 变色地毯

法国市场上出现了一种变色地毯，它可以根据人的喜好而变换颜色。编织这种地毯的毛纱预先经过特殊处理，洗涤时只需在水里加入特制的化学变色剂，就能变成自己需要的颜色。

随着经济的发展，人们生活水平的提高，室内软装饰已成为一种新的时尚潮流。而地面装饰中的地毯，无论在家居还是在酒店宾馆、办公写字楼、公共娱乐等场所，都扮演着非常重要的角色。它不仅有实用价值，而更多地起着装饰、美学和收藏价值。随着科技的开发和应用，地毯的安全、环保、低碳性必将成为地毯业的发展方向，新功能的地毯定会在不久的将来大放异彩。

☞**思考题**

1.简述地面铺设类产品的分类及特点。

2.简述地毯的基本功能。

3.试述地毯的性能要求及主要技术性质。

4.地毯绒圈的制造方法有哪些?

5.试述地毯的图案与色彩应如何选择。

6.简述中国手工地毯的编织工艺流程。

7.目前我国地毯的生产与应用现状如何?其主要制约因素是什么?未来的发展趋势与方向是什么?

第十二章　墙面贴饰类纺织品

本章知识点

1. 墙面贴饰类纺织品的基本功能与性能要求。
2. 墙面贴饰类纺织品的品种与结构。
3. 墙面贴饰类纺织品的现代风格。
4. 墙面贴饰用纺织品的图案与色彩。

　　墙面贴饰类纺织品泛指墙布织物。采用墙面贴饰类织物来装饰墙面，织物本身的厚度以及视觉厚度附于墙上，能给人们增加温暖的感觉，为家居增添华丽的气息。大面积的墙面贴饰类用品往往决定了室内其他纺织装饰配套的基调，窗帘、地毯、床上用品等都需随着墙面贴饰用品艺术风格的变化而选择相应的色彩与花型，以取得谐调或新颖的整体装饰情趣。

第一节　墙面贴饰类纺织品的基本功能与性能要求

一、墙面贴饰类纺织品的基本功能

1. 保温功能

墙布织物多由柔软的纤维材料构成。纤维材料导热系数小，具有良好的保温性能。此外，墙布织物改变了墙壁坚硬平板的形象，纤维疏松柔软的质感和触感能使人置身其中，感受到温馨和舒适。

2. 吸音功能

墙布是极好的吸音材料，墙布的多孔结构具有吸收声波的功能。室内各种声响经过墙布的吸收、衰减，可以降低音量。

3. 调节功能

墙布织物纤维的微孔结构和纤维间的细小缝隙能吸收空气中的水分，也能释放出蓄积的水分，可有效地调节房间内的空气干湿状况，使室内保持适宜的湿度，在一定程度上改变了局部环境的微气候。同时，墙布织物的疏松组织也具备良好的透气性，因此在贴饰墙布的室内，人们感觉舒爽宜人。

4. 保洁功能

使用墙布的壁面比一般涂饰的墙壁更易除尘。使用吸尘器即可迅速方便地除尘保洁，也可用软刷子刷去灰尘，也有的墙面还可以使用肥皂水进行清洗。这些简单可行的除尘方法可保持墙面整洁如新。

5. 美化功能

墙布织物将华美的图案与色彩引进室内，造就了舒适的环境气氛，给人以温馨的感官享受。

如图 12-1 所示，一整面墙贴上带有花鸟图案的浅粉色底墙纸，配上简洁的床上用品及窗帘，整个空间就显得丰满紧凑且春意盎然。

如图 12-2 所示，墙面贴布与床上用品、窗帘帷幔、地毯等整体色彩一致的花纹图案弥补了白色墙面的单调无味，让空间从此变得充满情趣。

图 12-1 卧室

图 12-2 卧室

二、墙面贴饰类纺织品的性能要求

1. 平挺性

墙布织物需要平挺而富有一定的弹性，无缩率或者缩率较小，尺寸稳定性好，织物边缘整齐平整，不弯曲变形，花纹拼接准确不走样。

2. 粘贴性能

墙布必须具有较好的粘贴性能，粘贴后织物表面平整挺括，拼缝齐整，无翘起和剥离现象产生。

3. 耐光性

墙布虽然装饰于室内，但也经常受到阳光的照射。为了保持织物的牢度和花纹色彩的鲜艳度，要求纤维具有较好的耐光性，不易老化变质。同时，染料的化学稳定性要好，日光晒后不褪色。

4. 阻燃性能

墙布的阻燃性能则需根据不同的环境做出规定。

5. 耐污易洁性能

墙布大面积暴露于空气中，极易积聚灰尘，并易受霉变、虫蛀等自然污损。为此，要求墙布具有较好的防腐耐污的性能，能经受空气中微生物的侵蚀而不霉变。

6. 吸音性能

利用织物组织结构使墙布表面具有凹凸效应，增强吸音性能。

第二节　墙面贴饰类纺织品的品种与结构

墙面贴饰类纺织品的原料选用范围广泛，天然纤维中有丝、棉、麻，化学纤维有黏胶、涤纶、锦纶、维纶、玻璃纤维以及木浆、塑料、草叶、金属等材料。随着化学工业的发展和人们审美情趣的多样化、新潮化，制织墙面贴饰类纺织品的材料还在不断拓宽发展。

墙面贴饰类纺织品的生产方式基本以机织和非织造为主，也有植绒、磨绒等方式，使织物具有皮革效果。墙面贴饰类纺织品花色的加工工艺有提花、印花、拷花等。各种花色纱线的运用，使织物表面风格突出，墙布产生丰富多变的效果。

一、机织物墙布

这种墙布的织物组织结构致密，织纹变化丰富，在实际使用中，织物的平挺性与稳定性好。机织物墙布常见的有以下品种。

1. 丝织墙布

常采用真丝织锦缎、鸭江绸等织物为贴墙布。由于选用原料具有较细的密度和良好的理化性能，纹织工艺精细，花色华美秀丽，并且可具有表面竹节纱等风格，粘贴于衬纸上，品质高雅，质地精细，光泽典雅，风格华丽，属于高档墙布。虽然价格昂贵但是仍然很受欢迎。

2. 棉织墙布

棉织墙布是以纯棉布经过处理、印花、涂层制作而成。强度大、静电小、蠕变形小，无光、吸声、无毒、无味，透气性、吸声性俱佳。但表面易起毛，不能擦洗。

3. 麻织墙布

麻织墙布是以麻质纤维为基材，粗糙的纹理，天然的本色，具有粗犷自然的风格和防潮、抗菌、隔音的功能。

4. 玻璃墙布

玻璃墙布是以玻璃纤维布为基材，表面涂耐磨树脂，再印上彩色图案制成。其特点是玻璃布本身具有布纹质感，经套色印花后，装饰效果好，且色彩艳丽，花色繁多，在室内使用不褪色，不老化，尤其防火性和防水性好，耐湿性强，可用肥皂水洗刷。价格低廉，施工简单，粘贴方便。适用于宾馆、饭店、展览馆、会议室、餐厅、工厂净化车间、住宅等内墙装饰。

5. 化纤墙布

化纤墙布是以化纤布为基布，经树脂整理后印制上花纹图案制成。其产品新颖美观，色彩调和，无毒无味，透气性好，不易褪色，只是不宜多擦洗，又因基布结构疏松，如墙面有污渍时便会透露出来，所以宜布置在卧室等灰尘少的地方。

6. 提花贴墙布

采用大小提花组织织造，采用人造丝、化纤混纺丝线等相交织，形成各种几何图案和花卉图案。有的加金银丝点缀，更显得绚丽辉煌，具有很好的装饰效果。

7. 绒类贴墙布

采用黏胶丝和化纤混纺纱线，在双经轴绒类织机上织造双层织物，经割绒、剪绒、刷绒和烫花整理，使墙布具有天鹅风格和绒面花纹。大提花绒类贴墙布具有地组织花纹和绒面花纹，富有立体感，产品高雅华贵。

8. 花式纱织物贴墙布

采用竹节纱、疙瘩纱、结子纱、圈圈纱等色彩、结构各异的花式纱线疏密间隔排列，贴墙布的表面凹凸不平，花纹立体感强，风格粗犷，吸音效果好。

二、非织造贴墙布

非织造贴墙布是采用棉、麻等天然纤维或涤纶、腈纶等合成纤维，以针刺或水刺非织造织物为基材，经过涂覆树脂、印制彩色花纹而制成的一种新型贴墙材料。特点是表面光洁而又有羊绒毛感、挺括、富有弹性、不易折断老化、色彩鲜艳、不褪色、耐磨、耐晒、强度高，具有一定透气性和吸声性，可擦洗，施工比较简便。适合于高级住宅、宾馆等的内墙装饰。随着生产技术的不断发展，非织造墙布的生产工艺得到了较大的改进，针刺、簇绒、缝编等技术相继被采用。非织造贴墙布的技术指标见表12-1。

表 12-1　非织造贴墙布的技术指标

名称	技术指标		
	质量（kg/m²）	平均强度（MPa）	粘贴牢度（N/25mm）
涤纶非织造贴墙布	0.075	2.0	5.5（粘贴在混合砂浆抹面上） 3.5（粘贴在油漆墙面上）
麻非织造贴墙布	0.10	1.4	2.0（粘贴在混合砂浆抹面上） 1.5（粘贴在油漆墙面上）

三、复合墙布

复合墙布是由两层及以上的材料复合而成，或在一层基布上进行复合处理所制成的墙布。表面材料非常丰富，都经过了工艺处理，提高了材料的耐擦洗和阻燃性能，方便使用。被衬材料主要是发泡聚乙烯，分为发泡及低发泡两种。

1. 纵向粗支纱墙布

纵向粗支纱墙布是采用各类纤维制成花纱线，通过整经使纱线有规则地黏附于墙布衬纸上。由于纱线呈纵向整齐排列，因此能产生同一色光效应，外观平整，色光匀称。

2. 植绒墙布

植绒墙布是用人造丝、尼龙等短绒纤维通过静电效应植于底布上，形成毛绒簇立、绒面丰润的外观效果。植绒墙布中还有一种是仿麂皮织物，绒头纤维植于非织造底布上，然后经加压处理，毛绒感强，手感酷似天然皮毛。

3. 东阳墙纸

它是一种用棉纱做经纱，草叶、麻条等天然材料做纬纱，经手工编织成粗纱布状后黏附于白皮纸上的新颖墙面贴饰品。这种墙纸由于经纱细、纬纱粗，加上经线密度很低，所以织物表面体现出纬线粗犷自然，不加修饰的原始结构，具有一种独特的装饰美感。

第三节　墙面贴饰类纺织品的设计

墙布的设计重点是美观而其次是功能。各种复杂花式纱线，表面纹理甚至三维立体效果的织物都可以用于墙布。不同格调的墙布装饰能影响环境空间的气氛。古典派花色的墙布使居室具有优雅华贵的风度，现代派花色的墙布又可使居室洋溢出自然清新的气息。一间平淡无奇的屋子经过墙布的装饰，使室内别有一番风味，令人舒心欢快。在新建筑内，墙布无异是一种新颖的建筑装饰材料，使满室生辉。而老建筑内，贴饰墙布又是一种使室内翻新的简便易行的办法。因此墙布在当代室内装潢中被广泛应用，它的美化功能也日益受到人们的重视。

一、墙面贴饰类纺织品的现代风格

1. 酷感时代

从工艺到设计都充满现代感，主要消费者为现代年轻人。墙面贴饰或是质地粗糙，线条硬朗，或是用色大胆，图案抽象，带有很强的时代痕迹，适合搭配强烈形式感的家具和配饰。

2. 传统素色

白色及淡雅的素色是通常被建议使用的墙布颜色。这种素色最适合面积分散或楼梯旁的墙壁以及不规则墙面过多的房间。

3. 浪漫花都

以形象逼真、色彩浓烈或淡雅的花卉图案墙布贴在卧室、起居室，使轻柔的枝蔓在墙上自由缠绕，娇艳的花瓣仿佛暗香浮动，每天在这样的环境中醒来，恍惚间恐怕会忘记身在何处。

4. 东方异彩

以简单的色彩衬底，配以中国画似的清淡图案或书法字画，是日式风格壁纸的最大特点。看似轻描淡写，随意挥洒，却可以为居室带来很大的变化。

5. 异域风情

浓烈的色彩和熟悉的花纹所带来的异域风情奇异动人，具有很强的装饰效果。这类墙布一般是用于玄关或家中某个主题墙，风格鲜明，华丽醒目。金黄、土红、芦苇绿、紫罗兰等平时不使用的颜色都是设计这类墙布时的首选。

6. 多彩拼接

设计需配合房间结构，利用墙布色彩和图案的不同，使墙布具有明暗的对比，营造出空间的错落感。设计这类产品时。应考虑开发出相应的同系列花色，让消费者在选择和使用同系中的颜色或图案时不宜有太大的冲突。

7. 另类卡通

色彩鲜明、图案多样的卡通墙布，既适合儿童活泼可爱、稚气盎然的心理特性，又可取悦于现代青少年一族。一般卡通墙布都会在同系列中有多款式花型，可以根据喜好进行组合设计。

8. 粗犷颗粒

手感如岩石般粗糙的墙布，很适合用在露台，它刻意营造粗犷的自然风景，对于现在越来越普遍的封闭式露台十分适用，配上绿色植物，这里便是自己营造的世外桃源。

9. 天然质感

天然织物如麻、棉、丝等的质感给人温暖亲切的感觉，可选用本色或是温和的米灰色，含蓄而不张扬。

10. 木质淳朴

淳朴的类似木纹的墙布纹理生动自然，以搭配原木色家具为宜，但要注意家具与墙布的纹理配合。

11. 典雅条纹

典雅条纹是墙布的传统图案，大方稳重。最好是清新淡雅的色调，使用后会使居室显得更加明亮，而竖条纹具有恒久性、古典性、现代性与传统性等各种特性。如图 12-3 所示。

图 12-3　客厅

二、墙面贴饰用纺织品的图案与色彩

1. 墙面贴饰用纺织品的图案

墙布图案的题材大多为自然优美的花草、景物或雅致稳重的变化纹样、几何纹样，造型活泼自由，带有较多随意性，使人们身居家中能感受到宁静清新的气息和舒心愉悦的意趣。

墙布图案的形体以中小型居多，形体过大的图案易造成强烈夺目的视觉印象，使人产生空间拥塞、局促的感觉，且家具的摆放会破坏图案的整体性。中小型图案则显得清秀娴静，大面积使用时能取得整体柔和谐调的效果。

2. 墙面贴饰用纺织品的色彩

在色彩的选择上，墙布图案多使用淡雅、柔和的色调及生动活泼的明亮色，如白、奶黄、象牙、淡绿、淡紫、粉红、浅蓝及中性米色系列等色调。色彩运用时重简洁而忌繁杂，一般为三至五色。色彩上的淡、雅、柔、简，可以增加空间的亮度和宽广度，为室内营造开阔明朗的气氛。

　　如图 12-4 所示，安静的卧室内，温馨、柔和及不跳跃的色彩搭配层次，提升了空间的整体品质。

图 12-4　卧室

☞思考题

　　1. 简述墙面贴饰类纺织品的基本功能。

　　2. 试述墙面贴饰类纺织品的性能要求。

　　3. 试述墙面贴饰类纺织品的品种与结构特点。

　　4. 通过调研，试述墙面贴饰类纺织品的发展趋势。

第十三章　家具覆饰类纺织品

本章知识点

1. 家具覆饰类纺织品的定义及分类。
2. 家具覆饰类纺织品的基本功能与性能要求。
3. 家具覆饰类纺织品的品种与结构。
4. 家具覆饰类纺织品的图案与色彩。

家具覆饰类纺织品是室内家具的罩用材料，从覆盖方式上来看可以分为整体结构覆盖式和局部结构覆盖式两种。整体结构覆盖式是将家具的全部结构覆盖，不但可起到美化与保护家具的作用，更能突出纺织品蒙罩的整体装饰效果，与室内整体装饰相映成趣；局部结构覆盖式只覆盖家具的部分，家具部分展示出来，在设计时应特别注重装饰品在风格、造型上的细节部分与家具的造型、风格谐调搭配。

第一节　家具覆饰类纺织品的定义及分类

一、家具覆饰类纺织品的定义

家具覆饰类纺织品是覆盖于家具之上的织物，具有保护和装饰双重作用。主要有沙发布、沙发套、椅垫、椅套、台布、台毯等。此外，还有用于公共运输工具如汽车、火车、飞机上的椅套与坐垫织物。

二、家具覆饰类纺织品的分类

（一）根据织物外观分类

家具覆饰类纺织品根据织物外观可以分为提花织物、起绒织物、花式纱织物、植绒织物和涂塑织物等。

1. 提花织物

提花织物采用色纱提花、花式纱提花、高特纱提花等加工方法，织物厚实抗皱。单色提花织物有浮雕的效果；色纱提花织物图案清晰、层次分明，具有明显的光亮效应和立体装饰效果。

2. 起绒织物

起绒织物表面有均匀的绒毛，手感温暖柔软，光泽柔和，耐磨抗皱防污性能好。主要有平绒、灯芯绒、印花绒、金丝绒、压花绒和经编天鹅绒等品种。

3. 花式纱织物

花式纱织物是采用竹节纱、疙瘩纱、结子纱、圈圈纱等色彩、结构各异的花式纱线织成的表面凹凸不平、织纹立体感强的中厚型织物。织物色彩深沉柔和，配色雅致。

4. 植绒织物

植绒织物是利用电荷的自然特性生产的一种新工艺织物，它立体感强、颜色鲜艳、手感柔和、豪华高贵、华丽温馨、形象逼真、无毒无味、保温防潮、不脱绒、耐摩擦、平整无隙。

5. 涂塑织物

涂塑织物是涤纶织物涂聚氯乙烯后印花加工而成，涂塑织物有仿皮革的风格，防水防污。一般用于公共场所的座椅、沙发等。

（二）按生产方式分

1. 非织造织物

这类织物多用于家具面板的覆盖与保护，防止器物表面擦伤破损，防尘防污。如常见的针刺织物、静电植绒织物等。

2. 针织物

用作家具覆饰的针织物主要有在拉舍尔经编机上生产的薄型织物和厚型针织绒类织物。薄型织物轻薄柔软有弹性，花部网眼清晰均匀，地部紧密平整，织物立体感强，花型变化丰富，装饰效果好；厚型织物布身紧密厚实，悬垂性与遮光性好，有丝绒的华贵感，广泛用于各种家具罩布。

3. 刺绣品

刺绣品是用针将丝线以一定图案和色彩在绣料上穿刺，以缝迹构成花纹的装饰织物。它是用针和线把人的设计和制作添加在任何存在的织物上的一种艺术。刺绣品花形多变，立体感强，美观大方，属传统装饰用品，多用于活套类家具覆饰织物。

4. 机织物

家具覆饰用的机织物种类很多，用途广泛，从织物外观来看，有素色织物、小花纹织物、大提花织物、印花织物、绒面织物、绒圈织物等。

5. 复合织物

随着科学技术的进步，家具覆饰用的复合织物日渐增多，常见的有新型人造革、合成革以及各种天然皮革等。这类织物的外观形态和性能特征近年来都有很大的进步，合成革、人造革的仿真效果大大提高，有些酷似天然皮革，属高档家具的优选面料。

第二节　家具覆饰类纺织品的基本功能与性能要求

一、家具覆饰类纺织品的基本功能

1. 保护功能

家具覆饰类纺织品能有效地起到了保护家具的作用，防磨、防污、防尘，使家具表面保持整洁、美观，不易受到意外损伤。还可以防止阳光直接照射而引起家具老化、变质及变色等。使用纺织品覆罩便于经常清洗更换，可以使桌、椅、沙发等保持良好的使用状态和卫生状况。在汽车、火车、轮船、飞机等交通工具内，各种座椅覆罩类装饰织物可以减少乘客频繁使用座椅造成的磨损，保持较好的座椅外观。因此家具覆饰类纺织品不但对一般家庭的室内家具起保护作用，在社会生活中也具有较强的实用价值。

2. 美化功能

家具覆饰类纺织品犹如家具的外衣，随环境的变化，可以随时变换质地、花色，使家具成为室内装饰整体中的一部分。各种家具覆饰类纺织品的设计与选用，都要以有利于提高家具的美观效果为主要目的，其质地与花色应以不掩盖家具本身所具有的装饰美为原则。织物风格应从属于室内总体布局的艺术效果，不能因为蒙面覆盖使家具本身的优美纹理与挺拔造型有所失色，尤其要禁忌同一室内的桌、椅、台、柜上的覆盖织物杂乱无序，否则就会破坏室内的气氛。

3. 舒适功能

在质地坚硬、冰凉的金属或木质家具上蒙罩一层温暖、柔软的覆盖织物，能大大改善家具原有的外观效应，给人以温馨、舒适之感。特别是近年来流行的坐垫、靠垫等小型装饰附设品，可以直接用来调节人体的坐卧姿势，使人体与家具的接触更贴切舒适。

二、家具覆饰类纺织品的性能要求

1. 坚牢度

家具覆饰类纺织品在使用中常处于拉伸、挤压、摩擦的张力状态中，因此必须具备较好的拉伸强度、耐磨性和耐压性等。目前国内外对家具覆饰类纺织品的耐磨性能有严格的要求，如采用马丁代尔测试仪测试固定式家具覆罩类装饰织物的耐磨次数应是 25000 次。而商业、运输等公共设施内的家具覆罩类装饰织物，其耐磨次数则是 50000 次（在 794g 负荷下），因为这类织物在使用过程中不可能经常更换，且一般需有 5 年左右的使用寿命，所以对织物的耐磨性和拉伸强度有较高的要求。

2. 稳定性

家具覆饰类纺织品的稳定性是指其使用过程中织物外观的稳定性能，包括抗起球、抗钩丝、抗接缝滑脱等性能；还要有耐光照、耐摩擦色牢度及耐洗涤等功能。

家具覆饰类纺织品的织物密度要尽可能紧密，组织浮长要尽可能缩短，一般以平纹、变化平纹、斜纹、人字纹组织居多，这可以有效地提高织物的外观稳定性。

3. 防污性

家具覆饰类纺织品的防污性包括耐污与易去污两方面。为提高耐污性可以对织物进行拒水、拒油等后处理，如用碳氟化合物进行拒污整理等。

4. 摩擦系数大

用作沙发、椅垫套一类的家具覆饰类纺织品应具有一定的表面摩擦系数。采用绒面结构、花式纱线的织物，外观风格较粗犷，既耐磨又增大摩擦系数，具有较好的实用效果。

5. 阻燃性

目前，家具覆饰类纺织品的阻燃性受到高度重视。一般家庭用织物最好使用进行阻燃整理过的，而商用和公用场所要采用阻燃纤维织物作为家具覆饰类的面料。

6. 透气性

透气性是指空气或湿气通过织物的能力，它与坐靠舒适性有直接的关系。与家具直接接触时间越长，这项性能越重要。

第三节　家具覆饰类纺织品的品种与结构

家具覆饰类纺织品主要有三类产品，一类是用于沙发、座椅等的蒙盖面料如沙发套、椅子套等，又称家具布；一类是坐垫、靠垫等小型实用饰品；还有一类是桌面铺设的台布、台毯等。

一、家具布

沙发、座椅、箱柜等蒙罩用家具布一般采用花式纱线或摩擦系数较大的织物。这类家具按使用方法不同，可分为固定式与活套式两种。

固定式是采用钉、粘、缝等方式将织物固定于家具的框架或表面上，如沙发布、座椅布等。活套式是事先按家具外围尺寸大小缝制好套罩，使用时活套在家具上即可，用以保护家具表面，具有使用方便灵活、易于拆洗更换的特点。如沙发套、座椅套等。

家具布的选用上，大小要适合，不宜过大而遮盖了家具的造型美。有些木质台面本身光洁朴实，极具质地美感，加盖了罩巾，反而画蛇添足。总之，选择罩巾要因地制宜。具有装饰和点缀效果就可以大胆选用，不具装饰效果甚至影响整体美感的，就不宜使用。

二、台布

台布是覆盖于台面、桌面上用以防污或增加美感的物品。因为常见的是覆盖于桌子上，所以也称为桌布。由于国内外使用习惯及桌子的规格、形状不同，台布名称各异，有方台套、圆台套、茶台套、餐台套等，主要用于陈设、宴会等。

目前使用较多的台布有织锦台毯、丝织台毯、印花与色织台布、非织造台布、抽纱台布、缕丝台布等。

1. 织锦台毯

织锦台毯是以真丝、人造丝为原料采用重组织制织的台毯。一般为锦缎地上显现花卉、虫鸟、风景等图案，花纹绚丽多彩，质地厚实紧密，属于高档家具装饰织物。织锦台毯一般以长方形、正方形为主，也有圆形的。织锦台毯四周常以丝穗流苏镶边，更添装饰情趣。这种台毯常作为豪华名贵的工艺品装点于室内，其装饰性重于实用性。

2. 丝织台毯

丝织台毯是丝绸织绣工艺品种之一。产品分丝织及绣花两类，产地为杭州、上海、苏州、南京等，尤以杭州生产的丝织台毯最为驰名。丝织台毯色彩斑斓，花纹精致美观，富有东方民族特色，用作台面铺陈，使室内光彩倍增，华丽生辉，同时也是馈赠亲友的佳品。

3. 印花与色织台布

印花与色织台布融装饰性与实用性为一体，具有适应范围广、产品价格低廉的特点，是旅馆、餐厅和一般家庭中普遍使用的家具覆饰织物。这类台布中较高档的有纯棉织物、亚麻织物和棉麻混纺织物。近年来，各种化纤混纺原料制作的台布逐渐增多，这类台布外观不俗，有易洗免烫的优点。

台布有从130cm见方到280cm见方的多种规格尺寸，形状包括长方形、正方形、圆形和椭圆形等。台布品种有色织条格、提花、印花等类型。提花台布的花型，以中、大型花卉和花叶为主，有散花和独花两种。一般采用经缎组织作花，斜纹或平纹组织作地，还需经丝光整理，这样的台布具有光泽好、缩水率低的特性，织物呈现高档的视觉效果。印花与色织条格台布具有实用、美观的性能，使用很普遍。如图13-1所示。

图13-1 印花台布

4. 非织造台布

非织造台布是台布家族中的新品种，近年来发展很快。用水刺法加固生产的涤纶非织造台布具有一般纺织品的柔软手感和悬垂性，尺寸稳定性好，并有抗皱与保形回复等性能。湿法成网的涤纶针刺非织造台布、涤纶和黏胶纤维混纺的针刺非织造台布，这两种台布在美国使用较多。

5. 抽纱台布

抽纱是刺绣的一种，以亚麻布或棉布为原料，根据图案设计抽去一定数量的经纱与纬纱，然后用不同针法加以连缀，形成透空的装饰花纹。抽纱台布属高档手工艺纺织品。它继承了我国民间手工艺的优良传统，吸收了手绣的刁扣、抽拉、钩针、贴补、镶拼等工艺精华，并发展了喷花、贴缎、烫洞的新工艺。产品要求绣工精湛，构图新颖，色彩素雅，花样繁多。这类产品适用于豪华宾馆餐厅，可使宾客赏心悦目。

抽纱台布以亚麻、棉/麻、涤/苎麻、涤/棉及全棉为原料，绣花的花型以中、小型花卉为主，也有少量的水果和卡通图案等。其色彩多以素雅的浅色为主。

6. 缕丝台布

缕丝是先以纱线制成网底，然后再以各种针法在网底上做花，由于针法的巧妙变化，形成不同虚实、疏密的花纹。缕丝台布精致华美，层次丰富，一般以单色纱线绣成，如白色、玉色、米灰色、灰色等。缕丝台布由于针法的多变，图案的丰满流畅，使得质朴单纯的色彩显现出含蓄高雅的气质。

三、家用电器用覆饰织物

家用电器用覆饰织物多做成活套式，便于经常洗涤。选用面料有棉织物、丝织物及其合纤混纺织物等。绒面织物用得很普遍，在接缝处常采用花边，正面再配以手绣或机绣的各种装饰图案，美观大方，防尘能力也好。

由于使用环境的特殊要求，作为电器上的覆饰织物，应具有吸湿、透气、阻燃、抗静电等性能，以确保使用安全。

近年来，随着新型纤维原料的不断出现和生产技术的进步，为开发家具覆饰类新产品提供了良好的物质基础和技术手段，使其新品种层出不穷，日新月异。如双层或多层高花织物，采用特殊原料可以获得更为满意的设计效果；绒类织物可以机织提花，也可以针织提花，还可以压轧花纹，风格各异，老少皆宜；静电植绒织物工艺简单，生产方便，成本低，绒毛平整，外观朴实；针刺绒织物正在快速推广，为装饰室内家具增光添彩，备受人们青睐。

第四节　家具覆饰类纺织品的图案与色彩

家具覆饰类纺织品在室内环境中起到了调节、活跃色彩气氛的作用。在使用时常随着家具形体的变化而变化，从图案、色彩、肌理等都要避免只追求平面的美感而忽视立体的展现和多角度的整体美感。

家具覆饰类纺织品的图案选择需要与壁纸、地毯、窗帘图案相关联，与室内的其他纺织品之间有变化的统一。整体色调需要根据不同室内装饰风格，各式的家具功能状态与空间布局，进行深浅、明暗、灰艳的合理搭配。

一、家具布的图案与色彩

家具布在使用时随家具的造型而具有多种形状的面，如平展的坐面，垂直或略呈倾斜的靠背，转折的扶手等。因此，这类图案不能只追求平面展现的美感，更应注意立体效应，即套置于沙发、椅子后的形体美与整体美，这样才能达到图案的平面构成与适形、适物美感的和谐统一。

图案设计需有明确的主题，图案要求整体感强，或紧密的排列，或散点的排列，色调统一富有变化，表现手法适宜单纯概括，纹样取材多为变形花草、变化图案及几何图案，丰满而有层次，常呈满地型的花纹布局。家具布的纹样一般是四方连续形式的格局。如图13-2所示，条格图案的沙发罩搭配同色调花卉靠垫，不仅层次丰富，而且极具视觉感。

家具布的色彩以沉稳的中、深色调为主，如紫绛、墨绿、咖啡、驼色等，也有乳白、象牙黄、银灰等彩度较低的浅色调。

图13-2　沙发布

二、台布的图案与色彩

1. 织锦台毯的图案与色彩

台毯的纹样题材大多为花鸟、人物、山水、走兽以及装饰性较强的变化图案，并常选取含吉祥美好谐音寓意的题材。如以牡丹、玉兰、海棠组成"玉堂富贵图"，以梅、兰、竹、菊组成"四君子图"。山水景物纹样则以亭台楼阁、名胜风光构成意境优美的画面，并在其中穿插安排戏剧人物，民间传说或风俗民情场景，使画面情景交融，充满生活气息。

2. 色织、印花台布的图案与色彩

这类台布为适合纹样的图案布局，一般有两种类型：中心型与边框型。中心型台布的中心纹样集中、花团锦簇，形成视觉焦点，边框、角隅部分处于陪衬的地位。这框型台布正好相交。

三、交通工具中覆饰织物的图案与色彩

交通工具中的装饰图案应力求柔和、圆润，以自然界天然花卉图案为主，色彩宜淡雅、清新，多用豆绿、草绿、浅蓝、月白、浅黄等色，这种宁静淡雅的旅途环境有助于解除疲劳，还可以使驾驶人员振作精神，保证安全。

👉**思考题**

1. 简述家具覆饰类纺织品的定义及分类。

2. 试述家具覆饰类纺织品的基本功能与性能要求。

3. 试述家具覆饰类纺织品的品种与结构特点。

4. 试述家具覆饰类纺织品的图案与色彩的选择。

5. 我国家具覆饰类纺织品的生产与应用现状如何？其主要制约因素是什么？未来的发展趋势与方向是什么？

第十四章　卫生盥洗与餐厨类纺织品

本章知识点

1. 卫生盥洗类纺织品的主要品种及性能要求。
2. 卫生盥洗类纺织品的设计、开发特点。
3. 卫生盥洗类纺织品的造型设计。
4. 卫生盥洗类新产品开发及发展趋势。
5. 餐厨类纺织品的种类及性能要求。
6. 餐厨类纺织品的造型设计。
7. 餐厨类新产品开发及发展趋势。

随着人们生活品质的提高，浴室不仅空间变大了，而且除了满足基本的洗漱、沐浴功能需求外，还充实了各种具有舒适、美观、实用的纺织品。餐厨用纺织品是指餐厅及厨房内的纺织品，所占比例较小。这类纺织品能够营造出良好的就餐氛围，在装饰餐桌的同时也具有实用性。

第一节　卫生盥洗类纺织品

卫生盥洗类纺织品是家用纺织品的重要组成部分，能反映一个国家家用纺织品的技术水平。可以给整个环境带来整洁、美观、谐调的气氛、使人产生舒适、愉快的感觉。以全棉产品为主，也有混纺织物，主要应用于宾馆、饭店、家庭等。

一、卫生盥洗类纺织品的主要品种

卫生盥洗类纺织品包括毛巾、浴巾、手帕、防滑地巾、擦背巾、浴袍、浴帽、拖鞋、马桶盖罩、马桶坐垫、地垫、水箱罩、卫生卷纸套以及各种小装饰织物。

（一）毛巾类

毛巾类是卫生盥洗类纺织品中一个主要品种。毛巾类织物由于用途不同，织物结构也有所差异，如浴巾要求毛圈较高，密度较大，因此，对于织物的经纬密度、紧度、线密度、毛圈高度等织物结构参数的选择，都应根据产品的不同要求来确定。按加工工艺分有提花、印花、割绒、浮雕、彩条、喷花、带穗等种类。国际上对毛巾的卫生整理很重视，在抗菌、防臭、防霉等方面都有严格要求。如图14-1所示。

（二）装饰性拒水浴帘

装饰性拒水浴帘是用于浴室、浴缸旁，具有拒水、遮挡及装饰作用，与浴巾、地巾、毛巾、擦背巾相配套的织物。用阔幅织机织制的高支高密平纹织物，经过印染整理及树脂防水等特殊处理。其性能要求是织物质地紧密，布面光洁细腻，轻薄挺括，无瑕疵。浴帘的色彩、花型应与浴室的环境谐调一致。常用规格为200cm×200cm。

图14-1　毛巾

（三）其他用品

1.手帕

手帕一般分为织花手帕和印花手帕等两大类。织花手帕有缎条手帕、提花手帕等，印花手帕有涂料印花手帕、印花绣花手帕及手绘手帕等。

2.擦背巾

该产品毛圈较硬，一般是经过特殊加工制织而成，易去除污垢。

3.浴垫

常用的有纯毛圈浴垫、腈纶浴垫。

二、卫生盥洗类纺织品的性能要求

1.装饰性

随着现代生活品质的提高，卫生盥洗类纺织品的实用性与装饰性都不可忽视。不但要讲究实用性，也要考虑装饰的整体效果。如在浴室的器具上配套的纺织品作裙边装饰，可以使浴室显得整洁、谐调。

2.吸水性

如浴巾、面巾等必须具有良好的吸水性。因此要求仔细选择毛巾的原料、捻度、毛圈高度及其分布状态等因素，使其具有良好的吸水效果。

3.防水性

与吸水性相反，对某些卫生用织物，如浴帘织物要求有良好的防水、隔水性能，以阻挡洗澡水外溅，这就需要对织物进行特殊的防水整理。

三、卫生盥洗类纺织品的设计、开发特点

卫生盥洗类纺织品不仅具有实用价值，还应给人们带来温馨感。其设计、开发特点是配套化、功能保健化、深加工和高附加值化。

1.配套化

卫生间是形成整个居住环境的重要因素，卫生盥洗用品的配套化，会使人感觉整个环境的

整洁、美观、谐调，从而心情舒畅、情绪平和。

2. 功能保健化

卫生盥洗用纺织品应具有柔软性好、吸水率高、装饰性佳和实用性强的特点。还要具有抗菌、防臭、防霉和香味等功能保健性。

3. 深加工、高附加值化

深加工产品如印花割绒浴巾、螺旋型缎边浴巾、特定标志提花配套浴巾等，可提高产品的附加值。

四、卫生盥洗类纺织品的造型设计

1. 面料的选择

卫生盥洗类纺织品一般以全棉产品为主，也有混纺织物。所运用的织物要具有良好的柔软性、舒适性、吸湿性以及保暖性。浴帘作为淋浴区用纺织品可起到一定的遮蔽功能，所选用的材料一般应为疏水性纤维。

2. 色彩与图案

卫生间和浴室这样较为私密的室内环境，首先要讲究实用性。考虑到卫生用品和装饰的整体效果，卫生盥洗类纺织品色彩的选择上可以是任意的色调，只要色泽干净、色调宜人即可。如图14-2所示，浴室中最理想的色调是粉色系或是一些中性色。装饰织物及毛巾等配件可选择强烈的对比色系。

图 14-2　浴衣

图案可以选择几何图案或花卉图案。一般可以将浴巾、面巾、方巾系列的图案设计进行配套化，从而具备较为整体的效果。

五、卫生盥洗类新产品开发

（一）高吸水毛巾

传统毛巾多是纯棉纱的毛圈织物，但在国外市场，传统毛巾正在被高吸水毛巾所代替，当今时代，人们的卫生意识和追求舒适的心理需求日益增强，洗浴次数增加，因而毛巾需求量大。

从产品的结构特点来看，高吸水毛巾主要有以下几种类型：

（1）采用高吸水性纤维。这类纤维有棉纤维、人造丝、改性人造丝以及改性聚丙烯腈纤维等。如采用各占50%的改性人造丝和棉纤维混纺成纱，织成的高吸水毛巾既有棉纱的手感特征，又有快速吸水的能力，吸水速度可达纯棉产品的5倍。

（2）采用高吸水后整理技术。为了进一步提高吸水性纤维的性能，有很多产品采用了高吸水后整理技术。如用100%的纯棉纱或用纯棉与高吸水性纤维混纺纱织成毛巾后，再进行吸水加工处理，其吸水能力可增加数倍。

（3）采用吸水性超细纤维。超细纤维之间的微小空隙，有利于形成毛细效应，因而可以提高织物的吸水性。如采用 Y 形截面的改性聚丙烯腈（腈纶）超细纤维织成的高吸水毛巾，其吸水速度可达纯棉的 3～5 倍。

（4）采用多层织物结构。当前出现的高吸水毛巾普遍采用多层织物结构。如采用 70% 的高吸水铜氨纤维和 30% 的尼龙丝构成包芯纱，织成单面起毛毛巾织物，再把两层织物贴合在一起制成高吸水毛巾，吸水量可达到纯棉的 5 倍以上。有的还采用 3 层结构的高密度织物，如采用 60% 的棉织物作为吸水层，15% 的聚酯纤维作为保水层，25% 的改性聚丙烯腈纤维作为扩散层，其吸水速度在 10s 内可达到 200%。

（二）簇绒地巾

簇绒地巾是由棉或化纤在底布上形成簇绒或毛圈绒的铺地织物。质地厚实紧密，弹性好，有防滑、吸水、保暖、吸尘和装饰等功效。簇绒地巾由底布和绒面构成。底布一般采用 29tex 合成纤维纱织成平布组织的织物，绒面可采用 97tex×2、73tex×4 或 58tex 等全棉纱在底布上经过簇绒加工后而形成。按绒面形式的不同，簇绒地巾可分为以下三种类型：

（1）单面绒地巾。正面用绒头或在簇绒时纱线不割断，使绒面形成一个连一个的线圈，反面是平布。

（2）双面绒地巾。是在底布上经过簇绒，形成正面是圈、背面是绒或正面是绒、背面是圈的地巾。一种加工方法是棉纱先染色后簇绒，染成深浅两种棉纱，交替进行簇绒，形成圈是浅色，绒是深色的高雅地巾；另一种加工方法是用原纱簇成半制品地巾后，整条染色，称为大整理双面绒地巾。

（3）圈绒地巾。正面是圈绒，反面是平布，利用起绒和起圈地巾两者的特点交替进行簇绒，形成圈绒地巾。

六、卫生盥洗类纺织品的发展趋势

随着社会的不断进步，人们对卫生盥洗类纺织品的追求，不再局限于织物本身的实用性，对其装饰性和功能性的要求也在不断提高，从而也促进了卫生盥洗类纺织品的发展。其未来的发展趋势是配套化、功能保健化、深加工和高附加值化。

第二节　餐厨类纺织品

餐厨类纺织品是在家庭餐厅和厨房中使用的，具有美化装饰、卫生洗涤和防护功能的纺织制品。随着我国家庭现代化厨房和相对独立餐厅的普及，餐厨用纺织品的装饰作用和选择消费必然会引起人们的关注。

一、餐厨类纺织品的种类

餐厨类纺织品的品种比较繁杂，按产品用途可以分为餐用纺织品和厨用纺织品两大类。

1. 餐用纺织品

餐用纺织品包括餐桌台布、餐巾、茶巾、筷子装饰套、餐具存放袋、防烫器皿垫、茶托、防烫锅垫、咖啡壶保温套等。

餐桌台布、餐巾按纤维原料可以分为纯棉、亚麻、涤棉、真丝、涤纶等台布和餐巾，按织物结构可以分为机织台布、纬编针织台布、经编针织台布、非织造台布和毛巾台布等，按色彩图案可以分为漂白、素色、丝光、提花、色织、印花、绣花、抽花、补花等台布和餐巾，按后整理和功能可以分为涂层、抗菌、防污和防水等品种。常用的餐桌台布、餐巾和茶巾规格见表 14-1。

表 14-1 餐桌台布、餐巾和茶巾的规格 单位：cm

台布用途	四人桌用	八人桌用	国宴餐桌用	西餐桌用
台布规格	137 × 137	163 × 163	300 × 300	163 × 214
餐巾规格	44 × 44	50 × 50	60 × 60	55 × 55
茶巾规格	30 × 48	32 × 36	38 × 60	35 × 28

2. 厨用纺织品

厨用纺织品包括围裙、工作服、防烫手套、餐用盖布、洗碗巾、清洁用地巾等。

（1）围裙。围裙是人们在烹调和做家务时穿着的防护卫生用品。具有防水、防污、防油烟、阻燃和装饰的功能，印制商标的围裙还有广告宣传效果。

围裙按照纤维品种可以分为纯棉、涤棉、化学纤维和亚麻围裙等；按照装饰工艺可以分为印花、提花、绣花、抽花和镶边围裙等；按照款式可以分为束腰式、背带式和全袖后系带式等；按照功能可以分为防水围裙、抗菌围裙、防辐射围裙等。

（2）洗碗巾。洗碗巾是洗涤餐具时有助于清洗和去污的卫生用纺织品。洗碗巾具有浸水后柔软蓬松、吸水性强、不沾油、易去污、不脱毛、柔软快干、易洗不发霉、不产生异味、擦拭时不损伤物体表面光泽和抗菌的功能。洗碗巾的品种较多，清洁功能和耐用性也各不相同。按照织物品种分类，可以分为机织、针织、编织和非织造洗碗巾；按照组织分类，可以分为提花、毛巾、蜂巢、方格等；按照功能分类，可以分为一般洗碗巾、玻璃拭巾和抗菌洗碗巾。欧式洗碗巾的规格为 76cm × 38cm 和 81cm × 46cm，玻璃拭巾的规格为 80cm × 52cm。

（3）刀叉袋、防烫手套等。一般用纯棉印花织物，刀叉袋要求有良好的吸水性，易于清洁和定期消毒。防烫手套是厨房隔热防烫用的安全用品。要求具有良好的隔热、耐污、易洗的功能。一般采用纯棉、涤棉为面料，以棉花或腈纶为中间填充物，四周包边缝制。防烫手套的规格为 25cm × 14cm，29cm × 14cm。

二、餐厨类纺织品的性能要求

餐厨类纺织品在使用过程中经常要接触到食品、餐具、高温、火焰、水、洗涤液、油污等，因此，这类纺织品对安全性、隔热性、防污性、耐洗涤性、吸水性、防燃阻燃性等性能有特殊的要求。

（1）装饰性。从餐厨类织物的外观特征可以反映一个人的身份与精神面貌，而且其外观装饰性与促进人们的进餐食欲和烹调关系极大，因此，这类产品的实用性与装饰性都不可忽视。

（2）吸水性。如洗碗巾、清洁用地巾等必须具有良好的吸水性。因此要求仔细选择毛巾经纱的原料、捻度、毛圈高度及其分布状态等因素，使其具有良好的吸水效果。

（3）防污性。如桌布类等，在使用过程中难免会洒上果汁、油脂等，因此要对这类织物进行易去污整理，使其具有良好的防污功能。

（4）隔热、防烫性。餐厨用品中的托垫、防烫手套等经常和热烫的餐具接触，因此常用带有隔热功能的绗缝布缝制而成或对其进行隔热、防烫整理以确保使用安全。

（5）防燃阻燃性。当前卫生餐厨用织物的防燃、阻燃性都比较差，对这类织物进行防燃阻燃整理是十分必要的，也是未来卫生餐厨类织物的发展趋势。

织物的后整理方式根据用途的不同而不同，如台布需要进行防污、防烫整理；防烫手套则需要进行隔热涂层处理等。

三、餐厨类纺织品的造型设计

在新的厨房概念中，厨房不仅是烧菜的地方，还应该是娱乐、休闲、朋友聚会、沟通情感的家庭场所。"厨房新生活"传达了一种全新的生活理念。在进行餐厨类装饰织物设计时，应该考虑合理的作业流程和人体工程学原理。使人在厨房作业时，保持一份悠然自得的心态，感受到人性化的关怀，操作起来也得心应手。

1. 面料的选择

餐厅用纺织品面料的选择范围较广，选择那些耐水洗的、耐磨损的、熨烫方便的织物即可，更多的是强调面料的装饰效果，印花面料、色织面料、提花面料都可以运用。并且加入有创意的刺绣以及其他缝纫技巧，让桌面织物与室内的装饰和谐搭配，同时使用桌垫和餐巾、方巾作为色彩的点缀。厨房用的纺织品一般具有较强的实用性，考虑到厨房内容易沾油污，在面料的选择上一般多采用容易清洗的织物。由于在家居生活中，餐饮和炊事的时间占个人生活的相当部分，因此家中的安全性特别重要。尤其是厨房用装饰织物必须具有阻燃的性能，另外色牢度的要求也较高，如日本强调色牢度必须在 4 级以上。

2. 色彩与图案

餐厨类纺织品的色彩与图案的选择要结合整个室内环境，在特定的餐厅氛围内，营造出让人舒适的用餐环境。一般餐厨类装饰织物以素色为主，但有些制造商则以前卫的生活理念，让台布产品成为各种花草蔬果争奇斗艳的战场。餐巾组合皆呈现自然色彩，并搭配厨房的窗帘、坐垫、餐巾，甚至包括餐桌下的铺垫以及防烫手套等。图案的选择上可以选择几何图案或花卉图案。一般可以与窗帘、壁纸进行配套化，从而具备较为整体的效果。

四、餐厨类新产品开发

（一）圈形毛巾丝光装饰台布

这种台布在欧美国家广为流行，主要用于一些中上层家庭、酒吧间和咖啡厅的台面装饰。它的起毛经纱选用全棉丝光纱线，地经纱用涤棉混纺纱线，纬线用全棉纱，采用先漂染后织造工艺，制成半制品后，再根据台面尺寸裁制成圆形，并经镶边或月牙边处理，或沿边再进行绣花加工以求美观。这种毛巾台布的密度高，光泽好，边饰配色和谐，毛圈整齐、素雅、大方，装饰性强。其直径尺寸有80cm、100cm、150cm等规格。

（二）多功能毛巾装饰茶托

毛巾装饰茶托又称毛巾垫，采用提花毛巾织机织制而成，造型新颖、色泽鲜艳。常放在托盘中，用作茶杯、餐具、盘子的垫子。具有隔热防烫、防滑、防污等多种功能，是宾馆、饭店、咖啡厅、茶具、家庭厨房等必备的日用卫生品。

毛巾装饰茶托的毛经纱和地经纱一般采用29tex×2的全棉股线，纬纱用29tex棉单纱。色织提花，四边用白布包缝，三个角做成圆角，一个角做成方角，在方角处附以圆环，便于不使用时吊挂收藏。

（三）装饰围裙

装饰围裙的坯布质地要求紧密厚实、耐磨柔软且具有一定的吸水性。其尺寸规格随具体要求而定，一般选用全棉织物，经过印花、绣花、镶边后的围裙款式新颖、图案优美、色彩鲜艳、装饰性强。在宾馆、饭店还要求围裙能与台布、餐巾、茶托等配套使用，以获得整体的装饰效果。

五、餐厨类纺织品的发展趋势

在新的厨房概念中，厨房不仅是炒菜做饭的地方，还应该是娱乐、休闲、朋友聚会、沟通情感的家庭场所。因此，未来餐厨类纺织品除了对其实用性能提出更高的要求外，其装饰性也是人们所追求的。

☞思考题

1.简述卫生盥洗类纺织品的主要品种及性能要求。

2.试述卫生盥洗类纺织品的设计、开发特点。

3.简述卫生盥洗类新产品开发及发展趋势。

4.简述餐厨类纺织品的种类及性能要求。

5.我国餐厨类类纺织品的生产与应用现状如何？其主要制约因素是什么？未来的发展趋势与方向是什么？

第十五章　室内陈设类纺织品

在现代生活中，室内织物的配套设计越来越受到重视，成为人们点缀生活、美化家居不可缺少的一部分。在客厅、起居室、卧室中，除了大件装饰织物的配套外，国内外的许多厂家已经将室内陈设品也纳入了其配套的范畴中。近年来，各种织物制成的陈设品也成为我国家庭装饰的新宠，消费需求已渗透至各个消费层次及各个年龄层次。

室内陈设类纺织品是指运用纺织品的柔软、随和的材质特征，根据装饰需要选择不同的装饰手法塑造出各式用于装饰室内的陈设造型。室内装饰陈设类纺织品具有较强的艺术表现性。这类纺织品因其特有的色泽肌理构造装饰空间，给人产生别样的视觉美感。

第一节　靠垫

在居室装饰环境里，靠垫最能发挥点睛之妙。靠垫使用舒适并具有其他物品不可替代的装饰作用。靠垫可以缓解身体某个部位的疲劳和紧张感，保持坐卧的舒适性。靠垫使用方便、灵活，便于人们用于各种场合环境，尤其在床上、沙发上被广泛采用。在地毯上，还可以利用靠垫来当作座椅。靠垫的装饰作用较为突出，通过靠垫的色彩、图案及材质与周围环境的对比，会影响室内的整体风格，而且随着季节的变化更换靠垫的花色和样式，还可以增加生活情趣。如图 15-1 所示，室内色彩比较单调，用几个色彩鲜艳的靠垫就会使室内的气氛立刻活跃起来。

一、面料的选择

几乎所有的织物都可以用于制作靠垫。靠垫一般因其面料的不同可呈现出不同的装饰风格。棉麻材质可以表现出平易自然；丝绸、绒面或缎面的材质则表现出华贵高雅、富丽堂皇。

二、图案与色彩设计

靠垫体积较小，在色彩与图案的选择上往往与大面积的沙发和地毯等织物形成一定的对比关系。如图案花哨的沙发配上素雅的靠垫，素雅的沙发配上花纹明显的靠垫，灰色调的沙发则采用较鲜艳色彩的靠垫。若沙发与靠垫为同色，则要突出质地的对比。

靠垫的纹样题材与表现手法不拘一格，无论是花卉、动物、风景、几何形体，都带有一定的情趣，并形成独立完整的画面，是室内装饰中极富趣味的点缀品。

图 15-1 客厅

如图 15-2 所示，可采用纯度高一些的鲜艳色彩，通过靠垫形成的鲜艳色块来活跃气氛。若卧室内的色调较为鲜艳丰富，可以考虑使用简洁的灰色系列颜色的靠垫，来谐调室内色调。

三、造型与结构设计

靠垫的形状可随意设计，多为方形、圆形或椭圆形。还可以将靠垫做成动物、人物、水果及其他有趣的造型，样式上也可参照卧室内

图 15-2 卧室

床罩的样式或沙发的样式制作，还可以独立成章。因其体积较小，制作上要注重它的精致巧妙。规格一般在 35cm×35cm ~ 55cm×55cm 之间，45cm×45cm 大小的最为普遍。质地有丝织、印花和素色丝绒等。

靠垫内的衬芯大多为蓬松而有弹性的纤维材料如记忆棉、泡沫海绵等，给人以柔软温暖的感觉和舒适的享受。记忆棉也叫慢回弹，是 20 世纪 60 年代由美国太空总署的下属企业美国康人公司所研发，是一种开放式的细胞结构，具有温感减压的特性。这种材质应用在航天飞机上，缓解宇航员所承受的压力，保护宇航员的脊椎。90 年代初，瑞典 Fagerdala 公司再次开发为民用（医用）产品，在注重健康的国家迅速普及。

第二节　壁挂与布艺玩具类

壁挂不单纯是一种工艺品，也不仅体现工艺精美和装饰华丽，而且是成为装点室内环境的一件有趣的艺术活动。它的朴实自然和温馨弥补了现代建筑的冷漠和机械，丰富了现代人的生

活环境，成为环境艺术中一个有机的组成部分。布艺玩具以其历史悠久、分布地区广阔和品种丰富著称。

一、壁挂类

壁挂艺术是用传统的编织技术表达现代设计观念和现代人生活的一种艺术形式，它与现代建筑紧密结合，在室内环境中发挥着不可替代的作用。创作壁挂不但要考虑壁挂自身独立的造型个性，而且还要兼顾到它与室内环境构成要素相统一，与室内的空间形态、总体色调、建材肌理、光线明暗、实用功能以及居室主人的审美情趣等相谐调。只有这样才能充分体现壁挂作为装饰的审美价值。壁挂的品种主要有以下几种。

1. 织锦壁挂

织锦壁挂是以桑蚕丝和人造丝为原料制成的具有织锦风格的影像织物，是较为高档的室内装饰品。织锦类中还包括用傣锦、黎锦、土家锦、苗锦等方式制作的各种壁挂。现代织锦壁挂还将现代纺织科技与艺术有机结合，利用计算机图像处理软件和纹织 CAD 设计软件设计制作，使清晰度比一般的织锦提高了很多，能充分表现画面的色彩、质感。

2. 云锦壁挂

云锦是我国优秀传统文化的杰出代表，因其绚丽多姿，美如天上云霞而得名。云锦与成都的蜀锦、苏州的宋锦并称"中国古代三大名锦"。被古人称作"寸锦寸金"的云锦织造工艺高超复杂。如图 15-3 所示，用 5.6m 长、4m 高、1.4m 宽的大花楼木质提花机，由上、下两人配合操作，使用"挑花结本"（相当于软件设计，它用古老的绳索记事的方法，把花纹图案色彩转变成程序语言）及"通经断纬"的技术（纬线由不定数的彩绒段拼接而成），挖花盘织，妆金敷彩，才能织出五彩缤纷的云锦。这种工艺，至今尚不能被机器所替代。

图 15-3 云锦织造

近年来，由于人民生活水平的提高和室内装饰的需要，本来只能是"宫廷御用"的云锦，被设计开发出多种精美的装饰壁挂应用于普通民众的家里。

3. 刺绣壁挂

在刺绣壁挂中分为写实和装饰两种风格。苏绣、粤绣、湘绣、蜀绣，号称中国"四大名绣"。此外还有顾绣、京绣、瓯绣、鲁绣、闽绣、汴绣、汉绣、麻绣和苗绣等，都各具风格，沿传迄今，历久不衰。现代刺绣壁挂吸收了各种传统刺绣的精髓，也吸收了国外特别是欧洲刺绣的技法、材料、特点，在题材、手段、色彩等方面既注重传统又与现代生活紧密结合。不管在公共空间装饰还是居家装饰上，都出现了很多具有中国特色的精品壁挂。

4. 编织壁挂

编织壁挂，就是采用大量柔软、温暖、粗细、轻重、厚薄等质感的丝、毛、麻、棉、毛草、木材、树皮、金属丝、纸、尼龙等材料，以奇思妙想的编结工艺，传递出独具特色的绳结艺术作品，也可称为纤维艺术或软雕塑。在美化家居中它起到了有别于任何绘画作品的独特装饰作用。不同材料的质感美，工艺制作的肌理美，是一般绘画及仿真品无法比拟的，使人在欣赏的同时得到视觉、触觉甚至嗅觉方面的多种感受。

现代编织壁挂使用的主要工艺有毛织、丝织、针织、绳条盘结及栽绒等。成为许多消费者喜爱的室内装饰织物。

5. 手工印染壁挂

手工印染是最早用于织物装饰的手法之一，它是利用扎染、蜡染、型染、拔染、手绘、转移印花和丝网印花等传统的手工印染工艺，在棉、麻、丝等面料上制作。工艺相对简单，制作更为方便。

手工印染的题材和风格也多种多样，例如，广大消费者都熟悉的江苏印花布壁挂、贵州和云南的蜡染壁挂等。现在国内外对运用天然纤维材料、植物或矿物染料制作的手工印染壁挂青睐有加，不仅反映的是一种回归自然的心态，更反映的是一种对绿色环保纺织品的向往。

6. 缂丝壁挂

缂丝，又名"刻丝""剋丝"。缂丝壁挂是中国独有的丝织工艺品。它是一种以生蚕丝为经纱，彩色熟丝为纬纱，采用"通经断纬"的方法织成的织物。纬纱按照预先描绘的图案，不贯通全幅，用多把小梭子按照图案色彩分别挖织，使织物上花纹与素地、色与色之间呈现一些断痕，类似刀刻的形象。古人形容缂丝"承空观之如雕镂之像"。

缂丝技艺在宋代以后不断发展，至清代缂丝业中心已移至苏州一带，所用彩色纬纱多达6000多种颜色，采用缂丝法临摹的名人书画，工艺精湛、形象逼真。缂丝制品至今仍然被作为高级工艺品生产、收藏，也是具有我国特色的精品壁挂品种之一。

7. 数码喷绘壁挂

在棉、麻、丝、皮革及各种化纤面料上利用计算机图形辅助设计软件、面料花型专业设计软件、数码导带喷射印花设备直接制作。图形逼真，色彩丰富。

二、布艺玩具

布艺是一种以布为主料再经过加工而具有艺术效果的制品。它集民间的剪纸、刺绣、制作工艺为一体，在我国民间是一朵常开不败的瑰丽奇葩。

布艺玩具是集"雕塑性"与"柔软性"于一体的立体或半立体造型艺术，在艺术形态学上类似于现代艺术中的"软雕塑"。布艺玩具是伴随着自给自足的农业社会而产生的。布艺玩具作为记载各时代和各地域生活艺术历史的活化石，具有许多"主流""传统"艺术所不具备的社会价值和艺术价值，成为全人类共同的精神财富。

布艺玩具的基本造型是在布缝的外壳内填入填充物，成为立体或半立体造型。布艺玩具的外壳几乎涵盖了所有可能的布料，如棉、麻、绸、缎、丝、绢、绒布等；填充物更是五花八门，如棉花、荞麦皮、高粱壳、锯末、蚕沙、米粒、艾草、干花等。就地取材除了使布玩具得以保持质朴和价廉外，也使其有了鲜明的地域特征。如图15-4所示，盛产蓝印花布的江浙地区，就有特别的蓝印花布玩具，体现出质朴的乡土风情。对于民间玩具的制作者而言，不浪费任何材料、尽可能地物尽其用，不仅是一种实用主义的态度，也是因为某种隐约的对"造物"的敬畏。而这种取材观念，用现代的眼光来看则完全符合"绿色设计"的理念，也与环保的倡导不谋而合。

图15-4 布艺玩具

☞**思考题**

1. 简述靠垫的造型与结构设计。

2. 壁挂的主要品种有哪些？

3. 通过调研，试述室内陈设类纺织品的未来发展趋势。

第十六章　装饰用纺织品性能指标与检测

本章知识点

1. 纺织标准的级别。
2. 装饰用纺织品检测的基本要素、环境及取样方式。
3. 装饰用纺织品检测的分类及内容。
4. 装饰用纺织品检测数据处理。
5. 装饰用纺织品检测实例。

纺织品检测是依据有关法律、行政法规、标准或其他规定，对纺织品质量进行检验和鉴定的工作。通过检测及时发现问题，反馈质量信息，促使卖方纠正或改进商品质量，维护各方面合法权益和国家权益，协调矛盾，促使商品交换活动的正常进行。

第一节　装饰用纺织品检测基础知识

装饰用纺织品与传统纺织品检测方式基本相同。装饰用纺织品在强调装饰性的同时，对功能性、安全性、经济性也有着不同程度的要求，如阻燃性、隔热性、耐光性、遮光性等。随着人们生活水平的不断提高，对装饰用纺织品的性能要求越来越高，装饰用纺织品的应用领域也越来越广，如疗养院、影剧院、宾馆、歌厅、饭店、汽车、轮船、飞机等场合均要求配置美观、实用、经济、安全的装饰用纺织品。

目前，我国装饰用纺织品检测标准的制定和修订速度明显滞后于产品的开发速度。并且检测标准大多为规格标准和质量标准，其检测指标不能充分表现出装饰用纺织品所强调的舒适性、卫生性、安全性和装饰性的特点。检测标准和检测方法亟待更新。

一、纺织标准的级别

按照标准制定、发布机构的级别以及标准适用的范围，纺织标准可以分为国际标准、区域标准、国家标准、行业标准、地方标准和企业标准等不同级别。同时，《中华人民共和国标准化法》规定：我国标准分为国家标准、行业标准、地方标准和企业标准四级。

1. 国际标准

国际标准是由国际标准化组织通过的标准。国际标准包括：国际标准化组织（ISO）和国际电工委员会（IEC）制定发布的标准等。

2. 区域标准

区域标准泛指由世界某一区域标准化团体通过的标准。如欧洲标准化委员会（CEN）、欧洲电工标准化委员会（CENEL）、亚洲标准化咨询委员会（ASAC）等。

3. 国家标准

国家标准是由被承认的国家标准化组织（官方的或被授权的非官方或半官方的）批准发布的标准。我国的国家标准分为强制性国标（GB）和推荐性国标（GB/T）。就世界范围来看，如英国（BS）、法国（NS）、德国（DIN）、日本（JIS）、苏联（TOCI）、美国（ANSI）等制定发布的标准都属于国家标准。

4. 行业标准

根据《中华人民共和国标准化法》的规定，由我国各主管部、委（局）批准发布，在该部门范围内统一使用的标准，称为行业标准。行业标准分为强制性标准和推荐性标准。纺织行业标准是必须在全国纺织行业内统一执行的标准，对那些需要制定国家标准，但条件尚不具备的，可以先制定行业标准进行过渡，条件成熟之后再升格为国家标准。

5. 地方标准

对没有国家标准和行业标准而又需要在省、自治区、直辖市范围内统一的工业产品的安全、卫生要求，可以制定地方标准。地方标准由省、自治区、直辖市标准化行政主管部门制定，并报国务院标准化行政主管部门和国务院有关行政主管部门备案，在公布国家标准或者行业标准之后，该地方标准即应废止。

6. 企业标准

企业标准是对企业范围内需要协调、统一的技术要求、管理要求和工作要求所制定的标准。企业标准由企业制定，由企业法人代表或法人代表授权的主管领导批准、发布。

二、装饰用纺织品检测的基本要素

1. 定标

根据具体的纺织品检验对象，明确技术要求，执行质量标准；制定检验方法，在定标过程中不应出现模棱两可的情况。

2. 抽样

多数纺织品物理指标检验属于"抽样检验"，采用抽样检验方式，必须按照标准进行抽样，使样品对于总体具有充分代表性。全数检验则不存在抽样问题。

3. 度量

根据纺织品的质量属性，采用试验、测量、测试、化验、分析和官能检验等检测方法，度量纺织品的质量特性。

4. 比较

将测试结果同规定的要求，如质量标准进行比较。

5. 判定

根据比较的结果，判定纺织品各检验项目是否符合规定的要求，即"符合性判定"。

6. 处理

对于不合格产品要做出明确的处理意见，其中也包括适用性判定。

三、装饰用纺织品检测环境

大多数纤维材料对温度和相对湿度都很敏感，大气压、材料的吸湿滞后性也对实验结果有影响。因此，不仅要规定材料测试时的标准大气条件，而且要规定在测试之前，试样必须在标准大气下放置一定时间，使其自由吸湿达到平衡回潮率，这个过程称为调湿处理。

国际标准中规定的标准大气条件为：温度为 20℃（热带为 27℃），相对湿度为 65%，大气压力为 86 ~ 106kPa，视各国地理环境而定。

我国国家标准 GB/T 6529—2008 对纺织品检验的标准大气状态做出了明确规定。我国规定的标准大气条件为 1 个标准大气压，即 101.3kPa（760mmHg 汞柱），温、湿度及其波动范围为：

一级标准：温度 20℃ ±2℃，相对湿度 65% ±2%；

二级标准：温度 20℃ ±2℃，相对湿度 65% ±3%；

三级标准：温度 20℃ ±2℃，相对湿度 65% ±5%。

在测定纺织品的物理或机械性能之前，应将其放置于标准大气下进行调湿。调湿期间，应使空气能畅通地流过该纺织品，直至与空气达到平衡。当试样比较潮湿时（实际回潮率大于公定回潮率），为了确保试样能在吸湿状态下达到调湿平衡，需要进行预调湿。为此，将试样放置于相对湿度为 10% ~ 25%，温度不超过 50℃的大气下，使之接近平衡。

四、装饰用纺织品检验取样方式

被检测样品的取样方式取决于对测试精度和概率水平的要求。从被检验产品的数量来看，装饰用纺织品检验分为全数检验和抽样检验两种情况。

1. 全数检验

全数检验是对受检批中的所有个体或材料进行全部检验。

2. 抽样检验

抽样检验是按照规定的抽样方案，随机地从一批或一个过程中抽取少量的个体或材料进行检验，并以抽样检验的结果来推断总体的质量。

装饰用纺织品检验中，织物外观疵点一般采用全数检验方式，而纺织品内在质量检验大多采用抽样检验方式。

五、装饰用纺织品检测的分类及内容

（一）按纺织品检测内容分类

装饰用纺织品按其检测内容可分为品质检验、规格检验、包装检验和数量检验等。

1. 品质检验

装饰用纺织品品质检验大体上可分为外观质量检验和内在质量检验两个方面。

（1）外观质量检验。装饰用纺织品的外观质量特性主要通过各种形式的外观质量检验进行检验分析，如纱线的均匀度、杂质、疵点、光泽、毛羽、手感、成形等检验，织物的经向疵点、纬向疵点、纬档、纬斜、稀密路、破洞、裂伤及色泽等检验。

纺织品外观质量检验大多采用官能检验法，也有一些外观质量检验项目已经用仪器检验替代了人的官能检验，如纱线的均匀度检验、纱疵分级、色泽检验、毛羽检验、白度检验等。

（2）内在质量检验。装饰用纺织品的内在质量检验俗称"理化检验"，它是指借助仪器对物理量的测定和化学性质的分析。随着科学技术的迅猛发展，用户对装饰用纺织品的质量要求越来越高，检验的方法和手段不断增多，涉及的范围也更加广泛，尤其是在织物的色牢度、舒适性、卫生性、安全性方面的检验方法和标准问题日益受到人们的普遍重视。

2. 规格检验

装饰用纺织品的规格一般是指各类产品的外形、尺寸、花色、式样和重量（总重量如被芯、毛毯、毛巾等；单位面积重量如绗缝被填充物、毛毯）等。

装饰用纺织品的规格及其检验方法在相关的纺织产品标准中都有明确的规定，生产企业应当按照规定的规格要求组织生产，检验部门则根据规定的检验方法和要求对产品规格作全面检查，以确定产品的规格是否符合有关标准所作的规定，以此作为对产品质量考核的一个重要方面。

3. 包装检验

装饰用纺织品包装检验是根据贸易合同、标准或其他有关规定，对纺织品的外包装、内包装以及包装标志进行检验。其主要内容是核对纺织品的商品标记、运输包装（俗称大包装或外包装）和销售包装（俗称小包装或内包装）是否符合贸易合同、标准以及其他有关规定。正确的包装还应具有防伪功能。

4. 数量检验

各种不同类型纺织品的计量方法和计量单位是不同的。由于各国采用的度量衡制度上有差异，从而导致同一计量单位所表示的数量有差异，这在具体的检验工作中应注意区别。如果按长度计量，必须考虑到大气温湿度对纺织品长度的影响，检验时应加以修正。如果按重量计量，则必须要考虑到包装材料重量和水分等其他非纤维物质对重量的影响，常用的计算重量方法有毛重、净重、公量。

（二）按测试项目不同分类

装饰用纺织品按测试项目不同可分为缩水测试、物理性能测试、色牢度测试及化学性能测试四类。

1. 缩水测试

（1）目的。测定产品经家用洗衣机反复水洗后的尺寸稳定性。

（2）原理。洗涤之前，在试样上标记尺寸，通过测量标记在洗涤后的变化来判断试样的尺寸变化。

（3）过程：按产品和客户要求选择洗涤及干燥方式、循环和干燥次数，加入标准洗涤剂及适当水位开始洗涤及干燥，最后得出测试结果。

2. 物理性能测试

（1）主要项目。纱支、密度、克重、拉伸强力、撕破强力、接缝滑移、接缝强力、顶破强力、耐磨、抗起毛起球性等。

（2）具体说明。

①纱线粗细：线密度是国际通用的表征纱线粗细的物理量。线密度（Tt），其法定计量单位为特克斯（tex）。特克斯是指，在公定回潮率时，1000m 长纱线的重量克数。

②密度：织物的经纬纱密度分为公制密度（根/10cm）和英制密度（根/英寸）。

③克重：每平方米布的克重。

④拉伸强力：一定尺寸的织物被拉伸强力机用恒定的速率拉伸至断裂时所用的力就是所测的拉伸强力。拉伸强力的测试有抓样法和条样法，根据不同的测试标准和客户要求来选择具体的测试方法。

⑤撕破强力：一定尺寸的试样，夹紧在撕破强力仪上，中间切一个切口以确定撕破方向，撕破强力仪采用摆锤下降方式将试样从切口处撕破所用的力就是所测的撕破强力。

⑥接缝滑移：将一定尺寸的织物折叠后，沿宽度方向缝线，离缝线一定距离剪开后，使用拉伸强力仪用恒定的速率拉伸至一定的缝线开口所用的力或拉伸至一定的强力时的开口距离，就是所测的接缝滑移。接缝滑移有定开口测力和定力测开口两种方式，测试时根据不同的测试标准和客户要求来选择具体的测试方法。接缝滑移一般只用于机织物的测试。

⑦接缝强力：同接缝滑移一样，将一定尺寸的织物折叠后，沿宽度方向缝线，离缝线一定距离剪开后，使用拉伸强力仪用恒定的速率拉伸使缝线断开所用的力就是所测的接缝强力，接缝强力可以与接缝滑移同时进行，一般只用于机织物的测试。

⑧顶破强力：在一定条件下，对一平面织物在合适的角度上旋加一扩张性的膨胀力，直至其破裂为止，这个力就是顶破强力。

⑨耐磨：在已知的压力下，将装在试样夹上的试样与标准摩擦布在一定压力下以一定的轨迹相互摩擦，直至织物出现客户要求的断纱根数或破洞时为止，记录实验终止时的摩擦次数，就是所测的耐磨值。

⑩抗起毛起球性：将织物在特定的条件下翻滚摩擦一定时间，观看它的表面起毛起球情况。起球是指纤维纠结形成的绒球簇立在织物表面。起毛是指织物表面纤维毛糙不平和（或）纤维起毛，导致织物外观的改变，其起毛起球性是通过评级样照或原样对比进行评定的。

3. 色牢度测试

染色牢度不佳时，染料会从纺织品转移到皮肤上，在细菌的生物催化作用下发生还原反应，诱发癌症或引起过敏。

（1）主要项目。耐水洗色牢度、耐干洗色牢度、耐摩擦色牢度、耐日晒色牢度、耐汗渍色牢度、耐水渍色牢度、耐氯漂色牢度、耐非氯漂色牢度、耐热压烫色牢度等。

（2）基本内容。

①耐水洗色牢度：将试样与标准贴衬织物缝合在一起，经洗涤、清洗和干燥，在合适的温度、碱度、漂白和摩擦条件下进行洗涤，使在较短的时间内获得测试结果。其间的摩擦作用是通过小浴比和适当数量的不锈钢珠的翻滚、撞击来完成的，最后对标准贴衬织物和试样用色牢度专用灰卡进行评级，得到测试结果。不同的测试方法有不同的温度、碱度、漂白、摩擦条件及试样尺寸，具体的要根据测试标准和客户要求来选择。一般耐水洗色牢度较差的颜色有翠蓝、艳蓝、黑、大红、藏青等。

②耐干洗色牢度：测试方法同耐水洗色牢度一样，只是水洗变成干洗。

③耐摩擦色牢度：将试样放在摩擦牢度仪上，在一定压力上用标准摩擦白布与之摩擦一定的次数，每组试样均需做干摩擦色牢度与湿摩擦色牢度。对标准摩擦白布上所沾的颜色用灰卡进行评级，所得的级数就是所测的耐摩擦色牢度。

④耐日晒色牢度：装饰用纺织品在使用时通常是暴露在光线下的，光能破坏染料从而导致众所周知的"褪色"，使有色纺织品变色，一般变浅、发暗，有些也会出现色光改变，所以，就需要对色牢度进行测试。耐日晒色牢度测试，就是将试样与不同牢度级数的蓝色羊毛标准布一起放在规定条件下进行日光暴晒，将试样与蓝色羊毛布进行对比，评定耐光色牢度，蓝色羊毛标准布级数越高越耐光。

⑤耐汗渍色牢度：将试样与标准贴衬织物缝合在一起，放在汗渍液中处理后，夹在耐汗渍色牢度仪上，放于烘箱中恒温，然后将试样的贴衬织物分别干燥，最后对标准贴衬织物和试样用色牢度专用灰卡进行评级，得到测试结果。不同的测试方法有不同的汗渍液配比、不同的试样大小、不同的测试温度和时间。

⑥耐水渍色牢度：将试样与标准贴衬织物缝合在一起，放在一定条件的水中充分浸泡后，夹在耐汗渍色牢度仪上，置于烘箱中恒温，然后将试样的贴衬织物分别干燥，最后对标准贴衬织物和试样用色牢度专用灰卡进行评级，得到测试结果。不同的测试方法有不同的试样大小、不同的测试温度和时间。

⑦耐氯漂色牢度：将织物在氯漂液里按一定的条件水洗之后，评定其颜色变化程度，这就是耐氯漂色牢度。

⑧耐非氯漂色牢度：将织物在非氯漂的洗涤条件下水洗之后，评定其颜色变化程度，这就是耐非氯漂色牢度。

⑨耐热压烫色牢度：将干试样用棉贴衬织物覆盖后，在规定温度和压力的加热装置中受压一定时间，然后用灰色样卡评定试样的变色和贴衬织物的沾色。热压烫色牢度有干压、潮压、湿压，具体要根据不同的客户要求和测试标准选择测试方法。

4.化学性能测试

（1）主要测试项目。甲醛测试、pH测试、拒水测试、拒油测试、防污测试、阻燃测试、纤维成分分析、禁用偶氮染料测试等。

（2）基本内容。

①甲醛测试：通过一定的方式对一定分量的织物中的游离甲醛或释放甲醛萃取出来，再通过比色测试，计算出其中的甲醛含量。含过量甲醛的纺织品在人们的使用过程中会释放出甲醛，对呼吸道黏膜和皮肤产生强烈刺激，引发呼吸道炎症和皮肤炎症。具体测试根据客户要求来进行。

②pH测试：用pH计对织物溶液的酸碱性进行精确的测量，pH计上读出的数值就是所测的pH。人的皮肤带有一层弱酸性物质，以防止疾病的侵入，因此纺织品上的pH在中性至弱酸性对皮肤最为有益。如果pH过高，会对皮肤产生刺激，并使皮肤易受到其他病菌的侵害。

③拒水、拒油、防污测试：用一定的方式测量织物对水、油、污渍的抵抗能力，主要针对经过"三防"整理的产品进行测定。

④阻燃测试：将试样按规定置于阻燃测试仪上进行燃烧，观察其火焰蔓延时间。

⑤纤维成分分析：首先对织物的纤维进行定性分析，定性分析有好多种方法，有燃烧法、熔点法、手感目测法、显微镜切片分析法等，一般采用显微镜切片分析法，即用切片器将纤维切片后在显微镜下观察，根据其外貌，判断纤维种类，然后根据不同的纤维用不同的溶剂进行定量分析，算出具体的成分含量。

⑥禁用偶氮染料测试：是国际纺织品贸易中最重要的品质监控项目之一，也是生态纺织品最基本的质量指标之一。部分偶氮染料被皮肤吸收后，在人体的正常代谢反应条件下，可能发生还原反应而分解出致癌芳香胺，并经过活化作用改变人体的DNA结构，引起人体病变和诱发癌症。

目前，纺织品中禁用偶氮染料的检测方法主要是通过复杂的前处理获得染料和芳香胺的混合物，再通过GC—MS、HPLC等色谱法分离检测。纺织品中禁用偶氮测试技术要求高，不仅要对标准理解透彻，具有一定的化学专业分析知识和技能，还要对GC—MS、HPLC等大型仪器熟练操作，对操作者的综合素质要求较高。

六、装饰用纺织品检测数据处理

装饰用纺织品检测涉及大量的数据，正确地采集数据，然后对数据进行合理的处理，可从中提取所需要的信息，做出正确的判断。

（一）数据的正确采集

1. 按照标准规定进行采集

在检测中首先要充分了解标准，按标准方法进行操作。如织物断裂强力在钳口5mm以内断裂不计；撕破强力取最大值、5峰值、12峰值、中位值、积分值等；应按规定的时间读取数据等。

2. 使用正确的方法进行采集

读取数值的精度要够，一般情况应读到比最小分度值多一位。如读数在最小分度值上，则后面应加个零；实验员评级时（色差、起球、变形、起皱、平整度、疵点等），实验员眼睛的观察位置要正确；在指针式仪表盘上读取数值时，实验员的眼睛观察的位置要正确等。

（二）异常值的处理

如果在实际检测中，硬件环境正常，检测严格按标准规定进行，数据的采集方法也正确，但出现一个或几个数据离群，对这一个或者几个离群数值如何取舍，就涉及对异常数值的处理问题。对不同的分布有不同的异常值处理方法。检测数据的处理方法是相通的。这些都必须遵循国家标准如 GB/T 4883—2008《数据的统计处理和解释　正态样本离群值的判断和处理》和 GB/T 10092—2009《数据的统计处理和解释　测试结果的多重比较》等进行处理。

第二节　装饰用纺织品检测实例

一、床上用品类纺织品的检测

由于床上用品直接与人体皮肤接触，并且使用时间较长，其使用安全性、柔软性、保暖性、透气性和抗菌性都是消费者所关注的指标。

（一）被类产品的检测

1. 国内标准及检测指标

目前，国内被类产品检测的国家标准有 GB 18401—2010《国家纺织产品基本安全技术规范》、GB/T 29862—2013《纺织品　纤维含量的标识》、GB 18383—2007《絮用纤维制品通用技术要求》、GB/T 22796—2009《被、被套》、GB/T 24252—2009《蚕丝被》及 GB/T 22844—2009《配套床上用品》等。检测的行业标准有 FZ/T 81005—2006《绗缝制品》、FZ/T 64003—2011《喷胶棉絮片》等；地方标准有 DB50/T 358—2010《保胶桑蚕丝被》等。其主要检测指标见表16-1。

表 16-1　中国行业标准及主要检测指标

标准	检测指标	指标要求
GB/T 22796—2009《被、被套》（一等品）	填充物质量偏差率（%）	−5.0
	填充物的压缩回弹性能	压缩率 ≥ 40，回复率 ≥ 70
	纤维含量偏差率（%）	± 10.0
	面料断裂强力（N）	≥ 250
	水洗尺寸变化率（%）	± 4.0
	耐皂洗色牢度（级）	变色 ≥ 3 ~ 4，沾色 ≥ 3 ~ 4
	耐光色牢度（级）	≥ 4
	耐干洗色牢度（级）	变色 ≥ 3 ~ 4，沾色 ≥ 3 ~ 4
	耐汗渍色牢度（级）	变色 ≥ 3 ~ 4，沾色 ≥ 3 ~ 4
	耐摩擦色牢度（级）	干摩 ≥ 3 ~ 4，湿摩 ≥ 3

续表

标准	检测指标		指标要求
GB/T 24252—2009《蚕丝被》（一等品）	填充物品质		必须是纯长丝
	纤维含量（%）		蚕丝 100
	填充物含油率（%）		≤ 1.5
	填充物回潮率（%）		≤ 12
	填充物质量偏差率（%）		-2.0 ~ 10.0
	压缩回弹性（%）		压缩率 ≥ 45，回复率 ≥ 70
	胎套	耐洗色牢度（级）	变色 ≥ 3 ~ 4，沾色 ≥ 3
		耐水色牢度（级）	变色 ≥ 3 ~ 4，沾色 ≥ 3
		耐汗渍色牢度（级）	变色 ≥ 3 ~ 4，沾色 ≥ 3
		耐摩擦色牢度（级）	干态 ≥ 3，湿态 ≥ 2 ~ 3
FZ/T 64003–2011《喷胶棉絮片》（一等品）	单位面积质量偏差率（%）		± 7（40 ~ 100g/m²），± 6（120 ~ 200g/m²），± 5（220 ~ 300g/m²）
	蓬松度（比容）（cm³/g）		70
	压缩弹性（%）		压缩率 ≥ 60，回复率 ≥ 75
	耐水洗性		水洗三次不露底、不分层
	保温率（%）		≥ 50（40 ~ 160g/m²），≥ 65（180 ~ 300g/m²）

2. 国外标准及检测指标

（1）美国 ASTM 标准检测指标。美国 ASTM 标准 ASTMD4522—1986（1993）《羽绒填充制品的性能规范》，用于检测羽毛、羽绒、羽绒羽毛混合的服装、睡袋和盖被。其主要的检测指标有：羽毛的清洁程度：测定填充物的氧气含量；填充物的耐热性能：测定多层织物集合体填充物的热传导性能；羽毛成分：羽毛和羽绒 ≥ 70%，羽绒纤维 ≤ 10%。美国 ASTM 标准 ASTMD6663—2001《单位和家用编织和针织盖被及附属品的标准规范》、ASTMD6664—2001《单位和家用编织、针织和棉的床褥品的标准规范》用于检测夹有保暖填充物的盖被及床褥品。主要检测指标有尺寸变化率（水洗、干洗）、重量、染色牢度、断裂强力、胀破强力、撕裂强力、填充物渗漏和阻燃性能等。

（2）日本国家标准 JIS 检测指标。日本对被类产品的检测主要采用 JIS L 4212—2000《被褥、坐垫》、JIS L 1914—1998《絮片的弹力实验方法》和 JIS L 1911—2002《絮片的保温性试验方法》。主要检测指标有：尺寸、重量、填充物原料、包覆物原料、包覆物纱线及组织等规格指标；色彩、光泽、染色牢度、光滑性等外观指标；蓬松度、保暖性、吸湿性、透湿性、耐燃性、洗涤性、缩水率等使用性能。

3. 被类产品的功能检测

对具有特殊功能的被子要进行红外蓄热保暖性、抗菌性能、防螨性、恒温保持性检测，野外方便睡袋要进行防潮性、保暖性和柔软易折叠性的检测。

（二）枕、垫类产品的检测

枕头和垫类产品是影响人们睡眠舒适的主要床上用品。软硬合适的垫褥可以使床铺表面与人体曲线自然吻合，并支撑身体处于舒适状态，以避免睡眠时身体被压迫部位的不适，消除疲劳，使血液正常循环，同时也有保暖作用。

1. 国内标准及检测指标

目前，国内枕芯、靠垫芯类产品的检测标准有 FZ/T 81005—2006《绗缝制品》、GB/T 22843—2009《枕、垫类产品》等。床垫类产品的检测标准有 GB 17927—2011《软体家具　床垫和沙发　抗引燃特性的评定》、FZ/T 62020—2012《家用纺织品　经编间隔床垫》、QB/T 1194—2012《羽绒羽毛床垫》等。其主要检测指标见表 16-2。

表 16-2　枕、垫类产品主要检测指标

标准	检测指标		指标要求
GB/T 22843—2009《枕、垫类产品》（一等品）	填充物检测	填充物重量偏差率（%）	-5.0
		填充物纤维含量偏差率（%）	±10.0
	面料物理指标	面料断裂强力（N）	≥ 250
		水洗尺寸变化率（%）	水洗：±4；干洗：±4
	面料染色牢度	耐洗色牢度（级）	变色≥ 3 ~ 4，沾色≥ 3 ~ 4
		耐光色牢度（级）	≥ 4
		耐干洗色牢度（级）	变色≥ 3 ~ 4，沾色≥ 3 ~ 4
		耐汗渍色牢度（级）	变色≥ 3 ~ 4，沾色≥ 3 ~ 4
		耐摩擦色牢度（级）	干摩≥ 3 ~ 4，湿摩≥ 3

2. 国外标准及检测指标

在国际上拥有枕、垫类产品专用标准的有英国国家标准 BS 1877—10—1997《家用床上用品.第 10 部分：童床、摇篮童车及类似家用垫子规范》和 BS 4578—1970（1998）《幼儿用枕头的硬度和透气性试验方法规范》等；韩国国家标准 KS K 7821—1994《羽毛及羽毛填充床垫和枕头》等。主要测试指标为填充物的压缩弹性、压缩厚度、透气性和染色牢度等。

（三）毯类产品的检测

毯类产品是表面有毛绒、具有保暖性能的床上用非被褥类铺盖物。

1. 中国标准及检测指标

国内现有毯类标准有 GB/T 22855—2009《拉舍尔床上用品》、FZ/T 61001—2006《纯毛、毛混纺毛毯》、FZ/T 61006—2006《纬编腈纶毛毯》、FZ/T 61002—2006《化纤仿毛毛毯》、FZ/T61004—2006《拉舍尔毯》、FZ/T 61003—1991《粘纤毛毯》、FZ/T 61005—2006《线毯》和 FZ/T 60029—1999《毛毯脱毛测试方法》等。其主要的检测指标有：

（1）物理指标。检测毯类产品在公定回潮率时的重量、断裂强力、缩水率、纤维含量和脱毛量等。纤维含量指毛混纺毛毯（腈纶毛毯）中羊毛（腈纶）含量的减少百分比，具体要求见表 16-3。

表 16-3　毯类产品的物理指标（一等品）

项目	毛及毛混纺毯	黏纤混纺毛毯	拉舍尔毛毯	腈纶毛毯
重量偏差率（%）	−0.5	−0.5	−0.5	—
断裂强力（N）	≥ 120	≥ 120	≥ 157（单层） ≥ 245（双层）	≥ 120
缩水率（%）	—	≤ 6.0	≤ 4.0	≤ 6.5
纤维含量（%）	毛 100	毛减少 ≤ 4	腈纶减少 ≤ 4	腈纶减少 ≤ 4

（2）染色牢度。检测毯类产品对常用染料的耐洗色牢度和耐摩擦色牢度。具体要求见表 16-4。

表 16-4　毯类产品的染色牢度

染料品种	耐洗色牢度（级）	耐摩擦色牢度（级）
还原剂可溶性还原染料	变色 ≥ 3 ~ 4，沾色 ≥ 4	干摩 ≥ 3 ~ 4，湿摩 ≥ 2 ~ 3
纳夫妥染料	变色 ≥ 3，沾色 ≥ 2 ~ 3	干摩 ≥ 2 ~ 3，湿摩 ≥ 2
活性染料	变色 ≥ 3，沾色 ≥ 3	干摩 ≥ 3，湿摩 ≥ 2 ~ 3
硫化染料	变色 ≥ 2 ~ 3，沾色 ≥ 2 ~ 3	干摩 ≥ 2 ~ 3，湿摩 ≥ 2
阳离子染料	变色 ≥ 3，沾色 ≥ 4	干摩 ≥ 3 ~ 4，湿摩 ≥ 3
涂料	变色 ≥ 3 ~ 4，沾色 ≥ 3 ~ 4，	不考核

2. 国外标准及检测指标

（1）美国 ASTM 标准检测指标。美国 ASTM 标准 ASTM D 5432—1993《公共机构和家用毛毯制品的标准性能规范》，适用于各种床上用品毯类产品的性能检测。其主要的检测指标有：检测 5 次水洗后、3 次干洗后毯子每个方向的变化率；检测毯子的断裂强力；检测毯类的耐水洗、耐干洗、耐摩擦、耐光色牢度等。

（2）日本国家标准 JIS 检测指标。日本的 JIS 标准对毯类产品的主要检测指标有：尺寸、重量、原料、厚度及组织等规格指标；色彩、拉伸强力、染色牢度、耐磨性等外观指标；保暖性、吸湿性、透湿性、耐燃性和毛绒脱落性等使用性能。

（四）罩单类产品的检测

罩单类产品包括被罩、床罩、床单、枕套、凉席等床上用品。是床上用品的主要装饰要素，不仅要具有一定的色彩、光泽和质感，而且要贴身、柔软、吸湿、透湿，并且具有良好的洗涤性能，同时床单类产品直接与人体皮肤接触，还要有较高的卫生性能和使用安全性。

1. 中国标准及检测指标

目前，国内罩单类产品的检测标准为国家标准 GB/T 22797—2009《床单》及行业标准 FZ/T 60024—1999《毛巾、床单长度和宽度实验方法》、FZ/T 60026—1999《毛巾、床单断裂强力的测定（条样法）》、FZ/T 62013—2009《再生纤维素纤维凉席》等。亚麻凉席采用行业标准 FZ/T 33008—2010《亚麻凉席》检测。床罩类产品的检测有国家标准 FZ/T 62010—2003《配套床上用品》及国家标准《配套床上用品》GB/T 22844—2009，其标准规定：多层复合床罩按《被、被套》的标准进行考核，床罩内在质量指标只考核纤维含量偏差和色牢度两项；单层床罩按《床单》标准进行考核。FZ/T 62007—2003《床单》标准的具体指标及要求见表16-5。

表16-5　床单检测指标及要求

检测指标	指标要求（一等品）
单位面积质量偏差率（%）	≤ -5.0
断裂强力（N）	≥ 250
水洗尺寸变化率（%）	+ 2.0 ~ -4.0
耐洗色牢度（级）	变色 ≥ 3 ~ 4，沾色 ≥ 3 ~ 4
耐光色牢度（级）	≥ 4
耐汗渍色牢度（级）	变色 ≥ 3 ~ 4，沾色 ≥ 3 ~ 4
耐摩擦色牢度（级）	干摩 ≥ 3 ~ 4，湿摩 ≥ 3

2. 国外标准及检测指标

（1）美国 ASTM 标准检测指标。美国 ASTM 标准 ASTMD4037—2002《机织、针织或植绒床罩织物的标准性能规范》。其主要的检测指标有：检测 5 次水洗后、3 次干洗后最大尺寸变化率；检测织物长度和宽度方向耐久性压烫和非耐久性压烫的尺寸变化率；检测机织物的断裂强力和撕裂强力；检测针织物的顶破强力或胀破强力；检测织物的耐水洗、耐干洗、耐摩擦和耐光色牢度等。

（2）日本国家标准 JIS 检测指标。日本的 JIS 标准针对床上用品的主要检测指标有：尺寸、重量、原料、厚度及组织等规格指标；色彩、拉伸强力、撕破强力、染色牢度、抗折皱性等外观指标；滑溜风格手感、柔软性、防污性、保暖性、吸湿性、透湿性、耐燃性、洗涤性和洗净性等使用性能。

3. 床单类产品的功能检测

床单、被套、枕套上很容易滋生螨虫，螨虫是哮喘病的敏感源之一。对具有特殊功能的床单、凉席类产品要进行皮肤刺激性、抗菌性、防螨性、阻燃性、导热性和防水性能的检测。日本国家标准 JIS L4212—2000《床单的防水性能》用于防水床单的拒水性能检测。

二、毛巾类产品的检测

毛巾类产品是以毛巾织物为原料制成的各种产品。其特点是巾面丰满有弹性、保暖柔软、手感舒适，具有良好的吸湿、隔热、耐磨等性能。

毛巾产品的技术要求分为内在质量和外观质量两方面。内在质量包括经纬纱密度、重量、断裂强力、染色牢度和吸水性等性能指标；外观质量包括线状、条状、块状、散布性、破损、印染、整理等疵点状况。

1. 国内外毛巾产品的质量检测

目前，国内毛巾产品的检测标准有很多，中国国家标准有 GB/T 22864—2009《毛巾》、GB/T 22798—2009《毛巾产品脱毛率测试方法》、GB/T 22799—2009《毛巾产品吸水性测试方法》、GB/T 27754—2011《家用纺织品　毛巾中水萃取物限定》、GB/T 18204.5—2000《公共场所毛巾、床上卧具微生物检验方法》、GB 31701—2015《婴幼儿及儿童纺织产品安全技术规范》等。行业标准有 FZ/T 62017—2009《毛巾浴衣》、FZ/T 62015—2009《抗菌毛巾》、FZ/T 62016—2009《无捻毛巾》等。在国际上有美国 ASTM 标准 ASTMD5433—2000《公共机构和家用毛巾制品的标准性能规范》，其主要检测指标为尺寸变化率、断裂强力、耐洗色牢度、耐光色牢度、耐摩擦色牢度等；日本国家标准 JIS L 4105—1997《浴巾》，其主要检测指标为尺寸、重量、组织、密度、缩水率、毛圈均匀度、拉伸强力、水分保持性、含水性、吸湿性等。GB/T 22864—2009《毛巾》的主要指标项目见表 16-6。

表 16-6　毛巾类产品的检测指标及要求

标准代号	检测指标	指标要求
GB/T 22864—2009《毛巾》（一等品）	重量偏差率（结合公定回潮率）（%）	≥ -3.5
	断裂强力（N）	≥ 180
	吸水性（S）	≤ 20
	脱毛率（%）	非割绒毛巾：≤ 1.0；割绒毛巾：≤ 1.5
	耐皂洗色牢度（级）	变色≥ 3 ~ 4；沾色≥ 3 ~ 4
	耐摩擦色牢度（级）	干摩：≥ 3 ~ 4；湿摩：≥ 3
	耐氯漂色牢度（级）	变色≥ 3 ~ 4；沾色≥ 3 ~ 4

2. 毛巾类产品的功能检测

（1）使用安全性能的检测。主要检测毛巾的甲醛含量和 pH。

（2）高吸水性能的检测。高吸水毛巾对吸水、储水性能有较高的要求。

（3）抗菌性检测。对抗菌毛巾要进行抗菌性能的检测，永久性抗菌毛巾应具有长期的抑菌效果，暂时性抗菌毛巾的抑菌效果会随着水洗次数的增多而下降。

（4）压缩毛巾恢复性能检测。压缩毛巾又称微缩毛巾，具有携带方便、小巧玲珑、新颖别致、干净卫生及品种繁多等优点。使用时遇水膨胀，完好无损。对压缩毛巾要求进行恢复时间和使用性能的检测。

（5）柔软性能测试。超柔软毛巾要进行柔软性能和手感检测。婴儿毛巾、浴巾要进行皮肤安全性和皮肤刺激性能测试。

（6）脱毛性检测。清洁毛巾、器皿擦拭毛巾、洗碗巾等要进行脱毛性检测。

三、餐厨用纺织品的检测

餐厨类纺织品需对安全性、隔热性、防污性、耐洗涤性、吸水性等方面进行检测。

（一）餐用纺织品的检测

餐用纺织品包括餐桌台布、餐巾、茶巾、筷子装饰套、餐具存放袋、防烫器皿垫、茶托、防烫锅垫、咖啡壶保温套等。

1. 餐桌台布、餐巾的检测

餐桌台布和餐巾是人们就餐时使用的纺织品，要求其有洁净、挺括、美观、典雅的外观效果，还要具有易去污、耐高温和色牢度高等使用功能。目前，国内用于餐用纺织品类检测的标准有国家标准 GB/T 19977—2005《纺织品　拒油性　抗碳氢化合物试验》、行业标准 FZ/T 62011.2—2016《布艺类产品　第 2 部分：餐用纺织品》。美国 ASTM 标准 ASTMD4111—2002《家用及公共机构用机织餐巾和台布织物的标准性能规范》主要检测指标为：

（1）尺寸变化。检测织物 5 次洗涤后的最大尺寸变化率，要求 ≤ 5%。

（2）强力指标。检测织物断裂强力（家用 > 133N，公用 > 242N）和撕破强力（家用 > 9N，公用 > 13N）。

（3）纱线滑移变形。检测织物纱线滑移变形 ≤ 1mm。

（4）染色牢度。检测织物耐光色牢度 ≥ 4 级；耐洗色牢度：变色 ≥ 4 级，沾色 ≥ 3 级；耐烟熏色牢度：变色 ≥ 4 级；耐摩擦色牢度：干摩 ≥ 4 级，湿摩 ≥ 3 级。

（5）去污性。检测织物 5 次洗涤后去污性 ≥ 4 级。

2. 防烫类护垫的检测

餐用防烫类护垫产品主要检测其隔热性、防污性和耐久压烫色牢度等指标。

3. 涂层台布的检测

涂层台布的质量检测按照中国行业标准 FZ/T 01004—2008《涂层织物　抗渗水性的测定》、FZ/T 01008—2008《涂层织物　耐热空气老化性的测定》、FZ/T 01063—2008《涂层织物　抗粘连性的测定》等进行。

（二）厨用纺织品的检测

厨用纺织品包括围裙、工作服、防烫手套、餐用盖布、洗碗巾、清洁用地巾等。

目前，国内外对厨用纺织品的专用检测标准极少，可参考的标准有中国国家标准 GB/T 13767—1992《纺织品　耐热性能的测定方法》、GB/T 5718—1997《纺织品　色牢度试验　耐干热（热压除外）色牢度》，美国 ASTM 标准 ASTM D 3821—1981《家庭厨房及浴室用机织毛圈织物的标准性能规格》，英国国家标准 BS 7033—3—1989（1993）《地板擦布和盘碟擦布的规格》等。对围裙、防烫手套的功能检测注重防污、防水和隔热性，可以参考中国国家标准 GB/T4745—2012《纺织品　防水性能的检测和评价　沾水法》、GB/T 8745—2001《纺织品　燃烧

性能 织物表面燃烧时间的测定》、GB/T 13767—1992《纺织品 耐热性能的测定方法》、GB/T 19977—2005《纺织品 拒油性 抗碳氢化合物试验》进行测定。

四、窗帘帷幔类纺织品的检测

窗帘帷幔类纺织品是家庭中装饰面积较大的纺织品，其色彩、图案和风格都在家庭"软装饰"中起主导作用。窗帘和帷幔的遮蔽、遮光、阻燃、保暖和防尘等使用性能直接影响室内的光线、温度和人们的生活质量。

1. 中国标准及检测指标

目前，国内窗帘帷幔类产品的检测标准有 FZ/T 72019—2013《窗帘用经编面料》、FZ/T 62011.1—2008《布艺类产品 帷幔》、FZ/T 62011.4—2008《布艺类产品 室内装饰织物》、SN/T 1463—2004《进出口窗帘检验规程》，另外还需要按照窗帘的纤维原料进行相应的织物性能指标的检测。窗帘帷幔类产品的主要检测指标有断裂强力、撕裂强力、织物缩水率、纱线滑移变形、染色牢度、耐光色牢度、透气性、阻燃性、保暖性、耐辐射性、悬垂性及遮光性等。

2. 国外标准及检测指标

（1）美国 ASTM 标准的检测指标。美国 ASTM 标准用于检测窗帘帷幔类产品的专用标准有 ASTMD3691—2002《机织带状针织家用窗帘和带皱折编织物的标准性能规范》、ASTMD4720—1987（2000）《软窗帘性能评定的标准实施规程》。AATCC 标准有 AATCC183—2004《紫外线通过织物时的穿透或阻挡性能的测定》、AATCC 139—2005《耐光色牢度：光致变色的测定》等。窗帘帷幔类产品的主要检测指标及性能要求见表16-7。

表 16-7 窗帘帷幔类产品检测指标及要求

检测指标		指标要求
强力指标	断裂强力（N）	抓样：机织物＞89，透明薄织物＞67
	撕破强力（N）	舌形：机织物＞6.7，透明薄织物＞4.4
	顶破强力（kPa）	针织物弹子顶破强力＞138
尺寸变化指标	水洗最大尺寸变化率（%）	5 次洗涤＜3
	干洗最大尺寸变化率（%）	3 次干洗＜3
纱线滑移变形	织物纱线滑移变形（mm）	＜2.54
染色牢度指标	耐洗色牢度（级）	变色≥4，沾色≥3
	耐光色牢度（级）	≥4
	耐烟熏色牢度（级）	变色≥4
	耐摩擦色牢度（级）	干摩≥4，湿摩≥3
	耐臭氧脱色（级）	≥4

（2）日本国家标准 JIS 的检测指标。日本的 JIS 标准检测窗帘帷幔类产品的主要检测指标有遮光性、防音（吸音）性、保暖性（隔热性）、阻燃性、屈曲疲劳性、悬垂性和洗涤性能等。

五、家具覆饰类纺织品的检测

家具覆饰类纺织品要求面料挺括厚实、手感舒适、耐磨抗皱，织物外观典雅，有一定的绒面感和立体感，并且经过阻燃、防污、防水等功能整理。

1. 国内家具覆饰类纺织品的检测标准及检测指标

目前，国内对家具覆饰类纺织品的检测标准 FZ/T 62011·3—2008《布艺类产品　家具用纺织品》适用于以纺织纤维为原料的机织家具用产品。

2. 美国 ASTM 标准的检测指标

ASTM D 4113—2002《机织家具套织物的标准性能规范》、ASTM D 4034—1992《机织家具装饰织物接缝抗纱线滑移性的标准试验方法》等用于机织物家具装饰布的检测；ASTM D 4771—2002《室内家具编织装饰用纤维的标准性能规范》规定了室内新家具制造中使用的针织软垫纤维的性能要求，不适用于公共场合家具、门廊、甲板或草坪家具，也不适用于机织物或表面涂层的织物。测试指标包括纱线抗滑动性、尺寸变化率、耐水洗色牢度、耐溶剂色牢度、耐摩擦色牢度、耐气雾色牢度、耐光色牢度、耐臭氧色牢度、手感外观的变化、易燃性等。

3. 家具覆盖类纺织品的功能检测

家具覆盖类纺织品因具有阻燃、耐污、抗菌和防水功能，故要对其进行阻燃性、耐污性、易清洗性、抗菌性和防水性的检测。若是生态环保的绿色纺织品，则要进行生态纺织品相关指标的检测。目前国内对生态纺织品的标准为 GB/T 18885—2009《生态纺织品技术要求》、HJ/T 307—2006《环境标志产品技术要求　生态纺织品》、SN/T 1622—2005《进出口生态纺织品检测技术要求》等。

六、地毯与墙布的检测指标

在家庭中铺设地毯不仅可以保暖、美化环境、营造室内温馨氛围，还可以吸收人行走时脚步的噪声，同时可以起到防滑作用。在公共场所如学校、宾馆、医院、汽车内铺设地毯，可以使人行走舒适、安全、吸音隔热，并提升环境品位和服务档次。

（一）地毯的检测

1. 地毯检测的相关标准

目前，我国地毯检测的标准有很多，如 GB/T 18044—2000《地毯静电性能评定》、GB/T 11049—2008《地毯燃烧性能》、GB/T 14252—2008《机织地毯》、GB/T 15964—2008《地毯 单位长度和单位面积绒簇或绒圈数目的测定方法》、GB/T 26845—2011《地毯毯面外观变化的评价》、QB/T 1088—2010《机制地毯在浸水和热干燥作用下尺寸变化的试验方法》、QB/T 2999—2008《地毯耐脏污性能　滚筒试验方法及评定》、QB/T 2998—2008《地毯质量损失　利森四脚踏轮测试方法》、QB/T 1555—2001《地毯毯基上绒头厚度的试验方法》、CAB 1011—2012《汽车地毯的技术要求》等。国际 ISO 标准、美国 ASTM 标准、德国国家标准 DIN、中国台湾省标准 CNS 等都有比较系统的地毯产品检测标准。

用于不同场合的地毯，其使用性能和要求是不同的，具体要求见表16-8。

表 16-8　不同使用场合对地毯的要求

家庭用地毯	公共场合用地毯
保暖性、隔热性好	具有阻燃性
耐沾污、防静电	耐沾污、防静电
隔音、吸音性好	隔音、吸音性好
色彩图案装饰性强	耐磨
蓬松、舒适	易清洗、成本低

2. 地毯类产品的检测指标

地毯类产品的检测指标有很多，主要有以下几个方面：

（1）尺寸指标。检测地毯的厚度、单位面积质量、尺寸稳定性（受拉伸力、水、热后的变化）等。

（2）外观指标。绒毛高度、绒毛密度、绒毛固结牢度等。

（3）性能指标。耐摩擦性、耐压弹性、压缩疲劳率、染色牢度、行走舒适性、耐污性、抗静电性、阻燃性、防水性、抗起毛起球性等。

（二）贴墙布的检测

目前，国内外还没有贴墙布的专用检测标准。由中国建筑装饰装修材料协会墙纸（布）分会向墙纸（布）主管单位住房与城乡建设部提交制订建筑工业产品行业标准《纺织面墙纸（布）标准》的申请已于 2014 年底正式立项。2015 年 3 月 12 日由中国建筑装饰装修材料协会墙（布）分会主编的建筑工业产品标准《纺织面墙纸（布）标准》编制组成立大会在京举行。

七、植绒类纺织品的检测

植绒是用特定的工艺把绒毛植在布面上，增加布的厚度和华美感。植绒工艺根据不同的产品，应有不同的要求。一般被植绒的基材要先进行处理，经过上胶、植绒、预烘、烘焙后才能获得一定的植绒牢度。植绒产品的外观质量还与浮毛的清理和轧花、磨花、印花、喷花等一系列后加工的技术水平有关。

1. 植绒产品检测标准

目前，国内植绒产品检测标准主要有行业标准 FZ/T 64011—2012《静电植绒织物》、FZ/T 64013—2008《静电植绒毛绒》等。国外标准主要有美国 ASTM 标准 ASTM D 4033—1992《平纹簇绒或植绒室内装饰机织物缝线抗滑移试验方法》、ASTM D 4037—1995《机织、针织机植绒床单织物规格》及美国 AATCC 标准 142—2000《植绒织物经重复家庭洗涤和投币干洗后的外观》等。

2. 植绒产品检测指标

FZ/T 64011—2012《静电植绒织物》规定了静电植绒织物的术语和定义、要求、抽样、试验方法、检验规则、标志和包装。适用于以机织物、针织物为基布的静电植绒织物，以静电植绒织物为面料的纺织产品可参照执行。主要检测指标见表 16-9。

表 16-9　静电植绒织物的检测指标

指标	指标要求
单位面积质量偏差率（%）	±5.0
水洗尺寸变化率（%）	-4.0 ~ + 2.0
断裂强力（N）	≥ 196（基布为机织物）
撕破强力（N）	≥ 8.0
顶破强力（N）	≥ 222（基布为针织物）
洗后外观（级）	≥ 4
植绒牢度（级）	服装用≥ 5000，家纺用≥ 10000
耐光色牢度（级）	≥ 4
耐水色牢度（级）	变色≥ 3 ~ 4，沾色≥ 3
耐皂洗色牢度（级）	变色≥ 3 ~ 4，沾色≥ 3
耐摩擦色牢度（级）	干摩≥ 3 ~ 4，湿摩≥ 3

☞思考题

1. 装饰用纺织品检测的基本要素有哪些？

2. 装饰用纺织品检测对环境有何要求？

3. 简述装饰用纺织品检测的分类及内容。

4. 装饰用纺织品检测数据如何处理？

5. 简述床上用品类纺织品的检测指标。

6. 简述毛巾类产品的检测指标。

7. 简述餐厨用纺织品的检测指标。

8. 简述窗帘帷幔类纺织品的检测指标。

9. 简述地毯与墙布的检测指标。

10. 试述装饰用纺织品检测现状与发展趋势。

参考文献

［1］唐宇冰，汤橡．家用纺织品配套设计［M］．北京：北京大学出版社，2011．

［2］蔡陛霞．织物结构与设计［M］．北京：中国纺织出版社，2008．

［3］朱苏康，高卫东．机织学［M］．北京：中国纺织出版社，2008．

［4］吴坚，李淳．家用纺织品检测手册［M］．北京：中国纺织出版社，2008．

［5］龚建培．装饰织物与室内环境设计［M］．南京：东南大学出版社，2006．

［6］蒋耀兴．纺织品检验学［M］．北京：中国纺织出版社，2008．

［7］姜淑媛．家用纺织品设计与市场开发［M］．北京：中国纺织出版社，2007．

［8］马建伟，陈韶娟．非织造布技术概论［M］．北京：中国纺织出版社，2008．

［9］龙海如．针织学［M］．北京：中国纺织出版社，2008．

［10］马芹．织造工艺与质量控制［M］．北京：中国纺织出版社，2008．

［11］冯庆祥，迈克·哈德卡斯特尔．汽车用纺织品［M］．北京：中国纺织出版社，2004．

［12］纺织行业职业技能鉴定指导中心，中国家用纺织品行业协会．家用纺织品设计师基础知识［M］．北京：中国纺织出版社，2012．

［13］纺织行业职业技能鉴定指导中心，中国家用纺织品行业协会．家用纺织品设计师［M］．北京：中国纺织出版社，2012．

［14］黄钦康．中国民间织绣印染［M］．北京：中国纺织出版社，1998．

［15］宗亚宁．新型纺织品材料及应用［M］．北京：中国纺织出版社，2009．

［16］龚建培．现代家用纺织品设计及开发［M］．北京：中国纺织出版社，2004．

［17］沈婷婷．家用纺织品造型与结构设计［M］．北京：中国纺织出版社，2004．

［18］姜淑媛．丝织物设计［M］．北京：中国纺织出版社，1994．

［19］荆妙蕾．纺织品色彩设计［M］．北京：中国纺织出版社，2004．

［20］王府梅．服装面料性能设计设计［M］．上海：东华大学出版社，2000．

［21］张世源．生态纺织品工程［M］．北京：中国纺织出版社，2004．

［22］谢光银．装饰织物设计与生产［M］．北京：化学工业出版社，2005．

［23］常亚平．中国纺织产业分析和发展战略［M］．北京：中国纺织出版社，2004．

［24］王树银，马新安等．特种功能纺织品的开发［M］．北京：中国纺织出版社，2003．

［25］崔唯．纺织品艺术设计［M］．北京：中国纺织出版社，2004．

［26］张玉祥．色彩构成［M］．北京：中国轻工业出版社，2001．

［27］蔓色研中心．关注色彩［M］．北京：中国轻工业出版社，2004．

［28］孙晔．图案·装饰·设计［M］．上海：东华大学出版社，2005．

［29］王福文．家用纺织品图案设计与应用［M］．北京：中国纺织出版社，2009．

［30］邓中民. 纺织 CAD 应用实践［M］. 北京：中国纺织出版社，2008.

［31］黄翠蓉. 纺织面料设计［M］. 北京：中国纺织出版社，2007.

［32］李栋高. 纺织品设计学［M］. 北京：中国纺织出版社，2006.

［33］沈干. 纺织品设计实用技术［M］. 上海：东华大学出版社，2009.

［34］姜淑媛. 家用大提花织物设计与市场开发［M］. 北京：中国纺织出版社，2010.

［35］顾平. 织物组织与结构学［M］. 上海：东华大学出版社，2009.

［36］周蓉，聂建斌. 纺织品设计［M］. 上海：东华大学出版社，2011.

［37］开吴珍. 阻燃技术在家纺领域中的应用［J］. 中国纺织，2005，（4）：160–162.

［38］李琳. 浅谈现代地毯的应用与发展［J］. 轻纺工业与技术，2011，（2）：57–59.